目标树经营理论与实践

徐自警　郭诗宇　汪洋　著

中国林业出版社
CFPH China Forestry Publishing House

本书由中德财政合作 2021 年度林业重大科研项目“近自然森林经营关键技术集成与应用”（编号：ZDCZHZ2021KY09）资助，湖北生态工程职业技术学院承担本项目的科研与技术应用推广。

图书在版编目(CIP)数据

目标树经营理论与实践 / 徐自警, 郭诗宇, 汪洋著. -- 北京 : 中国林业出版社, 2023.8
ISBN 978-7-5219-2313-1

Ⅰ. ①目… Ⅱ. ①徐… ②郭… ③汪… Ⅲ. ①森林经营—研究—中国 Ⅳ. ①S75

中国国家版本馆CIP数据核字(2023)第160069号

策划编辑：孙 瑶
责任编辑：袁 理

出版发行：中国林业出版社
（100009，北京市西城区刘海胡同 7 号，电话 83143569 83143568）
电子邮箱：cfphzbs@163.com
网址：www.forestry.gov.cn/lycb.html
印刷：北京中科印刷有限公司
版次：2023 年 8 月第 1 版
印次：2023 年 8 月第 1 次
开本：787mm×1092mm 1/16
印张：15
字数：310 千字
定价：68.00 元

前　言

森林是陆地生态系统的主体，在保持自然生态平衡、应对全球气候变化、维护国土生态安全等方面发挥着重要作用。森林既是水库、钱库、粮库，也是碳库。加强森林经营、提高森林质量，对于提升生态系统的完整性、稳定性、持续性，具有十分重大的意义。

森林经营理念历史悠久，我国古代就有森林永续利用和可持续经营的思想。北魏时期（386—534）贾思勰所著《齐民要术》中记载，白杨：“岁种三十亩，三年九十亩。岁卖三十亩，得钱六十四万八千文。周而复始，永世无穷。”这是一种朴素的森林永续利用的思想，比德国林学家洪德思哈根（J. C. Hundeshagen）1826 年创立的“法正林”学说，足足早了 1300 年。世界公认的现代意义上的森林经营理论，产生于 18 世纪的德国。1713 年，德国卡洛维茨（H. Carlowitz）提出了森林永续利用理论。其后，各国林学家创立了许多森林经营的理论和方法，比如法国和瑞士的“检查法”、德国的“近自然森林经营法”、美国的“生态系统经营法”等。这些理论和方法，在不同的历史时期，都为林业的发展作出了重要贡献。

党的二十大报告提出，“尊重自然、顺应自然、保护自然，是全面建设社会主义现代化国家的内在要求。必须牢固树立和践行绿水青山就是金山银山的理念，站在人与自然和谐共生的高度谋划发展”。这就要求我们在开展森林经营活动时，必须采取更为接近自然、对环境更为友好的方法，德国的“近自然森林经营”就是这样一种方法。近自然森林经营有多种具体的操作办法，目标树经营是其中最主要也是最重要的一种。

目标树经营完整地体现了近自然森林经营的思想，采取的办法是定向择伐。一方面，将森林中高价值、高质量、高活力的树木确定为目标树，予以标注并长期保留，对影响目标树生长的林木确定为干扰木并予以伐除，最后通过获取达到目标胸径的大径级木材来满足人们对高品质木材的需求，从而实现经济价值；另一方面，对目标树之间的其他林木，则任由其自然演替，以保持森林的自然性和维持生态效应。从而使林业的经济原则和生态原则趋于一致，使森林的经济效益和生态效益得到统一。

目标树经营已在湖北省钟祥市、安陆市、宜城市、谷城县、保康县部分乡镇、国有林场中德财政合作森林可持续经营项目中进行了生产性推广，在神农架林区新华林场、竹溪县双竹林场等 50 余个国有林场木材战略储备项目中进行了实践应用，在通山县大幕山林场、北山林场和钟祥市盘石岭林场、花山寨林场项目小班中设置固定样地进行了成效监测。实践证明，目标树经营能够提高目标树的蓄积生长量和林分的蓄积生长率，改善林分的树种结构、层次结构、年龄结构，促进森林的天然更新和生物多样性。

为了进一步推广目标树经营法，更好地使基层林业部门、国有林场技术人员和广大林农掌握目标树经营技术，我们在前期研究、应用、推广的基础上，完成了《目标树经营理论与实践》一书。全书以目标树经营为核心，从一个独特的视角，构建了全新的目标树经营体系。全书共分九章，前五章介绍了目标树经营的起源、潜在目标树培育、目标树经营技术要领、目标树经营模式、森林经营方案编制，并就目标树经营技术和经营方案编制给出了案例；第六章对林分经营迫切性进行了评价；第七章论述了目标树经营对林分空间结构的影响；第八章和第九章对目标树经营成效进行了分析。本书由湖北生态工程职业技术学院徐自警、郭诗宇、汪洋共同完成，徐自警负责组织筹划并著第三章、第五章和第七章（共 10.6 万字），郭诗宇著第一章、第四章和第九章（共 10.4 万字），汪洋负责试验数据分析并著第二章、第六章、第八章（共 10 万字）。

值此本书出版之际，感谢中国政府友谊奖获得者、德国林业专家胡伯特·福斯特（Hubert Forster），他为本研究提供了及时的技术指导和大量的珍贵资料；感谢湖北省林业局外资办的同志们，他们为本研究进行了大量的协调工作；感谢钟祥市盘石岭林场陈兴国场长、花山寨林场宋德凯场长、通山县大幕山林场陈舒林场长、北山林场廖水龙场长以及钟祥市、安陆市、宜城市、谷城县、保康县、通山县等县（市）所有参加目标树经营调查施工与试验研究的管理人员和技术人员，是他们的辛勤工作，为项目的研究提供了大量数据，为技术的推广提供了大量范例。

本书的出版，得到中德财政合作林业重大科研项目“近自然森林经营关键技术集成与应用”（编号：ZDCZHZ2021KY09）的资助，在此深表感谢！

著者

2023 年 5 月

目 录

第 1 章

目标树经营的产生与发展

目标树经营是一种充分利用自然力，以目标树培育为核心，以乡土树种、天然更新、混交林为主要特征，以林分择伐为调控手段，以永久性森林覆盖为目标的森林可持续经营方法，其可以不经过育苗、整地、人工造林等环节，就可以实现森林的世代交替，非常符合当前我国生态文明建设的实际和推进碳达峰、碳中和目标的要求，是一种非常适合目前我国国情的森林经营方法。谈到目标树经营，不得不提到近自然森林经营。目标树经营是近自然森林经营中最主要也是最重要的森林经营方法。

1.1 近自然森林经营的发展历程

德国是近自然森林经营理论的发源地，也是最早开展近自然森林经营实践的国家。德国近自然森林经营的发展，经历了理论形成、博弈探索、全面推广三个阶段。

1.1.1 近自然森林经营理论形成阶段（1855—1898 年）

近自然森林经营理论，发源于德国巴伐利亚地区。它是在巴伐利亚地区的林业实践中逐步形成的，是对林业实践的总结与升华，是实践基础上的理论创新。

在巴伐利亚选侯国时期和巴伐利亚王国早期，虽然经历过几次森林破坏，但巴伐利亚地区绝大部分地区仍被山毛榉、橡树等阔叶树为主组成的天然林和天然次生林所覆盖，高山亚高山地区则分布着以冷杉为主的天然群落（高彦明 等，2009）。

从 19 世纪 30 年代中期开始，巴伐利亚王国迟缓地进入了工业革命时期。19 世纪 50 ～ 60 年代，轻工业和重工业快速发展，特别是制盐业、纺织业、炼铁业、玻璃工业发展迅猛。随着工业化的不断推进，工业原料和建筑材料对木材的需求呈爆发式增长，造成了对森林资源的严重破坏。

随着天然林和天然次生林越砍越少，巴伐利亚王国的企业主们开始在采伐迹地上大面积种植生长快、干形好、产材量高的云杉针叶纯林。这一时期，德国林学家洪德斯哈根（J. C. Hundeshagen）的“法正林”学说以及浮士德曼（M. Faustmann）的“土地纯收益理论”，指导了巴伐利亚王国以木材生产为主的森林永续利用，推动了阔叶林地的针叶化。

由于大面积营造人工针叶纯林，导致了风倒、雪折和森林病虫害的大量发生，同时也带来了土壤的严重退化。慕尼黑大学林学教授盖耶尔（K. Gayer，1822—1907）经过一系列实践性研究后，提出了近自然森林经营的理论。

盖耶尔（图 1–1）1822 年出生于巴伐利亚王国首府慕尼黑。在进入大学时，他学习数学

图 1-1 德国林学家卡尔 · 盖耶尔

盖耶尔，1880 年《森林经营（第 1 版）》*The Forest Management (1st Edition)*，出版社：Wiegandt, Hempel & Parey. Berlin，全书 700 页。

盖耶尔，1882 年《森林经营（第 2 版）》*The Forest Management (2nd Edition)*，出版社：Wiegandt, Hempel & Parey. Berlin，全书 592 页。

盖耶尔，1889 年《森林经营（第 3 版）》*The Forest Management (3rd Edition)*，出版社：Wiegandt, Hempel & Parey. Berlin，全书 619 页。

盖耶尔，1898 年《森林经营（第 4 版）》*The Forest Management (4th Edition)*，出版社：Wiegandt, Hempel & Parey. Berlin，全书 626 页。

图 1-2 盖耶尔部分重要林学著作

和建筑学。后来，由于父母早逝、经济困难，他不得不在 1843 年结束了他的大学生涯，并在慕尼黑市郊区林场找了一份助理林业员的工作。由于他对工作的高度热情以及在林业上的天赋，1851 年，他升职为林场负责人。仅仅 4 年后，在 1855 年，他被任命为巴伐利亚皇家林学院的林学教授，该学院后来成为慕尼黑大学的林学院。

授课之余，盖耶尔在巴伐利亚王国不同林区进行了一系列实践性研究，重点是对残存天然林与大面积人工针叶纯林进行比较研究。

1880 年，他出版了《森林培育学》（Gayer，1880）。在这本书中，他首次较为清晰地提出了近自然森林经营的理念。在序言部分，他对当时巴伐利亚王国的森林经营方式提出了强烈的批判（图 1-2）。

19 世纪的巴伐利亚王国，森林经营的模式都是最大化短期经济收益，把森林的经济效益作为第一原则。当时绝大多数林业管理者认为，正确的森林经营方式就是种植生长快、干形好的针叶纯林，从而带来最高的收入和利润。

盖耶尔不同意这种观点。他指出，森林的多样性反映在其外观上。如果忽略多样性，森林经营单一化的模式将会蕴藏巨大的风险。这种只看经济利益的单一经营模式正在被广泛地使用，有可能成为通用的森林经营模式，这种趋势是十分危险的。如果森林经营遵循这种盈利性的单一模式，无疑是与自然规律相悖，最终森林将为这个错误付出沉重的代价。

他认为，森林工作者要根据立地条件和树种进行具体分析，采用灵活的、面向自然的森林经营方法，并对林地附近的区域进行良好的保护。他指出，以前人们只看到生产结果（木材产量），而没有关注到自然生态资源。现如今，人们依旧对生产结果尤为关注，却没有尽力保护森林生产区域的自然资源（土壤，水等）。人们总在寻找减少森林生产损失的办法，却未追溯到自然的根源，寻找正确的森林经营方法。因此，我们必须摒弃单一森林经营模式的老路，寻求新的方法，只有这样才能够实现可持续森林管理的总目标，满足人类今世后代的生存需要。只有以自然为导向的森林经营，即种植永久混交林和保护当地珍贵树种，才能给当时萎靡不振的森林注入活力。

该书一经出版，就在当时引起了巨大反响，同时引起了林业管理部门和林业工作者的深刻反思。该书供不应求，分别于1882年、1889年和1898年修订了3次并出版第二、三、四版。

《森林培育学》的出版，解决了近自然森林经营理念和理论上的问题，那么如何将其付诸于实践呢？盖耶尔为此于1886年出版了《混交林的重建与维护——侧重于块状择伐与混交》（Gayer，1886），提出了由人工纯林过渡到混交林的办法。中心意思是：在大面积的人工针叶纯林中，以开“天窗”的方式，每隔一定距离，开展一次块状择伐，采伐面积的大小，根据森林的高度确定；采伐后的地块，要进行林地清理，以土壤种子库为基础，通过天然更新的方式，恢复阔叶树种，形成块状混交的针阔混交林，如果天然更新不良的可采取人工营造阔叶树的方式快速恢复森林植被。至此，盖耶尔不仅提出了近自然森林经营的理论，而且找到了将理论应用于实践的具体方法。1889年，当《森林培育学》（第三版）发行时，盖耶尔出任慕尼黑大学的校长。现在，慕尼黑大学校园内仍然竖立着盖耶尔的雕像。

1898年，他在《未来属于混交林》中进一步提出了森林和谐论，他指出：“生产的奥秘在于一切在森林内起作用的力量的和谐”，森林生态的多样性是“一个在永恒的组合中互栖共生的诸生命因子的必然结果”，将近自然森林经营理论提升到一个新的高度（邵青还，2001，2003）。

盖耶尔创立的近自然森林经营理论，开辟了林业理论研究与实践发展的新阶段。综合盖耶尔的相关著作与文章，近自然森林经营的核心观点可以归纳为以下6点：

第一，保护林地的生产力，促进多样性，避免单一化。

第二，对连续几代繁衍的针叶纯林，应当通过种植和保护阔叶树种，形成适应林地环境的混交林。

第三，在成熟林分中，要为森林树种的天然更新创造条件。只有在无法进行天然更新的地方才进行人工更新。

第四，更新应在覆盖率较低的成熟林木的树冠下进行，避免皆伐作业。

第五，通过采取与树种和立地条件相适应的营林措施，培育高质量的林分。

第六，所有营林活动必须遵循自然规律，森林经营的方式不能千篇一律。

1.1.2 博弈探索阶段（1899—1988年）

19世纪末20世纪初，德国的一些林业企业、国有林场以及私有林主开始按照近自然森林经营理论开展林业实践活动。但这一活动的范围是局部的，过程也是缓慢的。随着第一次世界大战的爆发，对近自然森林经营的理论研究和实践探索几近中止。

第二次世界大战结束后的1946年，科斯特勒（J. N. Köstler）开始在慕尼黑大学教森林培育学。他继承了盖耶尔的思想，他的观点是营造混交林，通过保护林地的生产力，对森林进行长期而谨慎的经营。他和盖耶尔一样，拒绝使用统一的方案来经营森林，而是认为每一个单独的林分经营都需要经过分析和评估。他认为，近自然森林经营并不是要回到最初的原始林，而是每个林分都必须结合立地条件、经济目标和技术可行性，找到正确的经营方法（J. N Köstler，1952）。由于科斯特勒在慕尼黑大学任教长达 26 年之久，对许多林学专业的学生产生了巨大的影响，这些学生后来有的成为了林业管理部门的管理人员，有的成为了林业企业和国有林场的主管，这为近自然森林经营在德国的推广打下了重要基础。但即便如此，近自然森林经营理论在当时并没有立即被林业管理部门作为指导原则或经营方针应用于实践，被德国官方接受和采纳也经历了一个曲折和漫长的过程。

1949 年，一个名为"顺应自然的林业工作者联盟"（ANW）成立。这个联盟反对以短期经济收益为中心的营林理念，倡导为面向自然的森林经营而奋斗。一些自然科学家、林业专家、生物学家和记者也发表了相关的文章。这些都为近自然森林经营理念的推广营造了一个有利的氛围。从 20 世纪 50 年代开始，德国的一些国有林场、林业企业、私有林主开始较大规模营造混交林，并对云杉针叶纯林进行近自然化改造，主要是在纯林中引入山毛榉和橡树等阔叶树种。

1979 年，关于"森林灭绝"的讨论，对近自然森林经营理念的传播产生了深刻的影响。当时，德国超过 60% 的森林严重受损，人们产生了一种巨大的恐慌，认为德国所有的森林都将在未来消失。关于"森林灭绝"的讨论是由慕尼黑大学的林学教授史哈特（P. Schütt）和生态学家乌尔里希（B. Ulrich）等著名科学家提出来的，并得到了许多要求进行变革的私人协会和利益集团的支持。后经调查，导致森林大面积死亡的原因主要是"酸雨"——未经过滤的汽车尾气、燃煤电厂和其他工业产生的废气污染了空气、土壤、树木以及其他植被，土壤变得越来越酸性而不适合树木的生存。同时，调查也发现一个有趣的现象，针阔混交林的受损程度明显小于针叶纯林（图 1–3）。虽然调查显示"森林灭绝"是因为环境污染给森林带来的肉眼可见的毁坏，并不是因为当时的营林方式造成的，但这也给那些想要健康生存环境的政治家们带来了巨大的压力并引起了人们的反思。人们普遍认为，减少有毒物质的排放

图 1–3　北欧退化的人工针叶林

是重要的，但改变营林方针，建立稳定和具有活力的混交林也是必不可少的。后来人们虽然知道了森林并不会灭绝，只是森林科学家和生态学家夸大了预测，但关于“森林灭绝”的讨论，仍然提高了德国政治家和全国人民的生态意识。

至此，推广近自然森林经营的阻碍，就仅仅只剩下猎人们的抵制。狩猎鹿是某些富人和名人的独有爱好，包括一些很有影响的政治家也在其中。实施近自然森林经营，必须在云杉纯林中混交阔叶树种，但鹿不喜欢啃食云杉，却对欧洲山毛榉、橡树、枫香树、椴树、白蜡树等阔叶幼树的顶芽非常偏爱，使得这些树种都长不高，为此必须人为控制鹿的数量，将其减少到不影响形成混交林的程度。这样，随着森林中鹿群密度的降低，狩猎鹿将变得越来越困难，这就导致猎人们反对按照近自然森林经营的理念经营森林。直到 20 世纪 80 年代末，德国林业管理部门才不顾这些具有权势背景的猎人们的反对，采纳了近自然森林经营的理论来经营森林。

在近 90 年的博弈探索阶段，虽然近自然森林经营理论和实践没有得到官方的认可和推广，但基层的林业企业、国有林场以及私有林主的探索和实践，在第二次世界大战后基本没有停止过。19 世纪末 20 世纪初，下萨克森州（Lower Saxong）尼恩堡林业局管辖的 Erdmann 林区就开始了以营造混交林为特征的实验，林区内出现了各种各样的混交林，这些森林现在被列为近自然森林经营的典范（陆元昌，2006）。

1.1.3 全面推广阶段（1989—）

1989 年，德国农业部正式宣告放弃人工林经营模式，采纳近自然森林经营理论，并将近自然森林经营确定为国家林业发展的基本原则（Höfle，2000），从而使近自然森林经营得以顺利、全面推行。

同年，德国下萨克森州为了“国有森林可持续发展及造福大众”，编制了近自然森林经营规划，即“雄狮计划”（The Loewe Program），并于 1991 年正式开始执行。该计划坚持 3 个原则：共同利用原则、可持续利用原则、经济可行利用原则，并将这 3 个原则细化为 13 个具体方面：保护土壤并适地适树；增加阔叶林和混交林；天然更新优先；促进森林健康发展；改进森林结构；目标树设置和目标直径利用；保护古树和濒危野生动植物；逐步建设森林保护区网络；保护森林特殊功能发挥；保护和抚育林缘林带；用生态方法治理病虫害；在生态系统的缓冲能力内利用野生动物和非木材产品；在生态允许的范围内利用林业机械和其他林业技术作业方式（Otto，1991；陆元昌 等，2010）。

2006 年，巴伐利亚州林业管理部门在前期近自然森林经营实践的基础上，再次对森林经营原则进行了调整和更新：

① 在不受人类干扰情况下生长的树种应得到推广；

② 根据不同树种、立地条件和森林质量，分别确定目标材积和目标胸径；

③ 森林更新将主要在小块土地上长期进行；

④ 利用自然生产力；

⑤ 保护和提高森林的抗逆性；

⑥ 在“森林重于鹿”的口号下，减少鹿的数量，使自然森林的再生不会被鹿破坏；

⑦ 保护和改善森林基因；

⑧ 土壤是森林生态系统的主要基地，应重点保护；

⑨ 森林的娱乐功能将得到保障；

⑩ 增加森林生态系统的生物多样性，并考虑自然保护问题。

⑪ 在此前后，巴登 – 符腾堡州（Baden–Württemberg）、黑森州（Hessian）等都制定了相应的近自然森林经营指导方针、原则与计划，从而促进了近自然森林经营理论与技术在德国的全面普及与推广。随着近自然森林经营实践的不断推进，阔叶树种的比例不断上升，森林的树种结构、层次结构、年龄结构、混交结构不断优化，森林的近自然度也朝着合理的方向不断转化。

1.2 近自然森林经营的目标

近自然森林经营的目标是形成“永久性森林”。永久性森林是健康、稳定、有活力的森林——健康既包括树木个体的健康又包括森林群落的健康，要求树木主干粗壮、通直无损伤，具有抵御病虫害以及风灾、雪灾等自然灾害的能力，且森林群落具有完整性、多样性和系统性；稳定是指森林群落主要由地带性植被构成：在空间上，表现出平面上的混交性和立面上的层次性；在时间上，表现出森林植被的永久性，禁止皆伐，树木世代自然更替；有活力是指树木具有粗壮通直的树干、圆满的树冠、正常的叶色，生长势强，生活力旺盛。永久性森林的模式，可以是恒续林（德文为 dauerwald，英文为 dontinuous cover forest），也可以是普伦特林（德文为 plenterwald，英文为 plenter forest）。

恒续林由德国林学家莫勒（A. Möller）于 1913 年首次提出（Pommerening et al.，2004；白冬艳 等，2013），并于 1922 年在其经典著作《恒续林思想：内涵和意义》（Möller，1922）中进行了系统阐述。此后，恒续林理论一直在争论中发展、在质疑中完善，直到 20 世纪中期才为林学界和大众普遍接受（Schabel et al.，1999；Stiers et al.，2020）。恒续林有 5 个显著特征（Huss，1990；Zingg，2003；Helliwell，1997）：一是禁止皆伐采用择伐，确保林冠的永久覆盖和各生长因素的和谐；二是重视培育乡土树种，确保森林生态系统的稳定；三是促进混交林的形成，减少森林病虫害的发生；四是采取天然更新，只有不能实现天然更新的地方才进行人工更新；五是保护野生动物的生存环境，特别是要在林间保留部分枯木。

普伦特模式林由法国林学家顾尔诺（A. Gurnaud）1878 年首次提出（图 1–4），瑞士林学家毕奥莱（H. Biolley）1880 年率先进行了应用，并在 1901 年成功将这一营林系统引入到瑞士纳沙泰尔州的库韦林区（Schütz，1999，2001；O’hara et al.，2007；Pukkala，2016）。普伦特林比恒续林要求更为严格，其除具备恒续林的 5 个基本特征之外，还必须具备另外两个条件：一是天然更新丰富且每年进行；二是龄级结构尽可能均衡，确保每年木材生产的可持续性。

图 1–4　顾尔诺提出的普伦特模式林

要实现现有森林向永久性森林的过渡，需要对现有森林进行经营。森林按起源不同，可分为乔林、矮林和混乔矮林。乔林是指全部由实生树组成的森林，矮林是由全部由萌生树组成的森林，混乔矮林是指既有实生树又有萌生树且以萌生树为主组成的森林。乔林一般采用目标树经营法，矮林一般采用转变经营法，混乔矮林一般采用目标树经营法 + 转变经营法的综合性经营方法。

1.3　目标树经营的主要模式

盖耶尔 1880 年提出近自然森林经营理念后，德国学术界和林业企业、私有林主在这一理念指导下进行了许多有益的探索，但长期没有形成统一的操作方法。德国弗莱堡大学教授阿贝茨（P. Abetz）从 20 世纪 60 年代开始，致力于近自然森林经营操作方法的研究。他根据近自然森林经营的理念，吸收法国“Z– 树”思想（Klädtke，1993），于1980年提出了《目标树经营法草案》（Abetz，1980；Abetz et al.，2002，2010；Klädtke，2002）。由于目标树经营方法较好地解决了近自然森林经营的操作问题，受到了德国学术界和林主的广泛关注。德国慕尼黑大学、哥廷根大学、罗腾堡林业经济学院等高等学校和部分林业科研机构后来相继对目标树经营法进行了深入研究，很多州有林场、林业企业、私有林主也参与实践，形成了不同的学术流派和操作方法。影响较大的有弗莱堡模式、巴伐利亚模式和罗腾堡模式。

1.3.1　弗赖堡模式

弗赖堡模式由弗赖堡大学教授阿贝茨首先提出（图 1–5），其后得到其他科研人员的继承和发展。现在国内有关目标树经营的科研和实践，主要基于这种模式。

（1）设计思路

阿贝茨在设计目标树经营法时，以盖耶尔的近自然森林经营理论为指导，采取的办法是定向择伐。一方面，将高价值、高质量、高活力的树木确定为目标树，予以标注并长期保

图 1-5 阿贝茨提出的弗莱堡模式林

留，将影响目标树生长的林木确定为干扰木并予以伐除（既释放了目标树生长空间，也可以获取中小径级木材），最后通过获取达到目标胸径的大径级木材来满足人们对木材原料的需求，从而实现经济价值；另一方面，对目标树之间的其他林木，则任由其自然演替，以保证林分的自然性和维持生态效应。这一设计思路，使近自然森林经营的经济原则和生态原则趋于一致，使森林的经济效益和生态效益得到统一。

（2）关键内容

阿贝茨设计的目标树经营法，以目标树达到目标胸径时的树冠占地面积为依据确定目标树的间距。根据阿贝茨设计的目标树经营方案，德国主要树种的目标树树冠占地面积、目标树株数以及目标树间距见表 1-1。

表 1-1 不同树种的目标树占地面积、株数和间距

树种	目标树占地面积（m^2）	目标树数量（株 /hm^2）	目标树间距（m）
云杉	33	300	7.3
冷杉	40	250	7.6
北美黄杉	100	100	11.5
欧洲松	67	150	9.4
落叶松	100	100	11.8
其他针叶树	50	200	8.1
橡树	111	90	12.1
山毛榉	100	100	11.5
其他阔叶树	100	100	11.5

（3）后续发展

继阿贝茨教授之后，斯匹克教授（H. Spiecker）、克拉底特博士（J. Klädkte）等对目标树经营法开展了进一步研究（Spiecker et al.，2012）。特别是随着信息技术的发展，采用计算机

对树木生长过程进行模拟，使目标树经营法的理论高度进一步提升，实际操作方法也更为系统（Abetz et al.，2010）。现在的操作方法是：

①以主林层的高度作为采用目标树经营法的主要依据。当主林层高度小于 12m 时，不对林分进行目标树经营，只对潜在目标树进行培育。当主林层高度处于 12 ～ 25m 时，采用目标树经营法。当主林层高度大于 25m 时，对受雪灾影响较大的林分采用下层疏伐法，对受雪灾影响较小的林分采用目标树经营法。

②通过计算机程序模拟树木生长过程，确定每公顷目标树数量和干扰木采伐强度。主林层高度处于 12 ～ 25m 时，最适合采用目标树经营法。当采伐的木材不能在市场上销售时，如果目标树的高径比小于 75，不采伐干扰木；如果目标树的高径比大于 75，则每株目标树采伐 1 棵干扰木。当采伐的木材可用于市场销售时，则采用弗莱堡大学发布的 2010 年修订版《目标树间伐指南》（DF-10）进行操作。它根据计算机程序模拟树木生长过程，测算每公顷目标树株数和间伐强度。

③当主林层高度增加 3m 后，再进行下一次经营决策。

弗莱堡模式理论性强，计算过程复杂，在实际操作中较难把握，特别是小农户采用这种方法的难度非常大。现在的研究和实践倾向于更简单的办法：一是目标树间距采用经验公式。目标树与主林层相邻树木的最佳距离，针叶树为目标树现实胸径的 20 倍，阔叶树为目标树现实胸径的 25 倍，在这个距离范围内的同冠层林木全部伐除，下层林木则保留（侯元兆 等，2009）；目标树与目标树之间的距离约等于目标胸径的 20 倍（针叶树）或 25 倍（阔叶树）。二是目标树每公顷株数和间距采用经验数据。现在一般采用的是主要树种不同目标胸径下的每公顷株数和目标树间距（表 1-2）。

表 1-2　不同树种不同目标胸径下目标树每公顷株数及目标树间距

树种	目标胸径 50cm		目标胸径 60cm		目标胸径 70cm	
	株数	间距（m）	株数	间距（m）	株数	间距（m）
云杉	270	6.5	200	7.5	150	8.5
松树	180	8	130	9	100	10.5
落叶松	140	8.5	100	10.5	80	11.5
山毛榉	110	10	80	11.5	60	13.5
橡树	130	9	90	11	70	12.5
其他阔叶树	130	9	90	11	70	12.5

1.3.2　巴伐利亚模式

巴伐利亚模式由慕尼黑大学、巴伐利亚州林业科学研究所联合研究形成，并由巴伐利亚州林业主管部门作为指南发布。到目前为止，只发布了云杉的营林指南《巴伐利亚州云杉纯林和云杉混交林营林指南（2009）》（Bayerische Sttatsforsten Bewirtschaftung，2009）。

（1）总体目标

通过对森林不断干预和经营，尽快将云杉纯林改造为多树种、多龄级、多层次组成的“永久性森林”（Mayer，1984）。这种结构的森林更加有活力也更稳定，能够抵抗各种生物或非生物灾害。

（2）经营思路

第 1 步，每公顷选择 100 株目标树作为一代目标树（图 1–6），短间隔期采伐直接干扰木可促进一代目标树的生长。目标树之间的一般林木不进行干预，这样除发挥应有的生态效应外，还可以确保大面积林分的高蓄积增长量。同时，还要注意保护天然更新，特别是阔叶树幼苗，以促进混交林的形成。

第 2 步，当一代目标树进入近熟林阶段时，从保留木中选择二代目标树，二代目标树的株数仍为 100 株 /hm^2，也需采取伐除干扰木的办法进行培育。当一代目标树达到目标胸径后，分年度逐步进行收获性择伐。当一代目标树全部收获性择伐完毕时，二代目标树将替代原有的一代目标树而成为新的一代目标树，当新的一代目标树进入近熟林阶段时，再选择新的二代目标树。

第 3 步，经过几代目标树经营，最终形成由多树种组成的复层异龄混交林（Neft，2007）。

（3）具体措施

巴伐利亚州云杉林的经营措施主要包括：

①当主林层高度达到 12m 时，选择并标注目标树 100 株 /hm^2，目标树之间距离为 10m。

②被选择目标树的冠幅应达到树高的 50% 以上，并且高径比应达到 70。

③注意培育生产标准规格的木材（在巴伐利亚州，一等原木的中心直径为 35 ～ 49cm）。

④云杉目标树的目标胸径，在中等产出潜力的林地上为 40cm，在高产出潜力的林地上为 45cm。当目标树的胸径达到目标胸径时，可以开始收获性择伐，这一过程需要持续几十年的时间，这也意味着目标树大多数在采伐时将比目标胸径更大（图 1–7）。

图 1–6 栎类模式目标树

图 1–7 基于目标胸径培育的目标树择伐

⑤对于混交所需树种（主要是阔叶树种）要进行长期的保护并促进其生长。通过高频率低强度的间伐（每 5a 间伐 1 次），建立高稳定性的林分。每次采伐量约等于其生长量。

⑥创造和保护森林的横向郁闭和纵向郁闭，形成丰富的树种结构、层次结构和年龄结构。

1.3.3 罗腾堡模式

罗腾堡模式由罗腾堡林业经济应用大学的艾伯特（H. Ebert）在 1999 年提出（Ebert，1999，2015）。

（1）选择标准

目标树选择的标准是基于树木枝下高，目标枝下高设定为 10m。当目的树种的树冠底部没有达到目标枝下高时，不做处理。当目的树种的树冠底部达到目标枝下高时，开始进行目标树选择与标注。目标树必须位于主林层，且树干通直、无分杈、无明显损伤。在选择目标树时，目标树的活力和质量比目标树之间的距离更重要。

（2）选择步骤

①最好的树木在哪里？寻找合适的目标树。

②最好的这株树是否健康无损伤？主干有损伤的树木不得作为目标树。

③哪些树木妨碍了目标树的生长？寻找干扰木，一般 1 株目标树需砍伐 1 ～ 2 棵干扰木。

④另外的目标树在哪里？寻找下一株目标树，并检查目标树空间分布。

每隔 3a 砍伐 1 次干扰木，且砍掉“旗杆树”（细长、冠小的树木）。如果间隔期太长，势必导致采伐量加大，这会造成林分的不稳定。艾伯特推荐的不同树种目标树密度：云杉 200 ～ 250 株 /hm^2、冷杉和松树 150 ～ 200 株 /hm^2、落叶松 100 ～ 150 株 /hm^2、栎类 60 ～ 80 株 /hm^2、其他阔叶树 50 ～ 100 株 /hm^2。

1.4 德国目标树经营成效

德国尤其是巴伐利亚州开展目标树经营已经有近百年的历史了，效果究竟如何呢？德国的林业研究机构曾经在施工区域或研究区域布设了一些固定样地进行监测，但这些样地是局部布设的，不能代表一个州甚至一个国家，为此，我们采用德国森林资源连续清查的数据来说明目标树经营的效果。

1.4.1 德国森林资源概况

德国是全球森林资源质量最高的国家，其森林经营的理论和实践都堪称典范。德国 1971 年在巴伐利亚州进行了全国森林资源清查试点，1987 年、2002 年、2012 年分别进行了全国第 1 次、第 2 次、第 3 次森林资源清查。根据德国联邦食品和农业部、农业和消费者保护部 2016 年公布的 2011、2012 年第 3 次森林资源清查数据，整理如表 1–3。

表 1-3 德国各州森林资源统计表

地名	林分面积（万 hm^2）	森林面积（万 hm^2）	森林覆盖率（%）	森林蓄积量（亿 m^3）	单位面积蓄积量（m^3/hm^2）	单位面积年生长量［$m^3/(hm^2 \cdot a)$］
巴伐利亚州	260.56	248.89	37	9.87	396	11.90
巴登－符腾堡州	137.18	132.39	38	4.99	377	12.29
勃兰登堡州＋柏林市	113.08	106.93	37	3.07	288	10.35
黑森州	89.42	84.78	42	2.89	341	11.58
梅克伦堡－前波莫瑞州	55.81	52.49	24	1.67	318	10.52
下萨克森州	120.46	115.59	25	3.39	293	10.75
北莱茵－威斯特法伦州	90.95	87.37	27	2.71	311	10.93
莱茵兰－普法尔茨州	83.98	80.75	42	2.44	302	10.70
萨尔州	10.26	10.10	40	0.30	298	11.34
萨克森自由州	53.32	50.19	29	1.57	312	11.16
萨克森－安哈特州	53.25	49.77	26	1.36	272	9.54
石勒苏益格－荷尔斯泰因州	17.34	16.65	11	0.54	326	11.33
图林根州	54.92	51.63	34	1.79	347	11.20
汉堡市＋不来梅市	1.38	1.27	12	0.04	305	9.18
德国全境	1124.57	1088.80	32	36.63	336	11.23

数据来源：德国 2012 第 3 次森林资源清查。

1.4.2 德国巴伐利亚州目标树经营成效

为了更好地说明目标树经营的成效，这里以巴伐利亚州为例进行分析。巴伐利亚州是德国森林资源最丰富的州，也是德国最早开展目标树经营的州之一。巴伐利亚州与德国全境的情况比较详见表 1-4。

表 1-4 巴伐利亚州与德国全境森林情况对比表

项目	德国全境	巴伐利亚州
面积（万 km^2）	35.72	7.06
人口总数（万人）	8200.0	1244.0
人口密度（人/km^2）	230.0	177.0
森林面积（万 hm^2）	1142.0	261.0
森林覆盖率（%）	32.0	37.0
森林蓄积量（亿 m^3）	36.6	9.9
单位面积蓄积量（m^3/hm^2）	336.0	396.0

（续）

项目	德国全境	巴伐利亚州
年采伐总蓄积量（m^3/a）	7568.0	2234.0
单位面积年采伐蓄积量［$m^3/(hm^2 \cdot a)$］	6.6	8.6

数据来源：德国 2012 第 3 次森林资源清查。

综合目标树对经营的基本要求和恒续林、普伦特林的特征，评价近自然森林经营成效采用以下几个指标：一是森林结构，包括树种结构、层次结构、混交结构和年龄结构。二是野生动物生存环境，主要是枯木数量和腐烂程度。三是森林近自然度，这是评价近自然森林经营成效的一个综合指标。四是森林蓄积量，包括森林蓄积量的增长以及木材生产销售情况，主要用以评价经济效益和社会效益。分析采用的数据，来源于德国联邦食品和农业部、巴伐利亚州食品农林部公布的巴伐利亚州 4 次森林资源连续清查成果。分析评价采用对比法，主要基于 2012 年巴伐利亚州森林资源清查数据，并辅以 2002 年、1987 年和 1971 年的数据。

1.4.2.1 森林结构优化情况

（1）树种结构

19 世纪末巴伐利亚州的森林基本上是以云杉为主的人工针叶纯林，如果按照近自然理念进行经营，首要的就是改善树种结构，增加阔叶树的比重。经过半个多世纪人工营造混交林和对针叶纯林进行近自然化改造，截至 1971 年，该州阔叶树的比重提高到 22%。到 1987 年联邦德国进行第 1 次森林资源清查时，阔叶树的比重达到 25.9%。1989 年巴伐利亚州从官方层面推广近自然森林经营后，通过对森林的近自然化改造，阔叶树的比重进一步上升，2002 年达到 31.6%，2012 年达到 35.7%（Bayerische Landesanstalt für Wald und Forstwirtschaft, 2014）。在阔叶树种的选择上，除了主要树种橡树、山毛榉外，该州还注重树种的多样性，发展了欧洲鹅耳枥、白蜡树、枫树、椴树、榆树等其他长寿命阔叶树，以及桦木、桤木、杨树、柳树、山梨等其他短寿命阔叶树。减少的针叶树主要是云杉和欧洲赤松，冷杉、花旗松作为深根系树种，由于能较好地适应气候变化，面积略有增长（表 1–5）。

表 1–5　巴伐利亚州分树种面积比例变化情况统计表　（单位：%）

树种或树种组	1971 年	1987 年	2002 年	2012 年
山毛榉		10.6	12.4	13.9
橡树		5.6	6.2	6.8
其他长寿命阔叶树		3.8	5.6	7.1
其他短寿命阔叶树		5.9	7.4	7.9
阔叶树小计	22	25.9	31.6	35.7
云杉		47.6	44.5	41.8
冷杉		2	2.1	2.4
欧洲赤松		22	19.1	17.1
落叶松		2.1	2.1	2.2

（续）

树种或树种组	1971年	1987年	2002年	2012年
花旗松		0.4	0.6	0.8
针叶树小计	78	74.1	68.4	64.3
阔叶树+针叶树总计	100	100	100	100

（2）层次结构

丰富的层次结构是林分天然更新成功最直接的表现。19世纪末20世纪初，巴伐利亚州的森林基本上是单层林，经过百余年特别是1989年以来的近自然森林经营，到2012年时，单层林已减少到22.6%，复层林增加到77.4%。在2002—2012年的10年间，单层林减少了118714hm^2，复层林增加了132994hm^2（表1-6）。

（3）混交结构

2012年时巴伐利亚州的森林已以混交林为主，面积211.17万hm^2，占乔木林面积的84.99%。其中针叶混交林20.9%，阔叶混交林24.86%，针阔混交林39.23%。混交林中如果剔除针叶混交林，阔叶混交林和针阔混交林的比例也高达64.08%。2012年与2002年相比，混交结构进一步改善，针叶纯林和针叶混交林减少了86284hm^2，阔叶混交林和针阔混交林增加了100564hm^2（表1-7）。

表1-6 巴伐利亚州森林层次结构分析表

地名	单位	单层林	双层林	复层林	合计
巴伐利亚州	面积（万hm^2）	56.18	150.21	42.08	248.47
	占比（%）	22.61	60.45	16.94	100
德国全境	面积（万hm^2）	346.60	621.34	116.70	1084.64
	占比（%）	31.95	57.29	10.76	100

数据来源：德国2012第3次森林资源清查。

表1-7 巴伐利亚州混交林结构分析表

地名	单位	针叶混交林	阔叶混交林	针阔混交林	针叶纯林	合计
巴伐利亚州	面积（万hm^2）	51.93	61.78	97.46	37.30	248.47
	占比（%）	20.90	24.86	39.23	15.01	100
德国全境	面积（万hm^2）	146.73	367.33	312.65	257.93	1084.64
	占比（%）	13.53	33.87	28.82	23.78	100

数据来源：德国2012第3次森林资源清查。

（4）年龄结构

巴伐利亚州2012年时森林的年龄结构比较均衡，如果以20a划分为1个林龄阶段的话，每个林龄阶段的面积占比都在10%～17%（表1-8），有利于实现木材的可持续利用。随着林龄的增长，单位面积森林蓄积量也在增加，但当林龄达到160a以后，单位面积的蓄积量反而开始下降，主要是树木进入过熟期，失去了生长活力，且部分枝条开始枯落。

表1-8　德国全境和巴伐利亚州林龄结构分析表

龄级（a）	巴伐利亚		德国全境	
	面积（万 hm^2）	占比（%）	面积（万 hm^2）	占比（%）
1～20	26.46	10.63	106.68	9.80
21～40	31.97	12.84	163.10	14.98
41～60	40.82	16.4	222.82	20.46
61～80	34.29	13.78	171.07	15.71
81～100	38.74	15.56	138.92	12.76
101～120	29.54	11.87	108.93	10.00
121～140	18.64	7.49	69.32	6.37
141～160	13.44	5.40	46.90	4.31
＞160	9.40	3.78	35.02	3.22
年龄缺失	5.60	2.25	26.05	2.39
合计	248.89	100.00	1088.80	100.00

数据来源：德国2012第3次森林资源清查。

1.4.2.2 枯木状况

改善野生动物生存环境是人与自然和谐共生的重要组成部分，也是近自然森林经营的应有之意。其内容主要包括保护树冠上有鸟巢、树干上有动物巢穴的树木不被砍伐，在林间保留枯木等。但在森林资源清查中，树冠上的鸟巢特别是树干上的巢穴不便调查，能用数据反映的主要是枯木。枯木的数量和腐烂程度是影响野生动物栖息地和营养来源的重要因素（图1-8）。2012年单位面积枯木蓄积量达到22m^3/hm^2，其中针叶树提供了17.3m^3/hm^2，阔叶树

图1-8　林中枯木自然降解

提供了 4.7m³/hm²。2002—2012 年枯立木、枯倒木、枯树桩（树干高度小于 1.3m）、枯枝蓄积量的变化情况见表 1–9，枯木腐烂情况见表 1–10。从表 1–9 可以看出，枯立木增加较多而枯倒木减少，说明原来的枯倒木有部分已经完全腐烂。从表 1–10 也可看出，正在腐烂的枯木增加最为明显。

表 1–9　巴伐利亚州森林枯木蓄积量变化情况统计表　（单位：m^3/hm^2）

调查时间	合计	枯立木	枯倒木	枯树桩	枯枝
2012 年	22	6.6	7.8	7.5	0.1
2002 年	20	4.1	8.2	7.6	0.1
差值	2.0	2.5	–0.4	–0.1	0.0

表 1–10　巴伐利亚州森林枯木腐烂情况统计表　（单位：m^3/hm^2）

调查时间	合计	未开始腐烂	开始腐烂	正在腐烂	高度腐烂
2012 年	22	2.6	8.1	6.9	4.4
2002 年	20	2.4	7.4	5.8	4.4
差值	2.0	0.2	0.7	1.1	0.0

1.4.2.3 森林近自然度变化情况

近自然森林经营要求充分利用自然力，不断优化森林经营过程，持续改善森林的结构和功能，从而将森林逐步导向接近于自然的状态（陆元昌，2006）。森林近自然度可以较好地反映这种进程和成果。德国对近自然度有着严格的定义，主要从天然林群落树种（包括主导树种、次要树种、先锋树种）占比、天然林群落主导树种占比、天然林群落主导树种的完整度、非欧洲树种的占比 4 个方面进行衡量（Bundesministerium für Ern hrung und Landwirtschaft，2011）。在 2012 年森林资源清查时，近自然度的评判标准是：①自然林。天然林群落树种占调查林分树种总数的 90% 以上，天然林群落主导树种占调查林分树种总数的 50% 以上，天然林群落主导树种的完整度为 100%，非欧洲树种占调查林分树种总数的 10% 以下。②近自然林。天然林群落树种占 75% ～ 90%，天然林群落主导树种占 10% ～ 50%，非欧洲树种占 10% ～ 30%。③部分近自然林。天然林群落树种占 50% ～ 75%，天然林群落主导树种占 10% 以下，非欧洲树种占 30% 以上。④人工干预林。天然林群落树种占 25% ～ 50%。⑤人工林。天然林群落树种占 25% 以下。

2002 年和 2012 年森林资源清查时，巴伐利亚州自然林、近自然林、部分近自然林、人工干扰林、人工林的面积以及 10a 期间的变化情况见表 1–11。从表 1–11 可以看出：一是森林近自然度总体情况较好。2012 年时自然林占乔木林的比例为 11.1%，近自然林占 31.5%，自然林和近自然林合计占比达 42.6%，比德国全境的 35.8% 高出 6.8%，比该州 2002 年的 40.7% 高出 1.9%。二是近 10a 森林近自然度的优化效果明显。2012 年与 2002 年相比，自然林和近自然林的面积增加了 54558hm²，增长了 2.2%；而部分近自然林和人工林减少了

54795hm²，降低了2.2%。三是近自然森林经营在持续进行。由于对人工林实施近自然化改造，人工林面积减少，人工干扰林的面积增加。

表1-11 巴伐利亚州森林近自然度变化情况统计表 （单位：hm^2）

调查时间	合计	自然林	近自然林	部分近自然林	人工干扰林	人工林
2012年	2484687	275678	783196	863292	200819	361702
2002年	2470407	252777	751539	877191	186302	402598
差值	14280	22901	31657	−13899	14517	−40896

1.4.2.4 森林蓄积量增长及木材生产情况

（1）森林蓄积量

巴伐利亚州森林蓄积量高，2012年达9.87亿m^3，占德国36.6亿m^3的27%。1971—2012年，该州森林蓄积量的变化有以下特点：一是森林蓄积量持续增长。从1971—2012年的41年时间内，森林蓄积量增长了55.2%。其中1971—1987年增长了25.3%，1987—2002年增长了22.8%，2002—2012年增长了0.8%（表1-12）。二是阔叶林蓄积量增长速度高于针叶林。从单位面积蓄积量来讲，针叶林比阔叶林高很多，2012年时针叶林的蓄积量每公顷平均高达450m^3，而阔叶林只有298m^3。但各自以1971年为基数，到2012年时阔叶林蓄积量增长了148.6%，而针叶林蓄积量只增长了36.3%。特别是2002—2012年，由于该州加大了目标树经营（郭诗宇 等，2021a；侯元兆 等，2017）的力度，针叶林蓄积量减少了2200万m^3，阔叶林蓄积量增加了3000万m^3。三是森林蓄积生长量保持较高水平。2002—2012年，森林蓄积生长量为11.9m^3/（hm^2·a）。四是木材质量提高。由于对针叶纯林进行近自然化改造，2012年与2002年相比，胸径7.0～39.9cm的林木蓄积量占比减少，而40cm以上的大径材蓄积量占比增加，有利于生产更多的优质木材。

表1-12 巴伐利亚州森林蓄积量变化情况统计表 （单位：亿m^3）

树种组	1971年	1987年	2002年	2012年
针叶树	5.29	6.43	7.43	7.21
阔叶树	1.07	1.54	2.36	2.66
合计	6.36	7.97	9.79	9.87

（2）木材生产销售

2002—2012年由于实施近自然森林经营，巴伐利亚州的森林采伐量比以往大幅增加，年均采伐木材2234万m^3，占德国7568万m^3的29.5%。木材的采伐以云杉为主，年均1540万m^3，占全州木材采伐量的68.9%。干扰木择伐的年龄一般在20～60a。目标树收获性择伐年龄分树种而有所不同，云杉一般为100～120a，欧洲赤松一般为120～140a，山毛榉一般为140～160a，栎类一般为160～240a。木材的价格因直径、质量等不

图 1–9 大径级目标树采伐集运

尽相同（图 1–9），2019 年分树种的平均价格如下：云杉 80 ～ 100EUR/m^3，欧洲赤松 60 ～ 80EUR/m^3，山毛榉 60 ～ 70EUR/m^3，一般质量的栎类 250 ～ 310EUR/m^3，高质量的栎类 1000 ～ 2000EUR/m^3。木材原材料及其制品的销售可以带来可观的经济收入，同时采伐、销售、加工等环节可吸纳一定数量的劳动力就业，产生明显的社会效益。

1.4.3 研究结论

综上，近自然森林经营在巴伐利亚州取得了非常显著的成效。具体表现在 4 个方面：

第一，森林结构逐步优化。阔叶树种的比例从 1971 年的 22% 提高到 2012 年的 35.7%，复层林已占乔木林面积的 77.4%，混交林已占乔木林面积的 85.0%，森林的年龄结构比较均衡。

第二，野生动物的生存环境逐步改善。2012 年枯木数量增加到 22m^3/hm^2，比 2002 年增加了 2m^3/hm^2，为野生动物提供了栖息场所和营养来源。

第三，森林近自然度逐步提高。通过近自然森林经营，促进了森林的正向演替，使林分逐步向自然林和近自然林过渡。2012 年自然林和近自然林已占乔木林面积的 42.6%，比德国全境高 6.8 个百分点，比该州 2002 年高 1.9 个百分点。

第四，单位面积森林蓄积量逐步增加。2002—2012 年，该州森林蓄积生长量为 11.9 m^3/（hm^2 · a）。到 2012 年，该州单位面积森林蓄积量为 396m/hm^2，且大径级木材的比例明显上升。

第2章

潜在目标树培育

在森林生长发育的不同阶段，需要采取不同的经营措施。一般来说，中龄林阶段主林层平均胸径 10cm 以上，郁闭度 0.8 以上的实生林最适合采用目标树经营法。在此之前和之后的阶段，重点是围绕培育潜在目标树开展森林经营（潜在目标树是指将来有望成为目标树的树木）。应该说，从苗木栽植、新造林抚育、幼林抚育、成熟林收获性择伐等森林经营的各个环节，都需要进行潜在目标树的培育，为中龄林阶段目标树经营打基础。

2.1 群组造林法

2.1.1 产生的背景

在宜林荒山荒地、采伐迹地、火烧迹地等无林地建立森林，如果要尽量接近自然，最好是采取天然更新的办法。但天然更新耗时较长，为尽快形成林分，一般采用人工造林的方式。人工造林以往采用行列种植法（图 2–1），即在一个造林地块，栽植穴横成行竖成列，苗木在林地上均匀分布，栽植密度一般为每公顷 1500 ～ 10000 株。这种办法有两个明显的缺点：一是成本昂贵（Birkedal，et al.，2010；Gockel，1995）。据测算，在德国巴登 – 符腾堡州，每公顷种植 5000 株栎树苗包括整地、购苗、造林、管护（含围栏）共需花费 15000 ～ 18000 欧元；在德国巴伐利亚州，每公顷种植 8000 ～ 10000 株栎树苗，需花费 25000 ～ 30000 欧元。二是生物多样性缺乏（Rock et al.，2003）。行列种植的栎类幼林，只要经过十几年的生长，除了栽植的栎类（也可能有栽植的其他混交树种）外，由于林地全部

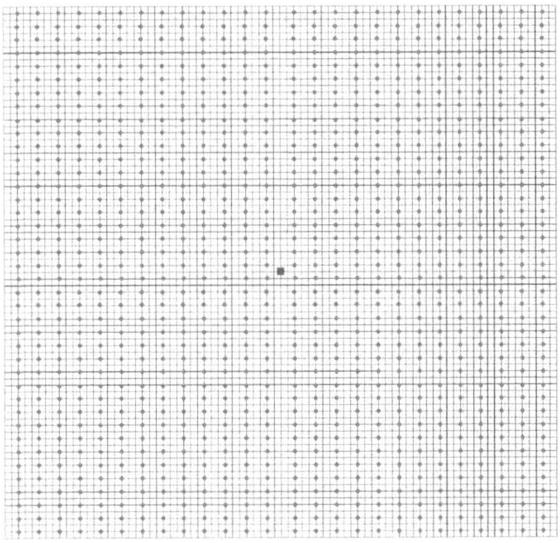

图 2–1 行列种植示意图

为树木所覆盖，通过天然更新形成的乔木、灌木和草本稀少。

按照近自然森林经营理论和目标树经营方法，虽然行列种植法营造的森林可以通过苗木分级，将最好的苗木进行均匀分布，为潜在目标树的培育打基础，但以高成本和丧失生物多样性为代价是不值得的。既要节约成本，又要维护生物多样性，还能更有利于今后按目标树经营方法经营森林，为此人们在人工造林和天然更新之间寻找到了一种可行的解决办法，即群组造林法。

2.1.2 形成的过程

群组造林法由英国爱丁堡大学教授安德森（Anderson，1930）正式提出，当时也叫安德森群组种植法。事实上，在此之前，俄罗斯圣彼得堡林业研究所的科学家罗吉耶夫斯基（Ogijewski）在 1911 年已将群组种植法的思路应用于实践（Pryakhin et al.，1949；Anderson et al.，1951），但鲜为人知。安德森群组种植法在英国主要是在苏格兰和北爱尔兰进行试验，树种主要有栎类、欧洲山毛榉（*Fagus sylvatica*）、欧洲赤松（*Pinus sylvestris*）和北美云杉（*Picea sitchensis*），后来由于“二战”的影响而中止，并逐渐被人们遗忘。1952 年，波兰波兹南大学的林学家西兹曼斯基（Szymanski），在波兰的中南部林区进行了大量种植试验，并发表了许多研究成果（Szymanski，1977，1986，1994）。

真正将群组造林法从理论上提升并成功运用于实践的，是德国的林业科研人员和林主们。1980 年德国弗莱堡大学教授阿贝茨（P. Abetz）提出目标树经营法后，德国的林业科技工作者将近自然森林经营理论、目标树经营法与安德森群组种植法结合起来，形成了真正意义上的群组造林法。1992 年，戈克尔（H. Gockel）在德国黑森州的施瓦岑博恩（Schwarzenborn）林区的联邦林区中，以圆形或方形群组的形状开展了栎类群组种植（Gockel et al.，2001）。其他研究人员也在德国下萨克森州、巴登－符腾堡州、莱茵兰－普法尔茨州、巴伐利亚州对群组中栎类的株数、伴生树的种类和数量进行了不同的试验（Petersen，2007；Ehring，et al.，2006）。后来，群组造林法也被法国（Demolis et al.，1997）、瑞士（Brang et al.，2004）和奥地利（Ruhm，1997）应用于实践。

现在对群组造林法研究比较深入的有德国弗莱堡大学的萨哈（S. Saha）、斯基亚达雷斯（G. Skiadaresis）、屈内尔（C. Kuehne）、包豪斯（J. Bauhus）等。2020 年 10 月，德国巴伐利亚州粮农部林业管理办公室组织州林业研究所、林业企业和州有林场的管理、科研和技术人员共 30 余人，召开了栎类树种群组种植研讨会，并在楚斯马尔斯豪森镇（Zusmarshausen）现场开展了栎类群组种植活动。群组造林及经营见图 2–2。

2.1.3 操作办法

这里以栎类为例，介绍操作办法。欧洲栎类材质好，但其自然整枝不良、主干常有丛生枝（次生枝）影响材质是其固有缺陷。因此，在栎类造林和经营中，常采用密植的办法，并建立或保留遮阴树，以促进自然整枝并减少丛生枝。从欧洲各国现在采用的群组造林法看，

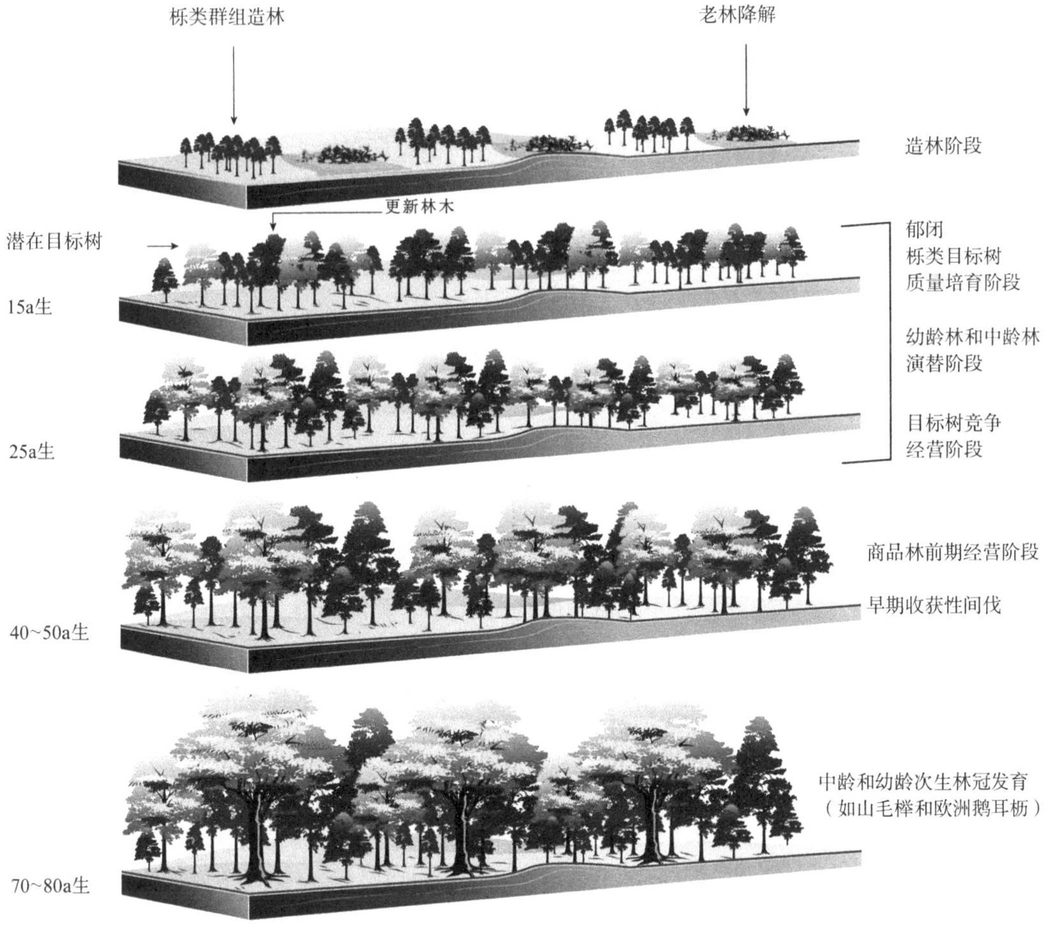

图 2-2 群组造林及经营（Saha et al.，2017）

具体操作办法有单树种种植和多树种种植两种方法。

单树种种植法。首先，将一块造林地划分为若干群组，组与组之间的距离为 5 ～ 12m，组内分 3 层，最内层栽 1 株栎树，这株栎树是作为潜在目标树培育的，因此苗木质量要好；中间层栽 8 株栎树，间距为 0.2 ～ 1.5m，可为圆形或矩形环绕中心栎树；外层栽 12 株栎树，均匀分布。两组之间的空地为天然更新提供空间。

多树种种植法。每个群组之间的距离为 10 ～ 14m，组内分别种植栎类和其他伴生树种，株行距均为 1m，每公顷共种植 50 ～ 100 个群组。每个组内共有 4 层，分别由中心栎、内部栎、外部栎和伴生树组成，具体的种植模式有环形和矩形两种。环形种植共由 4 层树木组成，以 1 或 3 株中心栎为圆心，即第 1 层；向外环绕种植 6 株或 9 株，呈内部栎圈，即第 2 层；再向外环绕种植一圈外部栎，即第 3 层；最后向外环绕种植一圈伴生树，为第 4 层。矩形种植模式也分 4 层：一株中心栎外以正方形环绕种植 8 株内部栎，在内部栎外平行种植 12 株外部栎，外部栎外再以等距环绕种植 16 株伴生树。

伴生树种一般为耐阴的乡土树种，常采用欧洲山毛榉（*Fagus sylvatica*）、鹅耳枥

（*Carpinus betulus*）和心叶椴（*Tilia cordata*）等。外层的伴生树除能促进混交外，还能对环绕在内部的栎类幼树起到较好的保护作用，伴生树带来的竞争效应对后期的树木生长质量可起到一定促进作用。此外，伴生树能促进栎类幼树的自然整枝，后期可收获质量更高的木材，并对栎类存活率、干形、潜在目标树的数量都有间接的促进作用。但当伴生树成长到一定阶段，可能会对内圈栎类树木形成过强的竞争和干扰，这就需要对伴生树进行定期的监测，在必要时伐除。

2.1.4 成效评价

群组造林法与行列种植法相比，具有明显优势。

（1）森林覆盖面积

虽然群组造林法栽种的苗木总株数只有行列种植法的 30% ～ 70%，但经过十几年生长和天然更新后，两者的森林覆盖面积相差不大，这样，群组造林法既节约了苗木、也节省了人工。在对 14 ～ 22a 生栎类进行研究后发现，群组种植栎类 2000 株后林木的覆盖面积为 97%，而行列种植 5000 株后林木的覆盖面积为 100%，两者最终的森林覆盖面积相差不显著（Skiadaresis G，et al.，2016）。通过对群组造林法和行列种植法的造林成本进行对比研究发现，群组造林法的成本（含林地清理、整地、栽植、抚育、管护等）比行列种植法低 50% 左右（Weinreich，et al.，2001）。

（2）天然更新

在对 10 ～ 26a 生的栎类对比研究后发现，群组种植比行列种植有更高的树种多样性，群组有 12 个树种，行列只有 5 个树种（Saha，et al.，2013）。经试验，当群组种植的栎类占地面积是行列种植栎类占地面积的 65% 时，群组种植中的天然更新数量比行列种植高 368%（Skiadaresis，et al.，2016）。群组种植中天然更新的树种更为丰富，发展为潜在目标树的有 6 个树种，分别是：挪威云杉占 51%，欧洲白桦（*Betula pendula*）占 19%，欧亚槭（*Acer pseudoplatanus*）占 16%，欧洲落叶松（*Larix decidua*）占 8%，欧洲山杨（*Populus tremula*）占 4%，野樱桃（*Prunus avium*）占 2%。而行列种植中由天然更新发展为潜在目标树的只有欧洲白桦（占 80%）和挪威云杉（占 20%）两个树种。

（3）树木质量

经研究发现，群组种植生长的栎类主干通直、树冠完满的树木，比行列种植的分别高 45% 和 23%（Guericke et al.，2008）。群组种植长出完美树干的比例虽然只略高于行列种植（高 3%），但树干弯曲和弱冠的比例群组种植要明显小于行列种植，其中群组种植是 54%，行列种植是 62%（Skiadaresis et al.，2016）。

（4）潜在目标树

在群组种植中，大量的栎类和天然更新的质量较好的树木同时存在，这就使得潜在目标树的数量非常之高，高数量的潜在目标树能够确保最后选出足够数量质量优良的目标树（Kuehne et al.，2013）。研究发现，潜在目标树的分布在群组种植中比行列种植中更加均匀，且数量更为丰富，在群组种植中，每公顷潜在目标树的平均数量为 317 株，而行列种植只有 184 株，这样，群组种植中为目标树的选择提供了更多可能性（Skiadaresis et al.，2016）。

研究证实，群组造林法中每组至少可选出 1 株潜在目标树（Skiadaresis et al.，2016），并且间距较为均衡。一般选择栎类目标树会在林龄 35 ～ 40a 时开展，每组都极有可能有 1 株目标树，最后可以形成目标树间距比较平衡的林分。有一些天然更新生长快的潜在目标树（比如山毛榉、欧亚槭、野樱桃等）可能会在 40 ～ 50a 后就已经达到了可收获的胸径水平，从而可增加这片林分的收入。但行列种植组中进行的这种采伐只能增加薪炭材的数量，因为能生长快速的天然更新的树木数量较少。

2.1.5 本土化实践

群组造林法相比普通的行列种植，具有造林成本更低、生物多样性更丰富、潜在目标树更多等优点。为了探讨在中国推广的可能性，课题组在湖北省钟祥市盘石岭林场和通山县大幕山林场进行了造林对比试验。

2.1.5.1 盘石岭林场栓皮栎试验林

钟祥市盘石岭林场地处湖北省中部，位于东经 112° 41′ 30″ ～ 112° 45′ 32″，北纬 31° 07′ 56″ ～ 31° 19′ 51″。地形以丘陵岗地为主，属北亚热带季风气候，全年无霜期 263d。土壤主要是由页岩、砾岩、砂岩和第四纪黏土母质形成的黄棕壤和黄褐色土。该场于 1956 年 10 月建场，土地总面积 4514.63hm^2，其中有林地面积 4142.02hm^2，占经营总面积的 91.7%，活立木总蓄积量 39 万 m^3，森林覆盖率 92%。该场动植物资源丰富，植物共有 84 科 215 属 502 种，林分类型主要有马尾松栎类混交林、火炬松纯林、马尾松纯林等，栓皮栎、红果冬青、乌桕、马尾松是该场重要的乡土树种。

（1）造林地选择

该场梅子铺分场有 3 块宜林地较为合适。1 块为杉木采伐迹地，已经进行林地清理，并进行了全垦整地，树桩已经全部挖走，土壤为黄棕壤，坡度 10° ～ 15° ；1 块为马尾松栎类混交林采伐迹地，已经进行林地清理，土壤为黄棕壤，坡度 5° ～ 10° ；1 块为荒山，杂草较为茂密，土壤为第四纪黏土母质发育的黄棕壤，土壤较为板结。这 3 块地都较为适合开展群组种植试验。

（2）试验模块设置

在 3 块造林地上各测量出 40m × 120m 长方形试验地，四角用钢管作为固定角标，并记录地理坐标。在试验地内测量划分出 3 块 40m × 40m 方形中样地，中间 1 块作为行列种植对照样地，左右各 1 块作为群组种植作业样地。在每个 40m × 40m 方形中样地中，各测量划分出 4 块 20m × 20m 小样地，作为观察记录的基本单元。在 20m × 20m 小样地的中心位置，左边方形中样地设置 5m × 5m 的种植点，并在每个点上撒石灰作为标记（图 2–3）；右边方形中样地设置 7m × 7m 的种植点，并在每个点上撒石灰作为标记（图 2–4）；中间的方形中样地按照 1m × 1m 株行距均匀设点并撒石灰作为标记。

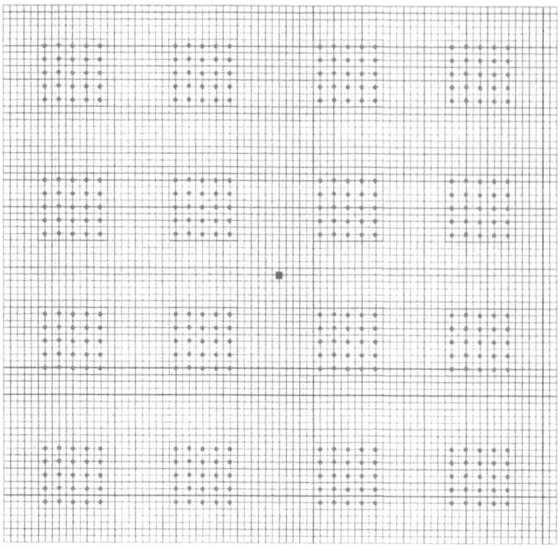

图 2–3　群组造林模式 II

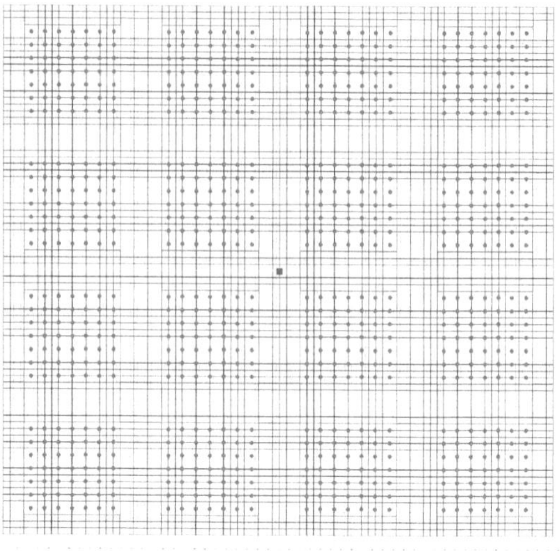

图 2–4　群组造林模式 III

（3）造林整地

杉木采伐迹地已经进行了全垦整地，只需在石灰点上挖小穴即可，可提前挖好，也可在栽植时边挖边栽。马尾松栎类混交林采伐迹地已经进行了林地清理，由于土壤较为肥沃，可以提前挖小穴进行整地，尽量不破坏土壤毛细管，以提高造林成活率。荒山地块板结，可先行大穴整地，然后回填，在大穴的中间挖小穴供造林。

（4）苗木分级与栽植

盘石岭林场选择乡土树种栓皮栎进行种植试验，并于 2021 年 3 月启动试验进程。苗木为该场自育 1a 生容器苗。首先，选择符合要求的 I、II 级苗，并将苗木进行分类，把根颈较粗、树苗较高、长势较好、顶芽饱满的健壮苗作为一类苗，其他较为健壮的苗作为二类苗分开放置。

在行列种植对照样地，一类苗和二类苗分别种植，每隔几株二类苗栽植几株一类苗，使一类苗在对照样地中尽量均匀分布，为今后选择和经营目标树做准备。

在群组种植作业样地，不管是 5m × 5m 群组还是 7m × 7m 群组，都是将一类苗栽植在内圈，二类苗栽植在外圈。在每个种植群组中培育出 2 ～ 3 株潜在目标树，以供今后目标树经营选择最合适的目标树。

栽植时要剪除容器袋，便于栓皮栎苗木根系生长发育。样地中的其他空地用于天然更新，丰富生物多样性。

2022 年 11 月调查时，对照样地和作业样地苗木生长正常，已经出现天然更新树种如栓皮栎、乌桕、红果冬青等，具体试验结果有待课题组今后持续跟踪调查。

2.1.5.2 大幕山林场马褂木试验林

通山县大幕山林场位于湖北省南部，属幕阜山脉，是典型的鄂南低山丘陵地貌，东西长、南北窄，北高东低，坡度一般在 20° ～ 35°，最高海拔 954.1m，最低海拔 90m。境内四季分明，气候温和，日照充足，雨量充沛，年均气温 13℃，年均降水量 1600mm，无霜期 235d。成土母岩主要为页岩、石灰岩、花岗岩，山下部多为黄砂壤和白砂土，土层较为深厚肥沃，山上部较为贫瘠干燥。该场属中亚热带常绿阔叶林区，国有林面积 6448hm^2，其中森林面积 5954hm^2，森林蓄积量 25.8m^3，森林覆盖率 90%。主要树种有 73 科 154 属 255 种，乔木树种主要有杉木、马褂木、檫木、南酸枣、枫香树、毛竹等。

（1）造林地块选择

造林试验的地块选在林场本部小地名叫乌龟蛋的山坡中部，这里土层较为深厚肥沃，适合开展造林试验。共选择了 3 块 40m × 160m 的试验地。

（2）造林树种选择

大幕山林场乡土树种很多，可供选择的有杉木、檫木、枫香树、喜树和马褂木，经综合权衡，最后选择了马褂木。主要原因是马褂木生长快、干形好，适用于中短期造林试验（图 2–5）。

图 2–5　通山县大幕山林场马褂木群组造林

（3）试验方案设计

共设置 3 个重复，每个重复 40m × 160m。和盘石岭林场类似，但该场除行列种植对照样地外，另外设置 3 个群组造林作业中样地。第 1 个作业样地群组长宽为 4.5m × 4.5m，按株行距 1.5m × 1.5m 栽植，形成 3 株 ×3 株共 9 株的群组；第 2 个作业样地群组长宽为 6m × 6m，按株行距 1.5m × 1.5m 栽植，形成 4 株 ×4 株共 16 株的群组；第 3 个作业样地群组长宽为 7.5m × 7.5m，按株行距 1.5m × 1.5m 栽植，形成 5 株 ×5 株共 25 株的群组。3 个群组的面积分别为 20.25m^2、36m^2、56.25m^2。行列种植对照样地株行距为 2m × 2m。

（4）造林作业

2021 年 3 月进行造林作业，选择 2a 生裸根苗，并进行苗木分级，采用小穴状整地，以提高造林成活率。

2022 年 11 月调查时，所栽植的苗木成活率 95% 以上，长势良好。未栽植的地块天然更新非常好，植被茂密，覆盖度在 99% 以上，主要乔木树种有马褂木、枫香树、喜树、苦槠、杉木等。下一步研究的重点，是如何加强抚育，抑制灌木的生长，促进栽植树种和天然更新乔木树种的生长发育。

2.2 点状除杂法

2.2.1 适用范围

点状除杂适用于新造幼林前 3 ～ 5a 或天然更新幼树幼苗的抚育，幼树高度一般在 2m 以下。

以往开展新造幼林抚育，都是对造林地块进行全面割灌除草，这样不利于水土保持，也容易让幼苗遭受强光的灼伤，同时工程量也很大，费工、费力、费钱，效果还不好。

根据近自然森林经营的理念，当杂灌、杂草、藤本植物不影响幼树、幼苗的生长时，可不进行抚育；当杂灌、杂草、藤本植物如图 2–6 所示，长得比幼树、幼苗还高或缠绕幼树、幼苗，严重挤压幼树、幼苗的生长空间，影响幼树、幼苗的生长时，采用点状除杂法进行抚育（图 2–7）。

图 2–6　点状除杂抚育前

图 2–7　点状除杂抚育后

2.2.2 操作方法

以要抚育的幼树幼苗为圆心，在 0.3 ～ 0.5m 的范围内，割除杂灌、杂草和藤本植物，并将其置于幼树、幼苗周围；对此范围外的杂灌、杂草和藤本植物则任由其生长，不采取抚育措施。在进行施工作业时，要注意保护天然更新的珍稀濒危树种和珍贵阔叶树种的幼树、幼苗。

2.2.3 优点评价

点状除杂法和以往采用的全面去杂相比，具有以下几方面的优点：

减少生物多样性丧失。只对局部进行割除，其他大部分地方没有进行抚育，生物物种损失小、碳泄露的也少，符合当前维护生物多样性和减碳的双重要求。

减少强光对幼树、幼苗的伤害。绝大多数树种在幼苗、幼树期都较为耐阴，但害怕强阳光的照射，保留周边的灌草，可适当为幼树幼苗遮阴。如果全部割除，将幼苗幼树暴露在强阳光下，轻则灼伤顶芽影响主干的形成或主干的质量，重则经灼烤全株死亡。如果遇到高温干旱的年份，表现更为明显。

提高造林成活率。将割除的杂灌、杂草置于幼树、幼苗周围，可有效减少水分的蒸发，提高造林成活率。另外，杂灌杂草腐烂后也是很好的肥料。

有利于形成自然整枝。保留周边的杂灌杂草，减少了侧向阳光，并对幼树、幼苗侧枝的扩张起到了一定的抑制作用，有利于形成自然整枝，形成较好的干形。

节约人工成本。由于只对部分区域进行施工，减少了工作量，节约了人工成本。

2.3 密度调整法

2.3.1 适用范围

密度调整法适用于幼龄林的经营。幼树的平均高度一般在 2m 以上，林分的平均胸径在 10cm 以下，此时的林分一般处于竞争生长阶段和质量选择阶段。对过密的林分需要进行抚育性采伐，对过疏或有天窗的林分需要进行补植补造，对正常林分则只需要进行管护。

2.3.2 操作方法

当林分的郁闭度达到 0.8 以上，林木自然整枝强烈时，需要进行抚育性采伐，具体操作办法是“三砍三留”：砍小留大，砍密留疏，砍劣留优。对遭受病虫害、风倒、雪折的树木，要首先进行清理。

当林分内存在较大的天窗（一般针叶林林中空地直径在 6m 以上，阔叶林或针阔混交林林中空地直径在 8m 以上）时，需要进行补植补造。补植补造采用群组种植的办法，即 3～5 株树木成群种植，株行距一般为 1m×1m。此时不宜开展人工促进天然更新，由于这片林中空地长时间没有天然更新，说明林中空地土壤种子库严重不足，采取人工促进的措施也不可能产生效果。

2.4 矮林经营法

矮林是指全部由萌生树组成的森林。一棵树是萌生还是实生，主要看基部有无伐桩或主干基部是否弯曲。在我国，杉木等针叶树种以及栓皮栎、水曲柳、赤桉、马褂木等阔叶树种都可形成矮林。部分地区将香菇、木耳、天麻等作为支柱产业，为提供培植材料，当地一般存在大量的矮林。这些地区的矮林，一般仍然作为矮林经营，为支柱产业提供原材料。为加强生态建设和应对气候变化，矮林经营的主体，是将矮林逐步转化为混乔矮林，培育潜在目标树，最后转化为乔林。矮林经营起源于欧洲，这里简要介绍欧洲矮林现状及经营趋势，并探讨我国矮林的分类、识别和经营路径。

2.4.1 欧洲的矮林及经营趋势

欧洲矮林经营历史悠久，至少可追溯到 7 世纪的德国。当时德国经营矮林的目的主要是为了提供薪炭、饲料和生产木材（Salomön et al.，2013；Strubelt et al.，2019a）。但到 19 世纪初，由于第一次工业革命对木材的巨大需求，导致德国的森林遭受毁灭性破坏，天然林和天然次生林都被以挪威云杉为主的针叶纯林所取代（Strubelt et al.，2019b），矮林几乎绝迹。现在德国的矮林占森林总面积的比例不超过 1%，一般出于历史教育因素保存下来，主要用于向下一代展示他们的祖先所使用的林业方法、林业类型和对森林的经营模式。奥地利的情况和德国类似，目前只有不到 7 万 hm^2 的矮林，约占森林总面积的 1.8%（UNCEC–FAO，2000）。法国的矮林经营模式是在 17 世纪中叶建立起来的，到现在仍然有 682.2 万 hm^2 矮林，约占森林总面积的 47.1%（Machar et al.，2009）。意大利、希腊、塞尔维亚等国家矮林资源也非常丰富，占森林总面积的比例都超过 50%（Bankovic et al.，2008；Zlatanov et al.，2009）。

20 世纪前，欧洲矮林经营主要有两种模式：一是矮桩轮伐模式。林主按照生产、生活需要，每年采伐一定面积的矮林，采伐时伐桩高度较矮，一般不超过 15cm，经过若干年，业主将矮林轮伐一遍，然后林主再对首次采伐的矮林进行第二轮采伐。如林主有 1000hm^2 矮林，每年采伐 50hm^2，20a 会对其所有矮林轮伐一遍，轮伐期为 20a，这样林主可保证每年都有比较稳定的收获。二是高桩采伐模式。林主在采伐矮林时，不是从地面采伐，而是保留 2 ～ 3m 的主干，将其上的主干和村冠砍去利用，使之在砍伐断面周围萌发新枝条、形成新树冠，经过多次砍伐、多次伤口愈合，砍伐断面逐渐增大成瘤状，形似人头，因此国内也叫头木作业法（刘进社，2007）。这种采伐模式主要是为了在林内放牧。牛、羊等牲畜可以在林内无障碍地吃草，矮林也可在无牲畜破坏的情况下自由生长，两不干扰，同时牲畜的粪便还是矮林的肥料。

传统的矮林经营模式在较短的轮伐期对林分进行频繁砍伐，对土壤、景观和生物多样性都会造成负面影响（Ciancio et al.，2005）。同时，还可能会带来非本地树种的入侵。在意大利北部的蒂罗尔州（Tyrol），臭椿、刺槐就侵入到了当地的山毛榉、橡树等落叶阔叶林中（Radtke et al.，2013），对当地的生态造成了一定的影响。另外，矮林频繁地砍伐降低了森林应对气候变化的能力（Drake et al.，2013）。森林通过光合作用固碳释氧，具有碳汇功能，矮林砍伐后通过利用又将吸收的 CO_2 释放到大气中，碳封存能力减弱。

20 世纪中叶以来，由于化石能源的普遍利用，导致人们对薪柴的依赖逐步减少，特别是全球气候变暖所带来的恶果逐步显现，欧洲国家矮林经营的思路也开始转变，重点是如何将矮林转化为碳固定和碳封存能力更强的乔林（Stojanovi et al.，2017），即转变经营法。矮林由于萌条多，林分内的竞争非常激烈。为转变为乔林，首先必须砍伐部分萌生树或萌条，让阳光进入林地，促进天然更新，亦可人工补植实生苗（Vacik et al.，2009）。当天然更新或人工栽种的实生苗长到一定高度（一般为 5.0m 左右），可将剩余的萌生树全部砍除，然后按乔林经营的方法进行经营（Stajic et al.，2009）。萌生树砍伐后，伐桩每年会萌发出新的萌条，可采取人工除萌或化学药剂除萌的办法进行清除。意大利的矮林除萌主要通过化学药剂控制伐桩的萌芽能力（Notarangelo et al.，2018）。

2.4.2 矮林的分类与识别

矮林按照年限不同，可分为老龄矮林、中龄矮林和幼龄矮林。判断矮林的年龄，不能只看萌条的年龄，而是萌条的年龄加上伐桩最后一次采伐时生长的总年限，也就是形成伐桩的树木最初栽植或天然更新时距离现在的总年限。

（1）老龄矮林的识别

一般将树桩年龄在 80a 以上的矮林称为老龄矮林。老龄矮林的树桩直径大多在 25cm 以上，树桩木质部已腐烂形成空洞，树木（萌条）主要沿树桩周边韧皮部生长，萌条较多，干形差，长势弱，无天然更新能力（种子质量差、不发芽）（图 2–8）。老龄矮林最初都来自实生林，由于砍柴以及培植香菇、木耳、天麻的需要，人们每隔 5 ～ 15a 就会对矮林进行一次采伐。萌生树前期借助老桩的发达根系生长较快，随后进入衰退期，人们培育矮林正是利用了萌生树前期速生的特性，有利于多出产烧柴和培植材。但矮林反复采伐造成了土壤和林分的退化，破坏了生物多样性，降低了森林的稳定性。

图 2–8 湖北保康县某栎类矮林

（2）中龄矮林的识别

一般将树桩年龄在 20 ～ 80a 的矮林称为中龄矮林。中龄矮林的生活力较强，种子有萌芽能力，可以实现天然更新。中龄矮林是为香菇、木耳和天麻产业提供培植用材的主体。中龄矮林随着伐桩年龄的增大，生产力逐步降低。由于实施天然林保护和封山育林，有的树桩年龄在 20a 以上，但桩上现存树木生长年限与树桩年龄相差在 15a 以内的，不划入中龄矮林而作为幼龄矮林。

（3）幼龄矮林的识别

一般将树桩年龄在 20a 以下的矮林称为幼龄矮林。幼龄矮林一般只经过 1 次砍伐，树桩较小，直径在 15cm 以下。胸径 8cm 以上的单萌树，和实生树非常类似，只是在树干基部出现弯曲，这种萌生林也叫类似乔林。

2.4.3 矮林经营技术路线

（1）老龄矮林的经营

老龄矮林由于种子质量差，无法通过天然更新形成实生林，因此一般通过林冠下人工造林或局部采伐形成林隙林窗人工造林的方式，逐步培育潜在目标树，先改造为混乔矮林，然后再改造为乔林，最终形成多树种的复层异龄混交林。主要经营措施有：

林冠下更新。在现有矮林中通过点播或植苗的方式，增加林下耐阴树种，逐步实现树种替代。点播方式一般采用在栎类树种上。①要选择优良种子。标准是呈棕褐色或灰褐色，有光泽、饱满个大、粒重。②要进行催芽。可采用湿沙层积催芽，也可采用温水浸泡催芽。③点播。每穴放 1 ～ 2 粒已催芽的橡子，如未经过催芽可放 2 ～ 3 粒橡子。点播穴的株行距一般为 2m × 2m，如立地条件较差或鼠害严重，可采用较小的株行距，如 1m × 1m。④抚育。在点播后的 3 ～ 5a，需要对幼苗进行间苗和定株抚育。⑤间伐。在点播后的第 5 ～ 10a，可对原来的萌生树进行间伐，增加林下光照，促进更新幼树的生长。⑥在点播后 10 ～ 15a 可将矮林全部伐除，促进实生树的树冠发育，培育潜在目标树。⑦当实生树平均胸径达到 10cm 后，按照“树干通直不分杈、树冠完整不偏冠、树木健康有活力”的原则确定目标树并长期保留，对影响目标树生长的干扰木进行伐除，对林中藤蔓进行清理割除。如果为了尽快实现林分替代，或是野猪危害特别严重的地方，可不采用点播方式而是采用植苗造林的方式，造林树种一定要是耐阴树种或至少是幼苗期耐阴树种，既可营造阔叶林也可营造针阔混交林。

林隙林窗造林。①要通过间伐制造林隙或林窗。林隙一般是在矮林中伐出宽 3 ～ 5m 的采伐带，中间留 3 ～ 5m 不采伐，然后再伐出 3 ～ 5m 采伐带，并在采伐带中植苗造林。林窗一般是在矮林中每隔一段距离伐出 100m^2 的方形地块，然后在方形地块中进行植苗造林。造林株行距一般为 2m × 2m 或 1m × 2m，树种为乡土树种或珍贵阔叶树种，一般营造针阔混交林。②在造林后的 3 ～ 5a 进行抚育，确保成活。在进行抚育时，要仔细辨认经风或鸟类带来种子形成的天然更新树种，对乡土树种特别是珍贵阔叶树种，一定要予以保留。③当新造林初步郁闭后，对保留的矮林进行采伐并进行群组造林。④对实生树进行抚育，培育潜在目标树。

（2）中龄矮林经营

充分利用中龄矮林具备的天然更新能力，采用转变经营法，逐步将矮林转化为乔林，最终形成多树种的复层异龄混交林（图 2-9）。主要经营措施有：

对单萌矮林暂不采取经营措施；对于多萌矮林每个树桩留 1 根最优质萌条（树木），如果 2 根都很优质无从取舍时可留 2 根，其他萌条（树木）全部伐除，并每年除萌。

对影响萌条（树木）生长的藤蔓进行清理。只需从根部砍断，可不从树木上清理下来，时间长了会自然枯腐。

对林下枯枝落叶进行清理，并对表土进行松动，以促进天然更新。

图 2-9　中龄矮林转变经营前后对比

天然更新 2 ～ 3a 后要进行抚育、间苗和定株。

当天然更新的苗木生长 10a 左右，可对萌生树进行全面砍伐，并促进伐桩附近林地的天然更新。在此期间，要对潜在目标树进行有针对性的抚育。

当天然更新的实生树胸径达到 10cm 以上后，按目标树经营法对林分进行经营，直至形成复层异龄混交林。

（3）幼龄矮林经营

幼林矮林老化程度不高，按萌条大小不同，分别采取以下措施：

生长年限为 1 ～ 3a 的新发萌条。只留 1 根最健壮的萌条，其他全部去除，持续 3a 去萌。利用土壤种子库，通过人工促进，加快林下天然更新步伐。当天然更新的苗木生长 10a 左右，可对萌生树进行全面砍伐，也可在此期间分两次进行砍伐，形成实生林。当天然更新的实生树胸径达到 10cm 以上后，按目标树经营法对林分进行经营，直至形成复层异龄混交林。

生长年限为 3 ～ 10a 的萌条。①对于多根萌条的树桩，只留 1 根最健壮的，其他萌条全部去除，在作业时要注意保护切口，不要让其感染病菌形成腐烂，影响材质。②对于单萌树，视其生长情况作为潜在目标树进行培育，并对周围影响其生长的灌木进行清除。通过清理枯枝落叶和松土等措施，促进林下天然更新。单萌树可以作为潜在目标树进行培育，达到目标树标准后可以选择作为目标树。

生长年限 10a 以上的树木。①对于胸径 10cm 以上的单萌树，如果主干通直、长势旺盛，可以选择作为目标树。目标树密度控制在每公顷 150 ～ 225 株，并尽量均匀分布。如果目标树达不到理想密度，可以将胸径 5.0cm 以上的单萌树作为备选目标树。如果 10cm 以上单萌树分布不均匀，可以 2 ～ 5 株目标树呈群团状分布，但相互之间的距离要大于 2.0m，且外围树冠要舒展。②对于多萌树桩，只保留 1 ～ 2 根萌条，其他伐除。采取措施，促进林下天然更新。单萌目标树的目标胸径比乔林目标树目标胸径要小，一般 30 ～ 50cm。当单萌目标树达到目标胸径后，进行第一次收获性择伐，同时在天然更新的实生树中选择胸径 10cm 以上的树木作为新一代目标树，并按目标树经营法进行经营，从而逐步过渡到多树种组成的复层异龄混交林。

第 3 章

目标树经营技术要领

据全国第九次森林资源连续清查公布的数据，我国中幼林占森林面积的 75% 以上。这部分森林对人工干预是最敏感的，对中幼林开展经营，可以起到事半功倍的效果。目标对经营最适合于郁闭度 0.8 以上、主林层平均胸径 10cm 以上的中幼林，这个时期的中幼林是蓄积量生长最旺盛、林层构建最关键、天然更新最适宜的时期。开展目标树经营，可以较快地提高森林蓄积量、优化森林结构、丰富生物多样性，对提高森林资源质量可以起到重要的推动作用。

3.1　词语释义

（1）主林层

主林层是指复层林中蓄积量大的林层或具有很高经营价值的林层，一般位于森林的最上方。单层林只有一个林层，这个林层就是主林层。如果中幼龄林的上方有上个世代采伐剩下的树木或特意留下的天然更新母树，可能这些树木的蓄积量比中幼龄林的蓄积量还要高，也位于中幼龄林的上层，但由于其不具备经营价值，因此也不是主林层，中幼龄林才是主林层。在目标树经营中，经过第一代的经营，目标树已经达到目标胸径，可以开始进行收获性择伐时，主林层将实现转换，原来第一代目标树所在的林层是主林层，开始收获性择伐后，次林层将升格为主林层，并在这一林层选择新一代目标树（图 3–1）。

（2）次林层

次林层也叫亚林层、副林层，是与主林层相对的概念。在复层林中，蓄积量不是最大的林层，或蓄积量虽然大，但在经营意义上不是主要的林层。单层林没有次林层。次林层和主林层随着时间推移，两者是可以相互转换的。次林层和主林层可以是同一树种，也可是不同的树种。一般来讲，主林层如果是强阳性树种构成的，那次林层往往是较为耐阴的其他伴生树种，或者是强阳性树种与伴生树种的混合体；如果主林层是由耐阴树种构成的，那次林

图 3–1　林层示意图

层可以是与主林层相同的树种也可以是不同的树种。例如，如果主林层由马尾松构成，且郁闭度很高的话，那次林层可能由栎类等较为耐阴的树种构成；如果主林层由栎类构成，那次林层可能由栎类构成，也可能由其他较为耐阴的阔叶树种组成。

（3）目标树

目标树是指达到目标胸径后才进行收获性择伐的树木，一般位于森林的主林层。目标树选择过程是一个择优的过程，其能够确保目标树具有较高的价值、质量和活力，还能够确保天然更新的种子具有优良的遗传基因（图 3-2）。目标树第一次选定后一般不会更改，有两个方面的原因：一是从成本的角度考虑。选择目标树是一个技术含量很高的工作，需要专门的技术人员，如果每开展一次目标树经营都要重新选择目标树，将会浪费大量的人力物力。二是从成效的角度考虑。欧洲 20 世纪 30 ～ 70 年代进行上层疏伐选择优树（类似于目标树，当时没有目标树的概念）时，单位面积选取的优树比较多，每进行一次上层疏伐都要重新选择一次优树，以确保优树是所在林分最优的。但经过对比研究发现，如果 $1hm^2$ 最开始选择 100 棵优树，每次经营都不改变，和刚才开始选择 300 棵优树，每进行一次经营重新再选择一次优树，最后一次经营的时候，只保留 100 棵优树，结果比较分析表明，两者只有不到 10% 的差距，这种误差是可以接受的，因此从 20 世纪 80 年代开始，第一次选择目标树后就确定下来，不进行更改了。

图 3-2　马尾松目标树

（4）目标胸径

目标胸径是指森林经营开始前，森林所有者或经营者事先设定的目标树采伐时的胸径，主要根据经营目的、树种和立地条件确定，一般大于 30cm。在当前加强生态保护的形势下，如果是生态公益林，目标胸径可以设定得大一些，商品林可以设定得相对小一些。目标胸径的大小和目标树之间的距离有很大的关系，一般目标胸径越大，目标树之间的距离越远，主要是由于树木胸径越大树冠越大。但当树木长到足够大时，树冠就不会再扩展了。根据课题组对湖北省部分地区马尾松古树群落的调查，当胸径大于 80cm 后，马尾松的冠幅不再扩展。

（5）潜在目标树

潜在目标树是指林分中生长良好并有望成为下一代目标树的树木（图 3-3），潜在目标树一般位于次林层。在森林的各个生长发育阶段，都有培育潜在目标树的任务。即使在目标树经营的过程中，也需要培育潜在目标树。

图 3–3　林分中存在潜在目标树

（6）干扰木

干扰木是指影响目标树生长的树木，一般位于目标树的同冠层或上冠层。干扰木位于目标树周边，并对目标树的生长形成胁迫，树冠与目标树的树冠相交或相切。在目标树经营中，干扰木是需要首先被采伐的林木。

（7）一般林木

一般林木是指除目标树和干扰木之外的其他林木。在目标树经营中，一般林木通常不进行经营，主要是让其发挥生态效能。但当经营的林分密度过大或有劣质基因林木时，可适当进行经营。对林分中密度过大的地方，要适当疏伐，让林分通透；当林分中有劣质基因木时，为避免其下种影响天然更新的质量，需要将这些劣质基因林木伐除。

（8）下层疏伐法

下层疏伐法是砍除林冠下层的濒死木、被压木，以及个别处于林冠上层的弯曲、分杈等不良木。实施下层疏伐时，利用克拉夫特林木生长分级法确定采伐木较为合适。弱度疏伐只采伐 V 级木，中度疏伐可采伐 IV 级木和 V 级木，强度疏伐可采伐 IV 级木、V 级木和部分 III 级木以及过密的或受害的 II 级木。下层疏伐法简单易行，砍除了枯立木、濒死木和生长不良的林木，改善了林分的卫生状况，提高了林分的稳定性。由于上层林冠很少受到破坏，基本上是用人工稀疏代替了林分自然稀疏，因此有利于保护林地和抵抗风雪危害。但此法基本上是“采小留大”，其对稀疏林冠、改善林分生长条件、促进天然更新作用不大。我国目前在生产中大多采用下层疏伐法（刘进社，2007）。

（9）上层疏伐法

上层疏伐法以砍除上层林木为主。该法将林木分成优良木（树冠发育正常、干形优良、生长旺盛）、有益木（有利于保持水土和优势木自然整枝）和有害木（妨碍优良木生长的分杈木、拆顶木、“老狼木”等），首先砍伐有害木，对过密的有益木砍伐一部分。上层疏伐法主要砍伐优势木，这样就人为地改变了自然选择的方向，积极地干预了森林的生长，能明显地促进保留木的生长和林分天然更新。但技术比较复杂，同时林冠疏开程度高，特别是在疏伐后的最初一二年，容易遭受风雪灾害。目标树经营法属上层疏伐法。

（10）收获性择伐法

目标树达到目标胸径后，对目标树开展的采伐活动，一般分批次进行。

（11）恒续林

恒续林是一种以多树种混交、多层次结构、实生树、异龄林、可持续的林木更新和木材产出为主要特征，结构和功能较为稳定的森林。

（12）近自然森林经营

近自然森林经营没有形成统一的定义，国内以中国林业科学研究院（陆元昌，2006）研究员下的定义比较权威：近自然森林经营是以森林生态系统的稳定性、生物多样性、系统多功能及缓冲能力为基础，以森林的整个生命周期为时间设计单元，以目标树的标记、择伐和天然更新为主要技术特征，以永久性森林覆盖、多功能经营和多品质产品生产为目标的森林经营体系。我们认为以下定义更简单易懂：近自然森林经营就是充分借助自然的力量，适当辅以人工的经营措施，促进森林正向演替，最终形成健康、稳定、有活力的复层异龄混交林。

（13）可持续森林经营

森林可持续经营是指不破坏森林资源而又能实现森林多重目标的最有效的实践活动。通过行政、经济、法律、社会、科技等手段，有计划地采用各种对环境无害、技术与经济可行、社会可接受的方式经营和管理森林及林地，以持续地保护森林的生物多样性、生产力、更新能力、活力和自我恢复能力，在地区、国家和全球不同尺度上维持其生态、经济和社会功能，同时不损害其他生态系统。世界上很多国家和国际组织相继制定了森林可持续经营的标准和指标体系，如《蒙特利尔进程》《赫尔辛基进程》《热带木材组织进程》等，中国也制定了《中国森林可持续经营标准与指标》。

（14）全周期森林经营

森林经营以往只是对森林的某个发育阶段进行规划和经营，近自然森林经营则是对森林的整个生命周期的所有发育阶段都纳入视野，进行综合地规划和经营，因此称为全周期森林经营。

（15）正向演替

生态系统的演替可分为正向演替和逆向演替。正向演替是从裸地开始，经过一系列中间阶段，最后形成生物群落与环境相适应的动态平衡的稳定状态，即演替到了最后阶段。这一最后阶段的生物群落叫顶级群落。

（16）目标树经营

目标树经营是指通过降低邻近树木的冠层竞争，释放目标树生长空间和营养空间，提高单株木质量的一种营林技术。

（17）乔林

乔林是指全部由实生树组成的森林。

（18）矮林

矮林是指全部由萌生树组成的森林。

（19）混乔矮林

混乔矮林是指既有实生树又有萌生树，主要由萌生树组成的森林。

3.2　总体思路

目标树经营法是以盖耶尔的近自然森林经营理论为指导，采取定向择伐方法的一种森林经营技术。

一方面，将高价值、高质量、高活力的树木确定为目标树，予以标注并长期保留，对影响目标树生长的林木确定为干扰木并予以伐除，最后通过获取达到目标胸径的大径级木材（采伐的干扰木也可以获取部分木材，但质量要略差）来满足人们对木材原料的需求，从而实现经济价值。

另一方面，对目标树之间的其他林木，则任由其自然演替，以保证林分的自然性和维持生态效应。这一设计思路，使近自然森林经营的经济原则和生态原则趋于一致，使森林的经济效益和生态效益得到统一。目标树经营思路见图 3–4。

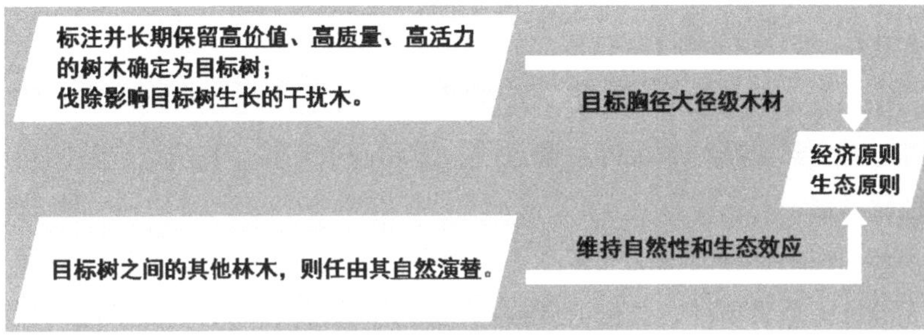

图 3–4　目标树经营思路图

3.3　技术标准

（1）适用条件

①实生林或以实生树为主的林分。②中龄林。③主林层树木平均胸径 10cm 以上。④林分郁闭度 0.8 以上。

（2）目标树选择标准

高价值。经济价值和生态价值高。如在马尾松和栓皮栎之间，选择栓皮栎，因为栓皮栎不管经济价值还是生态价值都高于马尾松；在两个针叶树种之间，选择经济价值高的，如杉木和马尾松选杉木；在两个阔叶树种之间，选择乡土珍贵用材树种。

高质量。树干粗壮、干形通直，无病虫害，主干 6m 以下无分杈、无机械损伤。

（3）高活力

树冠圆满，活力旺盛，树叶色泽正常。

目标树间距和单位面积株数：目标树间距，针叶林一般 7 ～ 8m，针阔混交林或阔叶林一般 8 ～ 9m。

目标树密度：120 ～ 225 株 /hm^2。

经营间隔期：一般 5 ～ 10a。遵循高频度低强度原则，即在考虑投入产出比的前提下，经营间隔期尽可能短，每次采伐强度尽可能低，以免破坏林分的稳定性。

图 3-5　伐木前认真观察

3.4　操作步骤

第一步，看。首先看整体（图 3-5）。当进入一片森林，首先要看林分的总体情况，比如是纯林还是混交林，是单层林还是复层林，是已经分化的林分还是尚未分化的林分，是什么树种及其组成，是否存在枯木以及枯木的多少等。其次看局部。往前看，看树木的干形与饱满度，看胸径的大小。往上看，看林木的生长势，看树冠的大小，看树枝交叉的程度。往下看，看林地的立地条件，看天然更新的状况等。通过看，做到心中有数，并从近自然的角度出发，勾勒出林分的经营思路。

第二步，标。在熟悉林分情况的基础上，确定目标树、干扰木，并进行标注。在标注目标树时，要充分考虑珍贵树种、乡土树种或占比较少的树种，同等情况下优先选择。目标树在树干离地面 1.6m 的地方用红油漆绕树干一周画圆圈表示，且在下坡根部离地面 10cm 以内的地方标一个红点。每株目标树一般标注 1 ～ 3 棵干扰木。在确定干扰木的过程中，要充分考虑树种多样性，当有 2 棵或 2 棵以上干扰木可供选择时，优先选择数量比例较大的树种。干扰木在树干离地面 1.6m 的地方用红油漆以“×”或“/”标注，也可绑红塑料绳标记（图 3-6）。一般林木不做标注。

第三步，伐。在目标树、干扰木标注完毕并验收通过后，可组织施工队对干扰木进行采伐，采伐时伐桩要尽量矮，离地面不超过 15cm（图 3-7）。在采伐时要选择适当的采伐木倒向，以免对目标树或林下的幼苗、幼树造成伤害。若采伐时树木倒下空间不足，伐后应抬起采伐木的底部，往与树冠相反的方向拖行，让树冠自然落于地面。对树干弯曲、长势弱的树木，不管是否影响目标树生长，为避免这些劣质的基因表型的天然更新，也需要进行采伐。对遭受病虫危害的林木也要伐除，并对影响林木生长的藤蔓进行清理。

第四步，护。在施工中对正常生长的下木和灌木不需进行采伐和清理，而是要加强保护，以形成森林的层次结构。同时，在施工中要注意保护天然更新，这些更新的幼苗、幼树是这片森林未来的希望。在林间要适当保留少量枯木，为野生动物提供生存环境。树冠上有

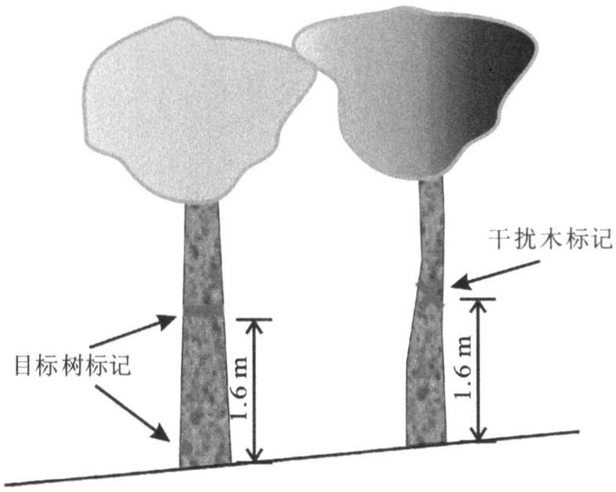

图 3-6 目标树和干扰木标记

图 3-7 采伐及伐桩高度示意

鸟巢、树干上有动物巢穴的树木要保留，不得伐除。对林缘 1 ～ 2 排树木不进行任何干预，不标注目标树也不采伐干扰木，以减少暴风雪等自然灾害对林分的影响。

5 ～ 10a 后，重复 1 ～ 4 步，再进行一次目标树经营。

再过 5 ～ 10a，按步骤 1 ～ 4，再进行一次目标树经营。

通过 3 ～ 4 次目标树经营，当目标树胸径达到目标胸径后，开始进行收获性择伐。收获性择伐一般持续 20a 左右，每隔 5a 择伐 1 次。当第 1 次进行收获性择伐时，在次林层选择并标注目标树，目标树密度在每公顷 150 株左右。在采伐目标树时，要注意保护林下的乔木、灌木和草本，并在采伐林隙间采取促进天然更新的措施，使之尽早郁闭。

经过 2 ～ 3 代目标树经营，形成健康、稳定、有活力的由多树种组成的复层异龄混交林。

3.5 目标树经营技术指南

2017 年以来，借鉴德国先进的森林经营模式，结合湖北省马尾松林和栎类混乔矮林资源现状，总结出马尾松林目标树经营和栎类混乔矮林近自然森林经营等 2 项相关技术规范，并在湖北省谷城县、保康县、通山县、宜城市、钟祥市、安陆市、京山市等地和湖北省太子山林管局进行了应用与实践。实践证明：通过目标树经营，可大幅提高针叶林和针阔混交林的阔叶树比例。通过对不同发育阶段矮林的近自然森林经营，逐步使其转化为乔林。同时，通过基于近自然森林经营的目标树经营，提高了林地环境异质性、更新物种丰富度和物种多样性，促进了森林健康、提升了森林质量。

按照 GB/T 1.1—2020《标准化工作导则 第 1 部分：标准化文件的结构和起草规则》的规定，起草《马尾松林目标树经营技术指南》和《栎类混乔矮林近自然森林经营技术指南》（见附录一、附录二），作为参考技术模式，已应用于湖北省国有林场森林可持续经营、森林质量提升、森林抚育和木材战略储备项目中。

第4章

目标树经营主要模式

理论来源于实践，技术总结于实践，但理论和技术只有在实践中推广应用，才能产生其应有的价值和发挥其应有的作用。2017—2022 年，湖北省在 132 个森林经营单位（国有林场、林业专业合作社、村集体、个体大户、农户联合体）开展了目标树经营实践。

4.1 目标树经营的实践应用

根据德国近自然森林经营理念和目标树经营方法，结合湖北省森林资源现状，课题组设计了适合湖北实际情况的目标树经营法。重点研究了 4 个方面的问题：一是以什么作为判断使用目标树经营法的衡量指标？二是什么时间开始采用目标树经营法？三是目标树的间距或每公顷株数是多少？四是多长时间之后再进行下一次目标树经营？

4.1.1 判断是否采用目标树经营法的衡量指标

在第 1 章中提到，是否采用目标树经营的衡量标准，弗莱堡模式和巴伐利亚模式采用的是主林层高度和树木的高径比，罗腾堡模式采用的是枝下高。采用这些指标有着很明显的缺点：一是测量树高难度比较大，且不准确。目前测量树高主要依靠测高仪或测高杆。采用测高仪测树高，在一片需要进行间伐的密度较大的森林中，树梢的顶部不容易判定，测量不够准确。采用测高杆测树高，往往测高杆的长度不够，达不到树梢顶部，需要凭肉眼估计，准确度不高，人也很费力。二是高径比不能准确计算。由于树高测定不准确，无疑带来高径比计算不准确。

课题组设计以主林层树木平均胸径和林分郁闭度作为是否采用目标树经营法的衡量指标，该法有以下优点：一是胸径测量容易且较准确，只需一个围尺即可；二是郁闭度可反映林分的密度，对林分来说优于采用树木高径比。

4.1.2 目标树经营法的起止时间

何时采用目标树经营法，关键看林木的分化程度。课题组在调查了湖北省谷城县、钟祥市、保康县、宜城市、安陆市、通山县、京山市等地和湖北省太子山林管局中幼龄林后发现，不同立地条件、不同树种的林分林木分化时间不一样，但基本上都在主林层平均胸径 10cm、林分郁闭度 0.8 左右。因此，如果主林层平均胸径在 10cm 以上、林分郁闭度在 0.8 以上，林木已经开始分化了，就可以开始选择并标注目标树；如果还未分化，待林分开始分化后再选择并标注目标树。通过调查发现，当主林层平均胸径达到 20cm 以上时，林分已经高度分化，主林层树木分布已经比较合理，无须通过人工干预促进树木生长，即使人工干预，对树木生长的促进作用已经不是很明显。因此将截止时间定为主林层平均胸径达到20cm时，不再采取目标树经营法。

4.1.3 目标树的间距

目标树的间距非常重要。如果目标树之间距离太小，就会带来目标树之间竞争的风险；但如果间距过大，林地的生产潜能就没有得到最优利用。为此，课题组在对部分地区的杉木、马尾松、湿地松、枫香树、栓皮栎等5个主要树种的现有纯林和马尾松栎类混交林进行了调查，调查内容包括胸径、树高、枝下高、平均冠幅（南北、东西）、树冠占地面积以及相邻树木之间的距离和树冠相交、相切、相离的情况。调查的林分类型包括人工林、天然林、种子园、母树林、散生古树、古树群落。经综合研判，提出了湖北省主要树种不同目标胸径每公顷目标树株数与间距建议（表4-1）。

表4-1 湖北省40～80cm目标胸径的主要树种每公顷目标树株数与间距表

树种	40cm		50cm		60cm		70cm		80cm	
	数量（株）	间距（m）	数量（株）	间距（m）	数量（株）	间距（m）	数量（株）	间距（m）	数量（株）	间距（m）
杉木	260	7.0	199	8.0	157	9.0	127	10.0	105	11.0
马尾松	220	7.6	165	8.8	127	10.0	105	11.0	88	12.0
湿地松	199	8.0	141	9.5	105	11.0	—	—	—	—
枫香树	190	8.2	138	9.6	109	10.8	91	11.8	78	12.8
栓皮栎	176	8.5	133	9.8	103	11.1	86	12.2	73	13.2
松栎混交	185	8.3	138	9.6	107	10.9	88	12.0	75	13.0

4.1.4 经营步骤及间隔期

设计目标树经营法总的原则是高频率低强度，即在考虑投入产出比的前提下，经营间隔期尽可能短、每次采伐强度尽可能低，以免破坏林分的稳定性。一般来讲，当目标树平均胸径增加3cm或间隔5a时，可作出下一次经营决策。在5a内，为保持林分的稳定性，避免风倒雪折，通常分2次进行施工作业，具体操作步骤如下：

第1步，当乔林或混乔矮林郁闭度达到0.8以上、主林层平均胸径达到10cm以上、且林木已经开始分化时，选择并标注目标树、干扰木，经验收合格后施工。在湖北省的项目实施中，为便于工人掌握，简化操作，目标树的目标胸径先确定为40cm，目标树的间距，针叶纯林为7～8m、阔叶林和针阔混交林为8～9m，如果要培育更大规格的大径材可在后期对目标树密度进行动态调整。经营的林分如果是人工林，目标树的分布要尽量均匀；如果是天然林，目标树的质量与活力比间距更重要，可以2～3株目标树呈群团状分布，但2株目标树的间距要大于 3m，且外围树冠要舒展。每株目标树一般标注并砍伐 1 ～ 2 棵干扰木。在砍伐干扰木的同时，对目标树进行修枝（枯枝），并对影响林木生长的所有藤蔓进行割除。2 株目标树之间的其他林木，不采取任何干预措施。经过 2a 的自然修复，在林分稳定性得到巩固后，于第 3a 对 2 株目标树之间的其他林木进行干预，主要是对表型性状差的林木、病虫害林木进行伐除，并对林木密度过大的地方适当疏伐。

第 2 步，第 5a 时每株目标树再采伐 1 ～ 2 棵干扰木，具体操作方法同第 1 年。同时要重视林下天然更新，特别是珍贵阔叶树的更新。到第 8a，对 2 株目标树之间的其他林木进行再次干预，具体操作方法同第 3a。

第 3 步，第 10a 时每株目标树再采伐 1 ～ 2 棵干扰木，并重视天然更新树木的培育，促进形成针阔混交林。当目标树达到目标胸径时，开始每 5a 进行 1 次收获性择伐。每次择伐时目标树的采伐量以小班为单位不得大于同期生长量。在第 1 次进行收获性择伐时，从保留木中选择新一代目标树，并按目标树经营法进行经营，直到将林分改造为复层异龄混交林，形成“永久性森林”。

4.2 目标树经营的主要模式

4.2.1 马尾松林目标树经营模式

马尾松是湖北省钟祥市盘石岭林场当地的乡土树种，适生范围广，但在较为深厚肥沃的土壤上生长良好。20 世纪 70 年代，该场还引进了一批广东地区种源的马尾松，长势也非常不错。该场现有马尾松林 760hm^2，主要分为两种类型：第一种类型是 20 世纪末迹地更新营造的马尾松纯林，株行距 2m × 2m，林龄 20 ～ 30a，胸径 13 ～ 16cm，树高 8 ～ 15m，林分郁闭度 0.8 ～ 0.9，林内有部分枯死木，主要为松材线虫疫木，林下天然更新较弱，灌木和草本一般，林分急需疏伐。第二种类型是 20 世纪 70 年代和 80 年代营造的马尾松纯林，进行过抚育间伐，采取的主要是机械疏伐和下层疏伐，去除了枯死木、劣质木和病虫害木，20 世纪末对优质木进行过采伐，留下来的主要是被压木，基因较好，目前林分已经分层，上层木为马尾松，株间距 6 ～ 10m，平均胸径 35 ～ 40cm，分布较为均匀，树冠尚未重叠；中层为天然更新生长起来的马尾松、栓皮栎、麻栎、红果冬青等树种，分布不均匀，平均胸径 6 ～ 12cm；下层为灌木和草本，种类较为丰富，这种林分无意中形成了事实上的近自然林，得到德国林业专家的赞赏。

第一种类型的近自然森林经营措施。①伐除松材线虫病枯死木，并按疫木规定处理。②标注目标树。将树干粗壮通直、冠形良好的树木选为目标树并标注（松材线虫病枯死木周边的第一圈树木可能也已感染不得选为目标树），目标树间距在 7 ～ 8m，150 ～ 200 株 /hm^2。林分内如果有其他树种达到目标树标准，则尽量选择其他树种。③标注干扰木。对影响目标树生长的同冠层林木标注为干扰木，通常 1 株目标树标注 1 ～ 2 棵干扰木，目标树的下层林木不作为干扰木。④伐除干扰木，并对林分过密的地方进行适当疏伐，对影响树木生长的藤蔓进行清理。⑤保护林下天然更新，特别是阔叶树种或珍贵树种。⑥ 5a 后，再进行一次目标树施工作业。⑦对林下天然更新进行适当抚育。⑧逐步将林分导向复层异龄混交林。

第二种类型的近自然森林经营措施。①确定第一代目标树。上层马尾松已进入近成熟状态，分布均匀、间距合理可全部作为第一代目标树，无须标注。②确定第二代目标树。可在中林层中选择并标注第二代目标树，选择标准：一是高质量。包括树干粗壮、通直，无病虫害、无机械损伤。二是高活力。树冠圆满，叶色正常，生长旺盛。三是高价值。在满足高质量与高活力的前提下，如果有两个或以上树种可供选择，则选择木材较为珍贵、树种较为稀有的树木。比如要从马尾松、栓皮栎、红果冬青中选择 1 株目标树，则首先排除马尾松，然后在栓皮栎和红果冬青中进行选择。栓皮栎材质较好，而红果冬青较为稀有，如果这片林分中红果冬青较少，则可选择红果冬青作为目标树；如果这片林分中红果冬青较多，则可选择栓皮栎作为目标树，但在一个小班中为保持物种多样性，至少需要选择 1 株红果冬青作为目标树。第二代目标树每公顷标注 100 株左右，可不追求目标树的均匀分布。③适时对影响第二代目标树生长的干扰木进行伐除，并对影响树木生长的藤蔓进行清理。④如有需要，可对第一代目标树逐步进行收获性择伐。⑤促进并保护天然更新，适时进行抚育。

4.2.2 火炬松林目标树经营模式

火炬松原产于北美东南部，在引种成功的基础上，盘石岭林场于 2000—2005 年大量栽植，现有保存面积 2300hm^2，是该场人工造林面积最大的树种。火炬松前期在该场表现良好，生长快，干形直，长势优于乡土树种马尾松，但林龄 15a 后进入衰退期，生长缓慢，表现差于马尾松。现有林分林龄 15 ～ 20a，株行距 2m×2m，平均胸径 12 ～ 15cm，平均树高 8 ～ 15m。在火炬松林分中，目前尚未发现松材线虫病感染，但由于初植密度较大，枯死木较多。经布设样地进行调查，枯死木蓄积量平均每公顷达到 8.5m^3，最高达 16.3m^3，急需进行抚育间伐。另外，火炬松林在 2008 年和 2018 年的雨雪冰冻灾害中，出现了大量雪折现象，而马尾松则没有雪折情况发生。更新改造总的思路是，利用 30a 左右的时间，逐步实现火炬松树种替换，并形成多树种组成的复层异龄混交林。

模式一：干扰木择伐 + 补植栓皮栎。采取目标树经营法并适当补植，主要措施：①选择并标注目标树。在火炬松林中选择树干粗壮、下部无损伤上部无分杈、树冠饱满、生活力强的树木作为目标树并进行标注，目标树之间的距离控制在 7 ～ 9m，密度控制在 150 株 /hm^2 左右。②选择并采伐干扰木。首先将枯立木作为采伐木标注，然后将濒死木作为采伐木标注，最后将影响目标树生长的同冠层林木作为采伐木标注，每株目标树一般选择 1 ～ 3 棵干扰木，采伐强度控制在 15% ～ 20%，在标注完毕并检查无误后进行施工，施工时间安排在 3 月上旬。③在择伐空地上补植栓皮栎，采用 2 年生容器苗，栽植密度约 350 株 /hm^2。④保护林地内马尾松、红果冬青（*llex rubra*）、栓皮栎、麻栎、黄檀等树种的天然更新，并进行抚育。⑤间隔 5 ～ 10a 后，再进行一次干扰木择伐，强度控制在 15% ～ 20%，如果前期补植的栓皮栎生长不好或其他树种天然更新不良，可在本次择伐空地上补植栓皮栎；如果更新的栓皮栎和其他树种将来足够覆盖林地，可不进行补植。⑥再过 10 ～ 15a，当栓皮栎或其他天然更新的树种进入次林层后，开始选择并标注第二代目标树，密度控制在 150 株 /hm^2 左右，并进行第二代目标树的干扰木择伐，同时对目标树之间的火炬松进行适当疏伐。第二代目标树以栓皮栎为主，麻栎、红果冬青、黄檀如果达到目标树标准，可优先选择作为目标树。⑦再过 10a，对火炬松全部进行收获性择伐。这样，通过 25 ～ 35a 的经营，将现有火炬松纯林改造形成以栓皮栎为主，其他阔叶树为辅组成的复层异龄阔叶混交林。

模式二：干扰木择伐 + 补植浙江楠。操作步骤与模式一类似。一是第③步中，补植浙江楠（*Phoebe chekiangensis* ）而不是栓皮栎。浙江楠属樟科楠属高大常绿乔木，是中国特有珍稀树种，木材坚韧，结构致密，具有光泽和香气。浙江楠由紧邻该场的湖北省太子山林管局 1984 年从浙江省引种成功，现长势旺盛，干形通直圆满。补植采用 2a 生容器苗，每公顷 200 株。二是第⑤步中，可在新择伐的空地上补植浙江楠每公顷 50 ～ 100 株。三是第⑥步中，第二代目标树以浙江楠为主，适当辅以其他阔叶树种。这样，经过 25 ～ 35a 的经营，将现有火炬松纯林改造为以浙江楠为主，其他阔叶树为辅组成的复层异龄阔叶混交林。

模式三：干扰木择伐 + 补植浙江楠 + 栓皮栎。操作步骤与模式一、模式二类似，区别在于第一次干扰木择伐后，补植的树种为浙江楠和栓皮栎，补植数量每公顷 300 株，浙江楠、栓皮栎各占一半；第二次干扰木择伐后，可适当补植浙江楠；第二代目标树以浙江楠为主，栓皮栎和其他阔叶树种为辅。

模式四：干扰木择伐 + 人工促进天然更新。在第一次干扰木择伐后，将采伐剩余物、地被物、灌木和杂草全部清理出林地，为林下天然更新创造条件，如清理时已有天然更新乔木苗要保留。对小班内土壤特别板结的地块，要适当进行松土。在第二次干扰木择伐后，采取同样方法进行操作。在第二次干扰木择伐时，如果发现前期天然更新不良，达不到预期的效果，可在第二次干扰木择伐后补播橡子或其他林木种子，促进更新。这种模式和前三种模式相比，最终形成复层异龄混交林的时间可能更晚，但树种可能更丰富。在选择第二代目标树时，要严格按照高质量、高价值、高活力的标准进行，从而确保具备生态效益的同时，也兼顾经济效益。

4.2.3 松栎混交林目标树经营模式

盘石岭国有林场现有松栎混交林中的松树主要是马尾松、栎类主要是栓皮栎和麻栎，林内还有少量红果冬青、枫香树、化香树和柏木。松栎混交林的主林层主要是马尾松，占 70% 左右；栎类和红果冬青有部分进入主林层，比例在 30% 左右。松栎混交林现有面积 850hm^2，主林层的马尾松平均胸径 16 ～ 20cm，栎类平均胸径 10 ～ 15cm，红果冬青平均胸径 15 ～ 18cm。林内马尾松有松材线虫病感染的现象。

松栎混交林目标树经营措施：①伐除松材线虫病枯死木，并按疫木规定进行处理。②选择并标注目标树。目标树间距 9m 左右，每公顷 150 株左右。目标树以栎类为主，适当辅以马尾松和红果冬青，目标树中栎类和红果冬青占比 70% ～ 80%，马尾松占比 20% ～ 30%。如果栎类和红果冬青目标树数量足够多，可不选择马尾松作为目标树。③采伐干扰木。每株目标树采伐 1 ～ 2 棵干扰木，干扰木主要选择马尾松。④对影响树木生长的藤蔓进行清理，对过密的下木进行适当疏伐，主要采伐马尾松。⑤第一次采伐 5 ～ 10a 后，再分别进行一次目标树干扰木间伐，将林分逐步过渡到以阔叶树为主的针阔混交林。

4.2.4 针阔混交型混乔矮林经营模式

课题组对保康县栎类混乔矮林目标树经营进行了研究。研究区内的针阔混交林，主要分布在店垭镇栾家坡村、马良镇松树堡村和水斗村。针叶树种主要是马尾松，全部为实生树；阔叶树种主要是栓皮栎、麻栎、槲栎，以萌生树为主，也有部分实生树。总的来讲，林分内足够选择到符合标准的目标树。林下灌木、草本、蕨类较少，落叶较为丰富。

经营目标：目标树的目标胸径 50 ～ 70cm。林分内实生树以马尾松为主，且干形较好，长势旺盛，但由于受到松材线虫病的威胁，目标树中马尾松占比不宜超过 50%，以 30% 左右较为合适。本类型的混乔矮林，主要通过人工干预，形成以阔叶树为主体的针阔混交乔林，确保森林的健康和稳定。

经营措施：主要采用目标树经营法。①对于感染了松材线虫病的林分，首先要将死株全部伐除。对于伐除的松树要作为疫木进行管理，要么集中焚烧，要么按规定旋切（削片）处理，不能留存在森林中。②选择目标树。按照高价值、高质量、高活力的要求，在林分内优先选择胸径 10cm 以上干形通直、活力旺盛的栓皮栎、麻栎实生树作为目标树，在栎类目标树不足的地方选择优质马尾松作为目标树。目标树之间的距离在 8m 左右，每公顷 150 ～ 225 株。③采伐干扰木。对影响目标树生长的干扰木进行采伐。如果 1 株目标树有几棵干扰木，尽量不采伐栎类实生树干扰木，首先选择马尾松和栎类萌生树。④对两株目标树之间的马尾松和其他萌生树，可以不采取经营措施，也可以对每个萌生树桩只保留 1 ～ 2 根优质萌条。在第 1 次目标树经营 10a 后，再进行第 2 次目标树经营，除了进一步释放目标树冠层，还有一个目的是对部分目标树进行调整，特别是对感染松材线虫病的马尾松进行伐除，最终保留目标树每公顷 100 ～ 150 株。待目标树的郁闭度达到 0.7 以后，将萌生树全部伐除，从而形成实生乔林。⑤当目标树达到目标胸径后，逐步进行收获性择伐，并选择二代目标树进行经营。

4.2.5 目标树充足的阔叶混交型混乔矮林经营模式

课题组对保康县目标树充足的阔叶混交型混乔矮林经营进行了实践探索。研究区目标树充足的阔叶混交型混乔矮林，主要分布在黄堡镇、过渡湾镇的部分村，主要树种为栓皮栎或麻栎，伴生树种有槲栎、小叶栎、短柄枹、化香等。由于以前培植香菇、木耳和砍伐薪柴，形成了以萌生树为主实生萌生夹杂的混乔矮林。保康县 2000 年开始实施天然资源保护工程，经过近 20a 的恢复，原有的实生树和后来天然更新的实生树逐步长大，在林分中已经有足够数量的优质实生树适合选择为目标树。萌生树由于前期生长迅速的特点，已对实生树形成挤压。

经营目标：目标树的目标胸径 60 ～ 80cm。在经营过程中注重维护生物多样性，最终形成多树种复层异龄混交的阔叶乔林。

经营措施：采用目标树经营法 + 转变经营法。①在林分内选择胸径 10cm 以上的栓皮栎和麻栎作为目标树，并对干扰木进行采伐。目标树之间的间距 8 ～ 9m，每公顷 120 ～ 180 株。在选择目标树时，为保证干材质量，尽量不选择树干带丛生枝的树木。在选择干扰木时，只选择主林层对目标树形成压制的树木，不选择次林层树木，可将次林层林木和下木作为辅助木，促进目标树干材的生长。在第 1 次目标树经营 10a 后进行第 2 次目标树经营，最终保留目标树每公顷 90 ～ 135 株。②对萌生树，每个伐桩只保留 1 ～ 2 根优质萌条，其余全部伐除，这样可不断生产小径材。每年对新发萌条进行除萌。③当目标树的郁闭度达到 0.7 以后，全部伐除萌生树，并在目标树达到目标胸径后进行收获性择伐。

4.2.6 目标树不足的阔叶混交型混乔矮林经营模式

针对保康县目标树不足的阔叶混交型混乔矮林的实际，确定的经营目标和采取的经营措施与 4.2.5 有明显不同。研究区这种类型的阔叶混交林，主要分布在马良镇水斗村、两峪乡和龙坪镇的部分村，主要树种为栓皮栎或麻栎，伴生树种有枹栎和化香树。这种林分主体为萌生树，实生树较少且分布不均匀。主要原因是以前过度采伐形成矮林，后来实施天然林资源保护工程，经过多年的封山育林，天然更新的实生树慢慢长大，但由于受到萌生树的压制，生长进程受阻，逐步形成现在以萌生树为主的混乔矮林。

经营目标：目标树的目标胸径 40 ～ 60cm。最终目标是形成多树种复层异龄混交的阔叶乔林。

经营措施：采用转变经营法 + 目标树经营法。①对所有萌生树，每个伐桩只保留 1 ～ 2 根优质萌条，让阳光照进林地，打开天然更新的空间，同时让现有实生树加快生长。每年对新发萌条去萌。对难以实现天然更新的地方，可采用人工促进天然更新或人工植苗、直播的方式，让实生苗尽快占领腾出的空间。②当保留的优质萌条长到胸径 12 ～ 15cm 时，或新形成的实生苗生长 10a 左右，可将原有萌生树全部伐除。如果萌生树较大，要遵守国家关于采伐强度的有关规定。不能 1 次伐除的，可间隔 5 ～ 10a 分 2 次进行。③当全部形成实生林后，可按目标树经营法进行经营，从而逐步形成复层异龄混交林。另外，也可先期选择部分目标树重点培育，边实施转变经营法边实施目标树经营法，达到理想的目标树株数后按前述目标树充足的阔叶混交型混乔矮林经营模式进行经营。

第 5 章

森林经营方案编制

5.1 森林经营方案编制的主要程序

5.1.1 参与式发动

要编制出符合实际并能指导林业生产的森林经营方案，除了需要编案单位的林业专业技术人员参加外，还必须有森林所有者和经营者的积极参与。特别是在我国集体林权制度改革的新形势下，林权高度分散，村级森林经营方案的编制更是离不开村委会和村民的深度介入。本书研究的参与式发动方法：一是征求国有林场、村委会干部、林业大户业主意见，对是否愿意加入森林可持续经营项目和编制森林经营方案进行初步摸底调查。二是召开森林经营座谈会，向国有林场管理人员、村干部、村民讲解森林经营的意义、做法和需要配合的事项，引导国有林场、村集体、林业大户加入森林经营方案编制。三是召开村民大会或村民代表大会，按照法定程序完成加入森林经营项目的有关手续，并签订有关技术合同。

5.1.2 参与式调查

参与式调查需要森林经营方案编制人员与国有林场管理人员技术人员或村干部、村民联合进行。村干部和村民对全村的经济社会情况、各家各户的森林情况特别是权属、“四至”范围最清楚，可以起到事半功倍的效果。首先，要合理区划小班。为便于经营管理，小班面积一般不超过 $10hm^2$，所用图纸比例尺一般为 1：10000。其次，要开展座谈调查。编案人员要了解参与项目单位的经济社会情况、森林权属情况、前期有没有开展抚育、项目地块是否受国家政策限制，如《国家级公益林管理办法》。最后，编案人员要与参与项目的人员一起进行实地调查，做到双方都对林分情况有全面的了解，便于确定经营目标和经营思路，同时也便于今后项目的实施。

5.1.3 参与式规划

在完成外业调查的基础上，组织国有林场管理人员、技术人员或村干部、村民共同研究森林经营的目标、适宜采取的经营措施以及具体的组织方式等。同一块林地，可能有不同的经营方法；同一种方法，也可能采取不一样的经营措施。因此，在规划设计过程中，既要考虑到林地的现状与目标树经营的技术要求，也要考虑国有林场、村委会和农户的意愿。在目标树经营技术措施与当地经济发展出现矛盾的情况下，既要照顾当前，也要着眼长远。如有些地方的栎类萌生林，主要是为了发展香菇、木耳、天麻产业，如果一味要求将萌生林转变为实生林，可能造成当地培植材的短缺，这种情况下可以考虑转变为实生树与萌生树共存的混乔矮林，以实生树提供生态效益，以萌生树提供培植用材。

5.2 外业调查

5.2.1 外业小班区划

在外业调查开始前可以运用卫星图片或地形图对项目实施区域的林地进行整体规划。在整体规划后再进行小班区划，小班面积一般不超过 $10hm^2$，小班的边界一般以分水岭、集水线、河流、道路为边界，并对因坡度太大施工困难区域进行勾除。规划图的比例尺一般为 1：10000，并附上指北图标，小班边线用加粗虚线，小班号要在图上显示。

5.2.2 小班因子调查

内容包括海拔、坡向、坡度、母岩、土壤、植被、林分起源、功能分类、林分结构、郁闭度及受人为干扰或自然灾害的情况等。

5.2.3 林分调查

对每个小班要步行穿透，调查人员采用“Z”字形路线行进，以便尽可能多地观察小班的林分状况，掌握树种组成、天然更新、林窗、藤蔓、林下植被、林木分布是否均匀等情况。如果一个小班内林分结构变化很大，要将小班进行拆分，将 1 个小班分成 2 个小班。穿透过程中设置样圆调查树种名称、树高、胸径、天然更新情况，并对胸径 5cm 以上的林木进行每木检尺，标注目标树及干扰木、劣质木，填写小班样圆调查表（表 5–1）。样圆面积为 $100m^2$，半径为 5.64m，样圆个数依据小班面积设定，一般不低于 3 个。样圆位置可在小班图上提前标定，尽量做到在小班内均匀分布。

样圆调查表（表 5–1）的填写：胸径小于 5cm 的树木只填写株数，胸径大于 5cm 的树木，要进行每木检尺，测量胸径、树高，均保留 1 位小数，胸径单位为 cm，树高单位为 m。每木材积按照一元（或二元）材积表公式进行计算获取。目标树、干扰木、劣质木按照实际情况勾选。备注说明林窗，藤蔓及林木分布是否均匀等。

样圆调查汇总表（表 5–2）的填写：根据样圆调查表 5–1 中每木实测的数据，按照划分的胸径段填写相应树种的株数以及平均树高，以便掌握林分的分层情况。各个胸径段每公顷株数按几个样圆的数量相加除以样圆数乘以 100；平均树高按几个样圆的树高相加除以样圆数。目标树、干扰木、劣质木的株数、蓄积量通过样圆调查表进行分类统计。

5.3 森林经营方案文本编制

5.3.1 森林经营单位基本情况描述

森林经营单位的地理位置、机构特征、自然条件、森林资源概况及社会经济状况。

表 5-1　小班样圆调查表

林班号：　　　　小班号：　　　　样圆号：　　　　调查时间：　　　　调查人：

序号	树种名称	天然更新胸径＜1cm	胸径 1 ～ 4.9cm	胸径≥ 5cm		蓄积量（m^3）	目标树（√）	干扰木（√）	劣质木（√）	备注
		株数	株数	胸径（cm）	树高（m）					
合计										

表 5-2　小班样圆汇总表

林班号：　　　　小班号：　　　　调查时间：　　　　调查人：

树种名称	天然更新胸径＜ 1.0cm	胸径 1.0 ～ 4.9cm	5.0 ～ 9.9cm		10.0 ～ 14.9cm		15.0 ～ 19.9cm		20.0 ～ 24.9cm		≥ 25cm		样圆树木数量	样圆蓄积量（m^3）	目标树	干扰木		劣质木		采伐蓄积量
	株数	株数	株数	平均树高（m）	株数	平均树高（m）	株数	平均树高（m）	株数	平均树高（m）	株数	平均树高（m）			株数	株数	蓄积量（m^3）	株数	蓄积量（m^3）	（干扰木、劣质木合计）
合计																				

5.3.2 森林经营单位现有林分状况描述

包括树种组成、发育阶段、受损情况、林权现状，基础设施、林业项目以往实施情况及经营的长期目标等。

5.3.3 森林经营小班区划

在外业调查的基础上对原规划的小班边界、面积进行调整，原则上每个小班的林分条件和营林措施应当一致。

5.3.4 森林经营措施

利用外业调查的每公顷树木数量、树木的平均胸径、天然更新、藤蔓、林下植被情况、可选目标树及干扰木数量来确定间伐、去除藤蔓及去除劣质木等施工措施和强度。并把树木密度较低及坡度较大不便于施工的地块划定为不施工地块，小班施工措施表需明确每个小班采伐前和采伐后的树木数量及采伐蓄积量。

5.3.5 其他说明

林道按需要规划和建设，明确防火、施工安全保障、有害生物防治及巡护等保护方案。并进行资金概算、效益分析。

5.4 编制森林经营方案需要注意的问题

编制森林经营方案是一项重要的基础性工作。从湖北省近几年实施中德财政合作森林可持续经营项目的实践看，编制森林经营方案需要注意以下几个问题：

第一，要将参与式方法贯穿于森林经营方案编制全过程。森林经营方案编制单位、国有林场、村委会和农户要积极配合，确保科学的森林经营理念与国有林场、村委会、农户的经营目标达到有机统一，以便森林经营方案的延续性。

第二，要将目标树经营理念贯穿始终。目标树经营是目前国际上较为先进的森林经营方法，被世界林业先进国家广泛采用。在编案过程中，要将目标树经营理念与可持续发展、生态文明建设紧密结合，做到既着眼当前，又兼顾长远。

第三，要将森林经营方案编制与国家林业项目结合起来。如果森林经营方案只编制不实施，那也只能是“纸上划划，墙上挂挂”，起不到实际作用。因此，国有林场、村委会、编案单位从一开始就要与县级林业主管部门搞好衔接，争取将林场、村里面的森林经营纳入国家林业项目，如森林抚育项目、森林质量精准提升工程等。

第四，要加强目标树经营理念与技术培训。目标树经营是一种全新的理念与技术，我国尚未大面积推广与应用。在森林经营方案编制和实施过程中，要切实加强培训，以确保森林经营按规划的措施落实到位。

5.5 森林经营方案编制实例

以湖北省崇阳县古市林场战为例，进行森林经营方案编制。

5.5.1 森林经营试点单位概述

（1）地理位置

崇阳县古市林场位于地处湖北省、江西省交界的崇阳县东南部，林场场部位于崇阳县港口乡横岭村孙家湾（白界公路 24km 处），经营范围分布于崇阳县高枧、金塘、港口、路口、铜钟、青山 6 个乡镇，地理坐标为东经 113° 59′ 48.3″～114° 16′ 52′，北纬 29° 12′ 24″～29° 29′ 9″。

（2）自然条件

古市林场地处幕阜山支脉向江汉平原过渡的低山地带，境内多为低山丘陵地貌，海拔高度多在 200～900m，林地多处于陡峭山坡，平均坡度为 25°左右，局部达 50°。坡向以阳坡为主。属亚热带季风气候，日照充足，温和多雨，无霜期长，四季分明。土壤为山地黄棕壤，土壤酸性，心土壤层棕色，有机质含量高。林下植被主要有檵木、五节芒、薹草属植物和蕨类等。

（3）机构特征

崇阳县古市林场创建于 1955 年，主管单位为崇阳县林业局，是副科级公益一类事业单位。林场现有干部职工 55 人。林场经营总面积为 0.793 万 hm^2（均为国有林地），活立木蓄积量 38 万 m^3，毛竹 400 万根，森林覆盖率 85.16%。划定生态公益林 0.547 万 hm^2，其中国家级生态公益林 0.367 万 hm^2，省级生态公益林 0.180 万 hm^2，天保林 0.220 万 hm^2。

（4）林场现有森林现状

林场现有森林林分组成为杉木次生林、杉木与其他阔叶混交林、马尾松与其他阔叶混交林及毛竹林。主要树种有杉木、马尾松、南酸枣、枫香树、苦槠、栎类、檫木、毛竹等。从整体来看森林蓄积量较低，同时由于杉木次生林退化严重、干旱等自然灾害、松材线虫等有害生物侵害等因素，加上未及时采取正确的营林方式，导致大部分林分林相不好，森林的稳定性较差。

（5）森林经营方向

从林场的森林现状来看，林场大部分林分已纳入生态公益林，以生产木材经济型的经营模式已转向生态效益型的发展经营模式。目前现有林平均蓄积量 60.0m^3/hm^2 左右，明显偏低，能发挥的生态效益作用不明显，但可用于造林的林地面积已经非常有限，想通过造林来增加森林面积和蓄积量已经很难实现。因此急需要引进当前先进的森林经营理念，以提升单位面积的森林蓄积量，构建健康稳定的林分结构，并充分发挥其生态效益作用。

为此，崇阳县古市林场进行森林经营试点工作，结合林场的林分结构及现状地类，把雨山分场部分地段的林分作为森林经营试点。

5.5.2 森林经营试点方案

（1）经营项目试点小班分布位置

雨山分场瞭望塔至旅游公路地段的森林面积纳入森林经营试点方案，其经营面积为 15.69hm^2（图 5-1）。

（2）试点小班林分现状（小班林分情况见表 5-3）

表 5-3 小班情况一览表

小班号	规划面积（hm^2）	树种结构	主林层平均胸径（cm）	发育阶段	郁闭度	立地质量	可施工面积（hm^2）	备注
1	5.55	8 杉 2 阔	13	中龄林	0.8	好	5.55	自然灾害导致部分杉木枯死、断梢，林下天然更新弱
2	1.24	5 杉 5 阔	11	中龄林	0.6	好	1.24	松材线虫疫木清理的林地天窗及自然灾害导致林木枯死
3	2.69	6 杉 4 阔	12	中龄林	0.8	好	2.69	自然灾害导致部分杉木枯死、断梢，林下天然更新弱
4	1.37	6 杉 3 阔 1 竹	11	中龄林	0.7	好	1.37	林分过密及自然灾害导致林木枯死、濒死，林下天然更新弱
5	1.24	9 竹 1 阔	–	中龄林	0.6	好	1.24	自然灾害导致毛竹枯死。林下天然更新弱
6	0.98	7 杉 3 阔	20	中龄林	0.8	好	0.98	劣质木、藤蔓较多
7	2.62	6 杉 3 阔 1 竹	14	中龄林	0.8	较好	2.62	自然灾害导致部分杉木枯死、断梢，林下天然更新弱
合计	15.69						15.69	

杉木次生林：平均胸径 12 ～ 14cm，树龄 20a 左右。部分杉木开始退化失去生长活力，出现枯死、濒死、生长停止等现象。同时由于近几年来割灌除草等森林抚育措施的实施，导致林下天然更新遭到破坏。

杉木与其他阔叶混交林：平均胸径 12 ～ 14cm，杉木树龄 20a 左右，其他阔叶树龄 12a 左右。杉木开始退化，失去生长活力，出现枯死、濒死、生长停止等现象，其他阔叶树种分布不均衡，部分地块林下天然更新能力差。

马尾松与其他阔叶混交林：平均胸径 12 ～ 14cm，马尾松树龄 20a 左右。其他阔叶树龄 12a 左右。松材线虫侵害后导致马尾松大部分枯死、濒死，按要求进行疫木处置后出现林地天窗，林下天然更新幼树幼苗较少。

毛竹林：平均胸径 8 ～ 12cm，竹林内分布有樟树、栎类、枫香树、南酸枣等阔叶树种。由于干旱、雪灾等自然灾害导致部分毛竹断梢、枯死的现象，林内比较杂乱，卫生条件较差。

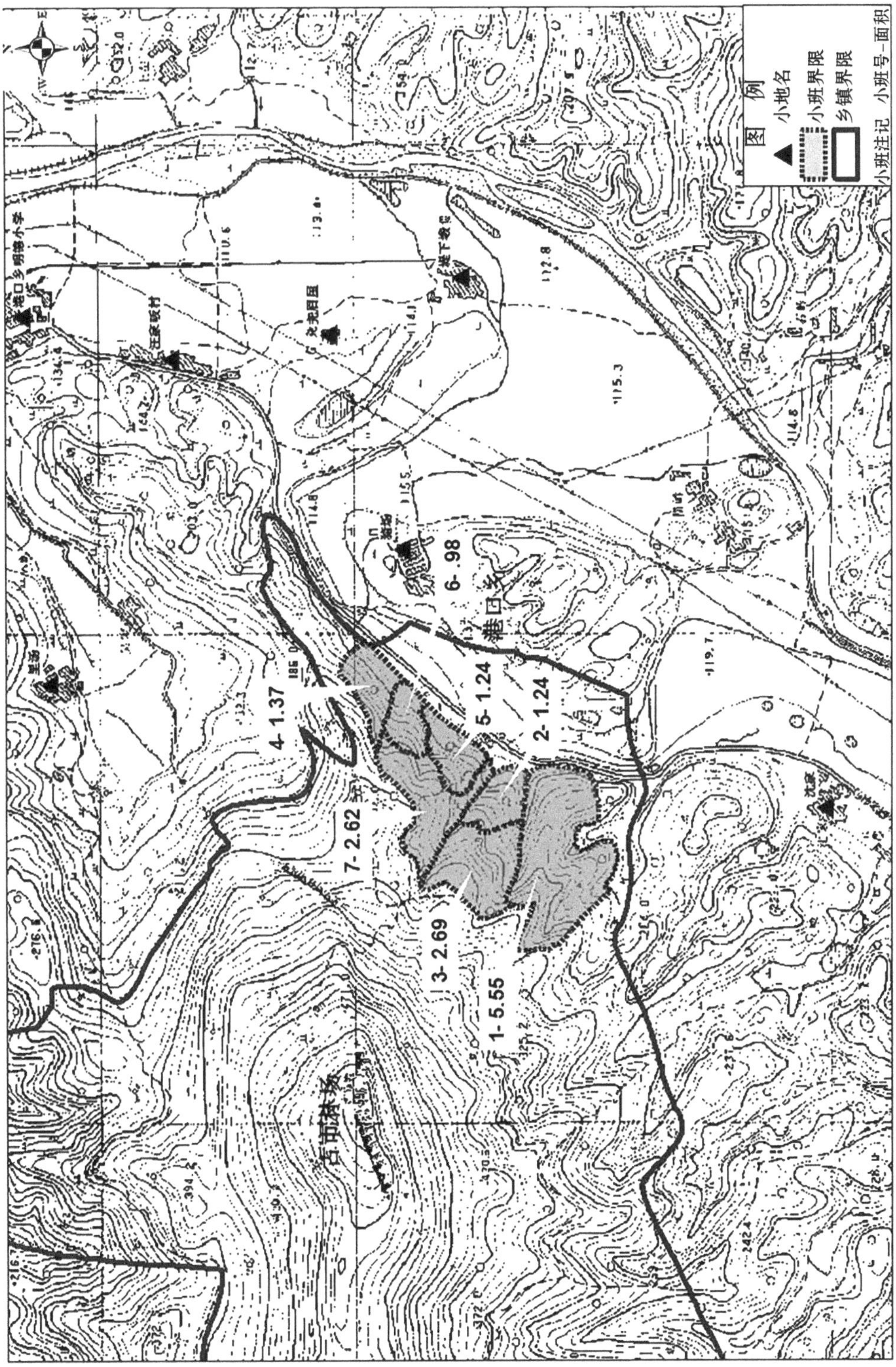

比例尺　1：10000

图 5-1　崇阳县古市林场森林经营方案小班规划总览示意图

（3）试点小班经营原则

第一，通过围绕目标树进行干扰木伐除，以释放目标树的营养空间和生长空间，使林木生长量特别是目标树的生长量得到提高。

第二，通过去除主干扰木及部分劣质木，适当降低上层林木密度，改善林内光照、通风、水分、温度以及土壤等条件，促进下层林木及天然更新幼树生长，使得生物多样性得到增加，形成复层异龄混交林。

第三，对结构较差的林分，改变以前的常规造林模式即皆伐后进行人工造林，现采取保留部分长势较好的林木，促进天然更新幼树幼苗和少量补植补造乡土树种的措施，以构建健康稳定的林分结构。

（4）森林经营试点小班区划

小班的划分基本上按照林分条件和营林措施进行。由于林分条件不均匀一致，有时小班也按照地物特征来划分。在外业调查过程中，通过林分评估，共划定 7 个小班（图 5–2）。

（5）试点小班经营措施

针对森林经营的小班外业区划以及调查结果，结合森林经营原则，对不同林分结构的小班共区划以下 5 种经营规划模式。

第一种，1 号、3 号、7 号小班林分以杉木为主，枫香树、南酸枣、栎类等阔叶为辅。杉木为次生林，其他阔叶系天然更新树种。1 号小班平均胸径 12cm，树高 8m，每公顷蓄积量 156.75m^3，郁闭度 0.8。3 号小班平均胸径 12cm，树高 8m，每公顷蓄积量 78.43m^3，郁闭度 0.8（1 号小班经营规划及施工措施见表 5–4）。7 号小班平均胸径 12cm，树高 8m，每公顷蓄积量 107.49m^3，郁闭度 0.8。1 号、3 号、7 号小班具体营林施工措施为伐除目标树周围干扰木，目标树密度为 150 ～ 225 株 /hm^2，目标树平均间距为 6.0 ～ 8.0m。使目标树在林分内分布相对均匀。

目标树选择标准：林分中优势木或亚优势木，胸径大于主林层平均胸径，主干 8m 以下无分杈，且树干通直、无机械损伤，树冠圆满、生长旺盛、无严重偏冠，无病虫害。对选定的目标树，在树干离地面 1.6m 处，用红色油漆绕树干一周喷涂。在下坡根部离地面 10cm 以内用红色油漆点状标注。

干扰木选择标准：树冠与目标树相交或相切，并影响目标树生长的树木，树冠位于目标树冠层上，且影响天然更新的“霸王树”。对选定的干扰木，在树干离地面 1.6m 处，用红油漆以“×”或“/”标注，也可绑红塑料绳标记。采伐强度遵守伐除每株目标树相邻的 1 ～ 3 株干扰木。采伐后林分郁闭度保持在 0.6 ～ 0.7。

对影响林下阔叶树种的杉树进行伐除，为保护好森林生物多样性，有生长潜力的杉木不予伐除。同时对天然更新差的少量林地进行补植补造枫香树、南酸枣等乡土树种，补植措施参见表 5–4。

第二种，2 号小班为松材线虫清理的小班。林内现有枫香树、南酸枣、栎类等阔叶树种，系天然更新树种，平均胸径 12cm，树高 7m，公顷蓄积量 33.45m^3，郁闭度为 0.6。具体营林

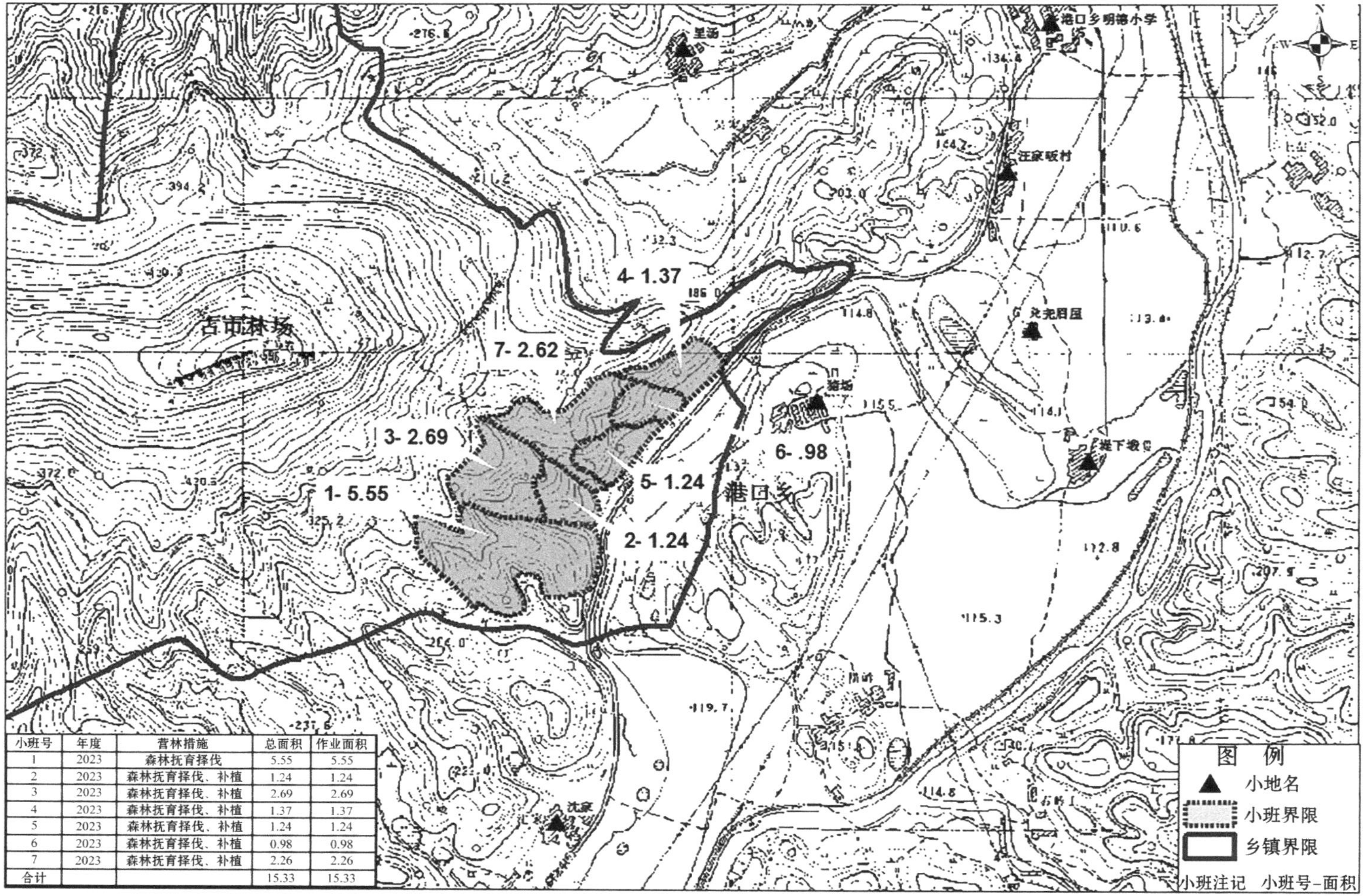

小班号	年度	营林措施	总面积	作业面积
1	2023	森林抚育择伐	5.55	5.55
2	2023	森林抚育择伐、补植	1.24	1.24
3	2023	森林抚育择伐、补植	2.69	2.69
4	2023	森林抚育择伐、补植	1.37	1.37
5	2023	森林抚育择伐、补植	1.24	1.24
6	2023	森林抚育择伐、补植	0.98	0.98
7	2023	森林抚育择伐、补植	2.26	2.26
合计			15.33	15.33

比例尺 1：10000

图 5–2 崇阳县古市林场森林经营方案小班规划示意图

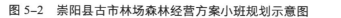

表 5-4 小班经营规划及施工表

森林经营单位	崇阳县古市林场	经营目标	培育大径材	小班号	1	面积（hm^2）	5.55	森林功能分类	公益林

立地及林分描述

坐标		林分描述	8 杉 2 阔	树种结构	针叶混交林	林木起源	人工	林木发育阶段	中龄林	郁闭度	0.8	坡向	全	受灾类型	干旱	现有经营类型	幼林抚育
海拔（m）	186	母岩	页岩	土壤类型	黄壤型	土壤厚度	60cm	立地质量	较好	更新 + 灌木	20%	坡度范围	30	受灾程度	较轻	经营类型	目标树经营

小班调查汇总表

树种	小班林木株数按胸高直径分布情况															目标树（株 /hm^2）	干扰木（株 /hm^2）	蓄积量（m^3/ 小班）
	天然更新 ≤ 1.9cm	2 ～ 4.9cm	5.0 ～ 9.9 cm		10.0 ～ 14.9cm		15.0 ～ 19.9cm		20.0 ～ 24.9cm		25.0 ～ 29.9cm		≥ 30cm				
	株数	株数	株数	平均树高（m）	株数	平均树高（m）	株数	平均树高（m）	株数	平均树高（m）	株数	平均树高（m）	株数	平均树高（m）			
马尾松	1110				369	8											
青冈栎			369	6											67		
苦槠	555						369	7							67		
栎类	924																
酸枣					369	8	184	9							33		
杉木			3515	6	3515	8	2034	8								433	
合计	2589		3884		4253		2587								167	433	870

小班施工措施

小班号	施工措施	作业面积（hm^2）	目标树（株）	干扰木（株）	伐后数量（株）	采伐蓄积量（m^3）	施工说明
1	间伐	5.55	927	2403	8321	164.2	伐后对天然更新能力不足的林地进行乡土阔叶树种补植，补植 500 株枫香树和 500 株檫木

施工措施为伐除退化严重、干旱枯死的针叶树种，保留现有的阔叶树种，同时保护地表上有生产潜力的小树苗。在清理松材线虫病虫害时造成的林地天窗，适当地人工补植乡土阔叶树种、珍贵树种，补植措施参见表 5–4。

第三种，4 号小班林分以杉木为主，枫香树、南酸枣等阔叶为辅。杉木为次生林，其他阔叶系天然更新树种，平均胸径 12cm，树高 8m，公顷蓄积量 87.92m^3，郁闭度为 0.7。具体营林施工措施为保留阔叶树种，对阔叶树种周围 3m 内的杉木予以伐除，伐除劣质杉木，除萌定株，林地天窗补植乡土树种枫香树、南酸枣，补植措施参见表 5–4。

第四种，5 号小班林分以毛竹为主。具体营林施工措施为保留竹林内阔叶树种，对阔叶树种周围 3m 内的竹子予以伐除，对断梢、干旱、病虫害的竹子予以伐除，保留竹林内 2 ～ 3a 的正常竹子。根据清理程度合理补植乡土树种枫香树、南酸枣，补植措施参见表 5–4。

第五种，6 号小班林分以樟树为主。系天然更新树种，平均胸径 18cm，树高 8m，公顷蓄积量 87.92m^3，郁闭度为 0.8。具体营林施工措施为伐除劣质木、“霸王树”和影响林木生长的藤蔓，适当降低上层林木密度，促进下层林木及天然更新幼树生长，保护好林分中生长发育良好并有望将来成为下一代目标树的幼树。

5.5.3 其他说明

（1）森林防火

森林经营单位应编制防灭火预案，加强森林防火宣传教育力度，抓好火种管理，发生意外火情按预案及时处置。

（2）卫生控制

发现发生病虫害的林木，应按相关技术要求进行处理。

（3）森林巡护

森林经营单位应加强森林巡护，防止非法采伐和其他损害，同时做好巡护记录。

（4）施工培训

施工前做好技术培训和安全教育，明确具体要求，提高项目工作者的管理水平和项目施工者的作业技能。确保施工质量和施工安全。

（5）自查验收

森林经营单位成立项目质量自查验收专班，严格按照森林经营方案的技术规定要求进行自查验收。规定自查专班人员必须深入施工现场，对施工作业全程监督，按设计施工，按标准施工，确保森林经营项目试点工作的建设质量。

（6）档案管理

施工完成后，收集整理经营方案、采伐审批材料、自查验收报告，现场施工记录及图片等资料进行归档。

（7）成效监测

按要求在目标树森林经营实施地块设置固定监测样地，定期监测实施前和实施后树木的生长量，幼树的生长状况、天然更新幼苗变化情况，并通过数据分析比对进行成效监测，为目标树森林经营提供科学依据，进一步指导森林经营实践工作。

5.6 森林经营成效监测

为了加强森林经营项目管理，科学评价项目建设成效，应开展项目固定样地监测工作。

5.6.1 监测目的

目标树经营的主要目的是森林蓄积量增加、林分结构改善、生物多样性提升。设置固定样地并定期开展监测工作，最终评价森林经营成效，上述目标实现的程度，为进一步完善森林经营模式、提高森林经营水平提供科学依据。

5.6.2 样地设置

施工面积达到1000亩（66.7hm^2）以上的项目建设单位，都要开展固定样地监测工作。其中施工面积1000～2999亩（133.3～200hm^2）的，设置作业样地和对照样地各3个；施工面积3000亩（200.0hm^2）以上的，设置作业样地和对照样地各3～5个。在一个项目建设单位内，如果有不同的经营模式、不同的优势树种，需分别设置固定样地。

作业样地和对照样地，均在森林经营方案或项目实施方案编制完成、项目施工尚未开始时设置。设置样地时，要在全面踏查林分的基础上，掌握林分特点，选出具有代表性、典型性的地段设置。样地不能跨越河流、道路，并远离林缘。

作业样地和对照样地均采用30m×30m的样地。当坡度大于5°时，应采用水平距离，样地闭合差不超过1/200。样地设置时，只要条件允许，应设置正南正北向。设置时，以全站仪或RTK定位，或以罗盘仪测角，以钢卷尺量距。在样地的四周栽标示桩，标桩为正方形，截面边长为10～15cm。标桩长度为1～1.5m，露出地面约0.5m。并建立铝线围网。

将样地划分为9个10m×10m的正方形大样方，在每个正方形四角埋设水泥标桩，标桩长度0.5m，露出地面0.2～0.3m，与样地角桩重复的不再埋设。并以尼龙绳或纤维线分隔。西南角标示桩为大样方编号桩。样方编号为样地号－类型号－样方号，如3号作业样地6号大样方编号为：3Z6，5号对照样地3号大样方编号为：5D3。大样方编号书写于标桩的南面。在9个大样方的四角，在距离水泥桩1m处，各布设一个边长为5m×5m的中样方和边长为1m×1m的小样方，分别用于调查灌木幼树层和草本幼苗层，并以PVC标桩标记。

在样地内设置2个土壤采样点。作业样地和对照样地的西南角桩，以GPS测量坐标，并做好记录。

作业样地和对照样地及其样方的设置见GB/T 38590相关规定。设置完成后，要绘制样方分布图供今后复测时复位。

5.6.3 样地监测

5.6.3.1 样地本底调查

监测时，将林木分为乔木层（A）、灌木及更新层（B）、草本幼苗层（C）3 个层次；土壤层作为一个层次（D）进行监测。根据林分分化程度的不同，乔木层可分为主林床、次林层，可能有 2 ～ 4 个层次。

（1）乔木层的调查

在 30m × 30m 的样地进行。当林木的胸径达到 5cm 时，即作为样木。

以大样方西南角（左下角）为原点，测定每株样木的坐标，记录每株样木与 X 轴（向东）和 Y 轴（向北）的距离。在样木胸高处（1.3m），用白油漆（或其他非红色油漆）画一圆圈，油漆下缘为 1.3m 即胸高测量点，在样木上 1.4m 处钉上标牌或标记永久树号，并用围尺测量胸径，单位为 cm，保留一位小数。如果样地有坡度，测量胸径时，以上坡为准。以测高仪或伸缩鱼竿测量树高，单位为 m，保留一位小数。

标牌为树木编号，共 8 ～ 9 位，前 2 ～ 3 位代表经营单位简称，以汉语拼音第一个字母表示，中间 3 位代表 10m × 10m 的大样方编号，后 3 位代表样地内样木顺序号。如 HSZ3Z6009，HSZ 代表花山寨林场，3Z6 代表 3 号作业样地的第 6 号大样方，009 代表 3 号样地内样木的顺序号。

样地在经营单位内统一编号。大样方在样地内统一编号，样木在样地内统一编号。调查完毕后要绘制样木分布图、编制样木定位表。

（2）灌木更新层的调查

在 5m × 5m 的中样方内进行。植株胸径小于 5cm、高度大于 0.3m 的乔木，作为天然更新看待。调查时，记录更新层种类、地径（胸径）、高度。记录灌木种类、枝丛数量、高度、盖度等，并做好位置特征注记。

中样方在同一样地内统一编号，如 3Z62 表示 3 号作业样地的第 6 号大样方中的第 2 号中样方。

（3）草本幼树层的调查

在 1m × 1m 见方的小样方内进行。调查时，要记载植被总盖度，并分别记载幼苗（高度 30cm 以内）、草本的种名、数量、平均高以及分布状况等。

小样方在同一样地内统一编号，如 3Z621 表示 3 号作业样地第 6 号大样方中的第 2 号中样方中的小样方。

（4）土壤层的调查

土壤调查在样方内进行。土壤采样点分别设置在第 6 号和第 2 号大样方内，不与中样方重叠。

主要对枯落物和土壤进行调查。枯落物主要调查盖度和未分解、半分解、全分解的枯落物厚度及其占总厚度的百分比。

土壤主要调查土壤各剖面的厚度及特征、土壤种类、质地、紧实度、成土母岩、侵蚀程度、地下水位、pH 值、地表砾石分布等。

乔木层、灌木幼树层、草本幼苗层、土壤层的调查，均需记载准确的时间。

5.6.3.2 样地初次监测

按照近自然方法，对作业样地与其他项目地块一起施工，用红油漆在 1.6m 处以圆圈标记目标树，地面下坡方向的树根部用红油漆涂点标记。用红油漆在 1.6m 处以“×”或“/”标记干扰木，也可绑不同颜色的塑料绳以标记。

然后按正常程序进行施工作业，包括采伐病损木、干扰树、“霸王树”等确需采伐的林木，割除藤蔓等。

施工完毕后，再对乔木层、灌木幼树层、幼苗草本层进行调查，并做好记载。对采伐物，要做好计量与记录工作，包括株数、材积、生物量等，采伐的样木要逐株进行登记，并计算材积。

样地初次监测，要记载调查时间，以便复测时掌握。

5.6.3.3 样地的复测

每年复测 1 次。监测时间与初次监测时间相同或接近。按照树号顺序测量胸径、树高、冠幅等指标，测量精度与初测时一致。

样木号牌不清楚的，要根据样木分布图查出编号，并补上新的同号标牌。新进界样木要接续最后一株样木编号进行续号，做好测量记录，并将进界样木纳入样木分布图。枯死木另测另记。

按初测时相同的调查标准，复测每个大样方、中样方和小样方的树种更新及灌木、草本指标。检查和增补标桩，修补铝线围网和其他围网。

第6章

林分经营的迫切性评价

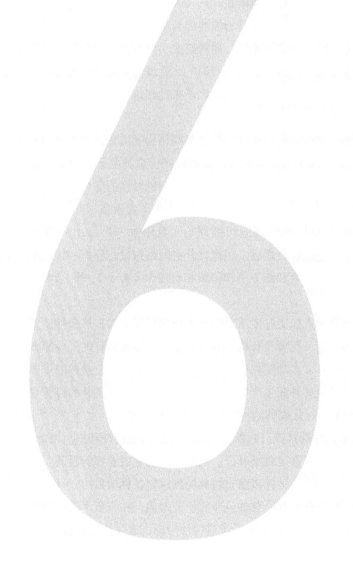

森林必须有合理的森林结构（亢新刚，2011），才可实现森林资源可持续发展。由于人为和自然因素的干扰，现实森林结构常不尽合理，且森林又难以自我调整到合理状态。因此，人为介入森林结构调整非常必要，其主要措施就是间伐与更新，将当前不合理的森林结构调整到合理即森林收获调整。

森林结构是森林发展过程中更新方式、竞争关系、自然稀疏和林分经历的干扰活动的综合反映（Gadow et al.，2012）。作为森林的主要特征之一，林分结构是影响林分生产力的重要因素，是决定森林能否充分发挥其功能的前提（惠刚盈 等，2007），因而是森林可持续经营的重要部分（魏安然 等，2019）。一个森林的林分是否需要经营必须以林分结构状态为依据（王烁 等，2020），即林木空间分布格局、竞争关系、树种组成，同时还必须分析林木健康、多样性等方面来判定林分是否需要经营（惠刚盈 等，2010），这就需要对林分进行合理的评价，从整体出发通过优化林分的空间结构和非空间结构因子来达到培育健康稳定森林的目的。

森林的功能与结构是紧密关联的，即结构决定功能，功能影响结构的发育。从森林结构出发，针对不完善或缺失的结构因子，从森林经营的多目标角度评价森林的经营迫切性指数，从结构指标的取值追溯到需要调整结构的特征因子，从而制定有针对性的经营措施。以培育健康稳定的森林为出发点，学者们先后建立了森林健康状况评价（郭秋菊 等，2013）、森林自然度评价（惠刚盈 等，2007）和林分经营迫切性评价（惠刚盈 等，2010；孙培琦 等，2009；赵中华 等，2013）等方面的评价指标。相比林分空间结构量化分析和优化经营模型，林分经营迫切性评价指标方面的研究和新方法却仍然相对较少（曹小玉 等，2015；张连金 等，2018）。

国家储备林是为满足经济社会发展和人民美好生活对优质木材的需要，在自然条件适宜地区，通过人工林集约栽培、现有林改培、抚育及补植补造等措施，营造和培育的工业原料林、乡土树种、珍稀树种等大径级用材林、多功能森林。作为森林生态系统中公益林的重要组成部分，储备林在湖北地区的生态环境和林业生产中发挥着重要的作用。储备林的经营目标是提供优质生态产品，提升森林质量，优化森林结构。

为了科学经营国家储备林，需要先对森林进行判断，以了解经营的紧迫性程度。因此，需要识别林分结构不合理的因素，并有针对性地调整林分，以达到培育健康森林的目的。为此，在湖北省通山县北山林场、大幕山林场和钟祥市盘石岭林场国家储备林项目中，针对性选择具有代表性的阔叶混交林、针阔混交林和针叶林林分作为研究对象，在分析不同林分空间结构和非空间结构因素的基础上，建立不同林分的经营迫切性指标。通过这些评价指标，可以判断林分经营的紧迫性，为湖北地区目标树森林经营提供判断和依据。有针对性调整经营林分结构可以促进湖北地区储备林培育大径级木材的效率和提升森林质量，对于发挥储备林在湖北地区生态环境和林业生产中的重要作用，具有现实和长远战略意义。

从森林结构出发，针对不完善或缺失的结构因子，从森林经营的多目标角度评价森林的经营迫切性指数，从结构指标的取值追溯到需要调整结构的特征因子，从而可制定有针对性的经营措施。

6.1 研究方法

6.1.1 空间结构分析单元确定

空间结构单元的大小主要是由相邻木株数 *n* 决定。针对传统森林经营体系和经典植被调查在表达森林空间结构特征信息方面存在的不足和问题，惠刚盈等（2001）提出了由参照树及其 4 株最近相邻木组成最佳空间结构分析单元（图 6–1）。测量和分析对象既有参照树本身的属性，同时也考虑了其与相邻木的关系。对象木和参照木的空间结构参数，既可以通过全面调查，也可以借助抽样调查获得，满足调查时简单易操作、获取成本低、准确体现大多数有价值的空间信息及可释性强等特点，为人工林目标树经营的空间结构分析在实践应用中提供了便利。本研究涉及的阔叶混交林、针阔混交林以及针叶纯林等 3 个类型人工林均采用 4 株参照木空间结构单元提取空间结构指数进行分析。

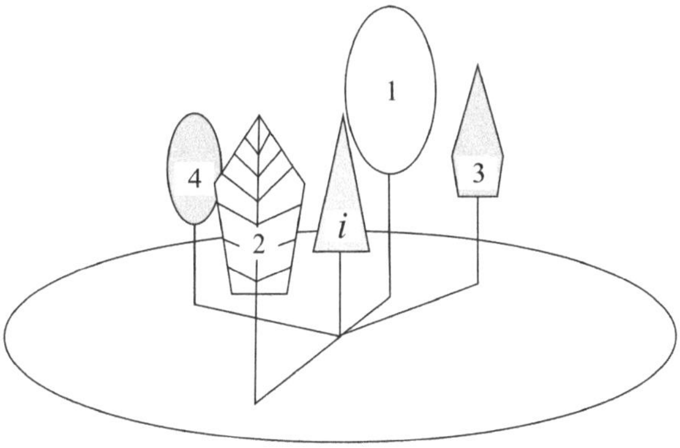

图 6–1　空间结构分析单元

6.1.2 林分树种分析

采用优势度分析法确定优势树种（Ohsawa，1984；汤孟平，2013）。计算林分乔木树种的相对胸高断面积，按优势度从大到小排序。然后通过式（6–1）确定优势树种数：

$$d=\frac{1}{N}\sum_{i\in T}(x_i-x)^2-\sum_{j\in U}x_j^{\,2} \tag{6–1}$$

式中，d 表示确定优势树种个数的阈值；N 为总树种数；T 为优势度排位在前的树种，即上位种；U 为优势度排位在后的树种即剩余种；x_i 为第 i 个上位种 T 的优势度；x 为优势树种所占的理想百分比，单位为 %；x_j 为第 j 个剩余种的优势度（U）。如果乔木层只有一个优势树种，那么理想百分比为 100%；如果有两个优势树种，则理想百分比为 50%；如果有 3 个优势树种，理想百分比为 33.3%，以此类推来分别计算 d 值；当 d 取值最小时的上位种数为优势树种个数。

6.1.3 空间结构参数

（1）角尺度说明林分空间分布

$$W_i = \frac{1}{4}\sum_{j=1}^{4} Z_{ij} \tag{6-2}$$

式中，W_i 为角尺度；Z_{ij} 为离散型变量。当第 $\alpha < \alpha_0$（标准角 $\alpha_0 = 72°$）时，$Z_{ij} = 1$，否则 $Z_{ij} = 0$。W_i 可能取值：0.00、0.25、0.50、0.75 和 1.00，对应很均匀、均匀、随机、不均匀和很不均匀分布。当平均角尺度 $\bar{W}$ 的取值在 [0.475，0.517] 时，林分属于随机分布；$\bar{W} < 0.475$ 时为均匀分布；$\bar{W} > 0.517$ 时为团状分布（惠刚盈 等，2010）。

（2）混交度说明林分内树种的隔离程度

$$M_{si} = \frac{S_i}{5} M_i = \frac{S_i}{5} \times \frac{1}{4}\sum_{j=1}^{4} V_{ij} \tag{6-3}$$

式中，M_{si} 为对象木混交度；M_i 为简单混交度；S_i 为参照树 i 所在结构单元内的物种数。分段函数中，V_{ij} 为离散型变量。当对象木与邻近木为不同树种时，$V_{ij} = 1$，反之 $V_{ij} = 0$。M_i 可能取值：0.00、0.25、0.50、0.75 和 1.00，相应表示对象木与相邻木零度混交、弱度混交、中度混交、强度混交和极强度混交（惠刚盈 等，1999）。以 $\bar{M}_S = 0.5$ 作为林分是否需要经营的评判标准，即当 $\bar{M}_S \geqslant 0.5$ 时，森林不需要经营。

（3）大小比数说明林木大小分化

$$U_i = \frac{1}{4}\sum_{j=1}^{4} k_{ij} \tag{6-4}$$

式中，U_i 为大小比数；K_{ij} 为离散型变量。当对象木比相邻参照树 j 小时，$K_{ij} = 1$，反之 $K_{ij} = 0$。当考虑参照树周围 4 株相邻木时，U_i 的 5 种取值：0、0.25、0.5、0.75 和 1.0，对应树木状态（相邻木结构块）的描述，即优势、亚优势、中庸、劣态和绝对劣态（周红敏 等，2009）。

（4）基于交角的林木竞争指数

惠刚盈等（2013）提出基于交角的林木竞争指数表达林木之间竞争强度。该指数既能简洁地反映出竞争木上方的遮盖情况，又能反映林木侧翼的挤压情况，公式如下：

$$UCI_i = \frac{1}{n}\sum_{j=1}^{n} \frac{\left(\alpha_1 + \alpha_2 \cdot c_{ij}\right)}{180} \cdot U_i = \frac{U_i}{180 \cdot n}\sum_{j=1}^{n}\left(\alpha_1 + \alpha_2 \cdot \mathrm{c}_{ij}\right) \tag{6-5}$$

$$c_{ij}=\begin{cases}1 & 当H_i<H_j时\\0 & 否则\end{cases};$$

$$\alpha_1=\begin{cases}\left[\operatorname{arctg}\left(\dfrac{H_i}{d_{ij}}\right)\right]\times\dfrac{180}{\pi} & 当H_i<H_j\\ \left[\operatorname{arctg}\left(\dfrac{H_j}{d_{ij}}\right)\right]\times\dfrac{180}{\pi} & 否则\end{cases};\tag{6-6}$$

$$\alpha_2=\begin{cases}\left[\operatorname{arctg}\left(\dfrac{H_j-H_i}{d_{ij}}\right)\right]\times\dfrac{180}{\pi} & 当H_i<H_j\\ 0 & 否则\end{cases};\tag{6-7}$$

式中，UCI_i 为参照树 i 的交角竞争指数；α_1 和 α_2 为林木间的交角（惠刚盈等，2016）；U_i 为参照树 i 的大小比数；n 为邻近木株数；H_i 为参照树 i 的树高；H_j 为相邻木 j 的树高。d_{ij} 为参照树 i 与相邻木 j 之间的水平距离。$UCI_i\in[0，1)$，无量纲。UCI_i 指数值越大，林木个体越小，其所承受的竞争压力越大。

（5）林分空间优势度

$$S_D=\sqrt{P_{U_i=0}\cdot\frac{G_{\max}}{G_{\max}-\bar{G}}}\tag{6-8}$$

式中，S_D 为林分空间优势度；$P_{U_i=0}$ 表示林分中大小比数（U_i）等于零所占的比例；$G_{\max}$ 为林分中最大个体的胸高断面积，此处为林分中 50% 较大个体的平均胸高断面积与林分现有株数的积；$\bar{G}$ 为林分平均胸高断面积（惠刚盈 等，2016）。

（6）目的树种优势度公式如下（孙培琦 等，2009）

$$D_{sp}=\sqrt{D_g\cdot\left(1-\bar{U}_{sp}\right)}\tag{6-9}$$

$$\bar{U}_{sp}=\frac{1}{m}\sum_{i=1}^{m}U_i\tag{6-10}$$

式中，D_{sp} 为目的树种优势度；D_g 为目的树种相对显著度；$\bar{U}_{sp}$ 为目的树种的平均大小比数；m 为林分中以目的树种为参照树的数量；U_i 为林分中以目的树种为参照树的第 i 个大小比数。

（7）应用平均林层指数 S_i 反映垂直方向上的成层性

$$S_i=\frac{z_i}{3}\times\frac{1}{n}\sum_{j=1}^{n}S_{ij}\tag{6-11}$$

式中，S_i 为林层指数，z_i 为参照树 i 所在结构单元内的林层数。S_{ij} 为离散性变量，当对象木与邻近木所处林层不同时，$S_{ij}=1$，反之 $S_{ij}=0$。$S_i\in[0，1]$，林层参数越接近 1，表明林分在垂直方向上的成层性越复杂。本研究参考国际林业研究组织联盟（IUFRO）的标准划分林层（曹小玉 等，2015）。

（8）林分开敞度

林分的透光条件是林木生长和影响林下天然更新的重要因子。开敞度可反映林木透光条件，是对象木到相邻木的水平距离与邻近木树高比值的均值（汪平，2013）公式如下：

$$K_i = \frac{1}{n}\sum_{j=1}^{n}\frac{D_{ij}}{H_{ij}} \tag{6-12}$$

式中，K_i 为林分开敞度；D_{ij} 为对象木 i 与第 j 株邻近木的水平距离；H_{ij} 为邻近木 j 的树高。$K_i \in$（0，+∞]，将开敞度的取值划分为（0，0.2]，（0.2，0.3]，（0.3，0.4]，（0.4，0.5]，（0.5，+∞）5 个区间，分别对应对象木生长空间的 5 个状态：严重不足、不足、基本充足、充足和很充足。

（9）林分径级结构

林木直径的分配状态直接影响林木的树高、干形、材积、材种及树冠等因子。根据理想异龄林株数与径级分布的负指数分布函数，进一步将相邻径级株数之比 q 值与负指数分布联系起来，来判断林分径级结构分布的合理性，公式如下（孟宪宇，2006）：

$$N = k\mathrm{e}^{-aD} \tag{6-13}$$

$$q = \mathrm{e}^{ah} \tag{6-14}$$

式中，N 为株数，单位为株；e 为自然对数的底；D 为胸径；k 为常数；a 为负指数函数的结构常数；h 为径级距。本研究以样方内 5cm 为起测径测量所有木本植物，以 2cm 为径阶距进行计算；相邻径级株数比采用 $q \in [1.2, 1.7]$ 区间，即当满足 $a \geqslant 0.091$ 时，相邻径级株数之比 $q \geqslant 1.2$ 时，林木的株数分布是合理的（汤孟平，2007）。

6.1.4 经营迫切性评价指数构建

合理评价标准是构建经营迫切性评价指数的关键。评价标准各指标应充分反映林分状态特征的影响因子。参照其他学者的相关研究（孙培琦 等，2009；张连金 等，2018），结合不同林分、不同树种以及混交特征，分别以阔叶混交林、针阔混交林和针叶纯林为研究对象，从分布格局、竞争强度、空间优势、树种混交、林分分层、天然更新以及林木健康等 10 个方面选择不同指标，构建林分经营迫切性评价指标体系并确定了评价标准（表 6-1），且将不满足标准的因子占所有因子的比例定义为经营迫切性评价指 M_u。林分迫切经营指数 M_u 由分段函数表示：

$$M_u = \frac{1}{n}\sum_{i=1}^{n}E_i \tag{6-15}$$

其中，$E_i = \begin{cases} 1，林分结构指标不满足标准取值； \\ 0，否则 \end{cases}$

式中，E_i 为第 i 个林分结构指标取值。M_u 量化了林分经营的迫切性，其值越接近于 1，说明林分需要经营的迫切性越强。M_u 依 [0，0.8] 等距取值，将林分经营迫切性划分为 5 个等级（表 6–2），分别为不迫切（I 级）、一般性迫切（II 级）、比较迫切（III 级）、十分迫切（IV 级）和特别迫切（V 级）。

表 6–1 林分经营迫切性评价指标体系及标准

评价指标	林木分布格局	竞争指数	林分空间优势度	目的树种优势度	树种混交度	树种组成	q	林层指数	天然更新	健康林木比例
取值标准	[0.475，0.517]	≤ 0.5	≥ 0.5	≥ 0.5	≥ 0.5	系数≥ 3	[1.2，1.7]	≥ 0.5	更新等级≥中等	≥ 90%

注：树种组成系数指当用十分法表示各树种的胸高断面积占林分总胸高断面积的比重时，达到 1 成的树种项数；天然更新参照《国家森林资源连续清查技术规定》天然更新等级划分标准；健康林木比例指林木（无病虫害、病腐、断梢、明显扭曲、主干多分支；濒死、枯死；林下被压；中度甚至重度损伤特征）株数占总林木株数的比例。

表 6–2 林分经营迫切性等级划分

迫切性等级	迫切性描述	M_u
I 不迫切	结构因子满足取值标准，为健康稳定的森林	[0，0.2）
II 一般性迫切	大多数结构因子符合取值标准，只有 1 个因子需要调整，基本符合健康稳定森林的结构特征	[0.2，0.4）
III 比较迫切	有 2 ～ 3 个结构因子不符合取值标准，需要调整林分结构	[0.4，0.6）
IV 十分迫切	超过一半以上的结构因子不符合取值标准，急需通过经营来调整林分结构	[0.6，0.8）
V 特别迫切	大多数结构因子都不符合取值标准，远离健康稳定森林的结构特征	≥ 0.8

6.2 经营迫切性评价

在湖北省通山县北山林场、通山县大幕山林场和钟祥市盘石岭林场国家储备林目标树经营项目实验过程中，针对性选择具有代表性的阔叶混交林、针阔混交林和针叶纯林作为研究对象，从不同林分因子和空间结构入手，对森林经营的迫切性进行评价。

6.2.1 阔叶混交林经营迫切性评价

6.2.1.1 研究区基本情况

通山县位于湖北省东南部，该地区为中亚热带季风温暖湿润气候区，具有光照充足，热量丰富，无霜期长，雨量充沛，雨热同期等特点。县域年平均气温 16.3℃，最冷月为 1 月，最热月 7 月。年均降水量 1577.1mm，多集中在 4 ～ 8 月；年均蒸发量 1363.4mm，年平均相对湿度 80%。北山林场试验地土壤为红壤土，土壤 pH 值为 5.0 ～ 6.0。

北山林场的喜树、枫香树和鹅掌楸于 2003 年初植，初植株行距 2m × 3m。2020 年 11 月调查时平均树龄为 18a，郁闭度 0.92。

6.2.1.2 调查方法与内容

（1）样地设置

2019 年 11 月，在对湖北省通山县北山林场喜树、鹅掌楸和杜仲阔叶混交生态公益林进行全面踏查的基础上，采用罗盘仪闭合导线测量法，设置 1 个 100m × 100m 的标准样地，总面积 10000m^2。记录标准地的经纬度、地形等基本信息。在每个标准地内依次设置 25 个 20m × 20m 的乔木样方，然后将每块样方用相邻网格法进一步分割成 4 个 10m × 10m 的小样方作为乔木样木因子的调查单元；以小样方西南角为每个小样方坐标原点，测量每株林木在小样方内的相对位置坐标（x_i，y_i）。以标准地西南角为坐标原点，以每木在小样方相对位置坐标（x_i，y_i）逐步整合样方，最后形成每木在标准地的相对位置坐标（x，y）。彩图 6–2 为样方设置和优势树种林木分布示意。

（2）数据获取

对样地内所有胸径≥ 5cm 的林木进行全林定位，记录所有定位林木的种名、胸径、树高、枝下高和冠幅；同时记录林木生活力、林木层次、损伤状况、干形质量、林木类型（按照目标树经营分类方法，分别记录目标树、干扰木或一般林木）和起源（表 6–3）。在相应的 20m × 20m 的乔木样方的四角和其对角线交点各设置 1 个 5m × 5m 的灌木层样方（包括天然更新的乔木幼树幼苗），记录种名、高度、盖度和株数；在每个灌层样方中心设置 1 个 1m × 1m 的草本样方，记录种名、高度、盖度和株数（从数）。

表 6–3 乔木每木调查表

大样方号	处理	小样方号	样木编号	树种	x_i（m）	y_i（m）	胸径（cm）	树高（m）	枝下高（m）	生活力	层次	起源	损伤	干形	林木类型	冠幅（m）	
																EW	SN
1	对照	1	1	喜树	2.7	7.8	8.5	7	3.5	2	2	1	1	1	Z	2.7	2.9
1	对照	1	2	喜树	8.3	8.9	11.5	8	3.7	1	1	1	1	1	N	2.5	2.5
1	对照	1	3	喜树	9.4	8	6.7	5.2	4	3	2	3	1	1	N	2.1	2.5
1	对照	1	4	杉木	7.8	7.7	6.6	4.5	3.2	2	3	1	1	1	N	1.7	1.9
1	对照	1	5	杉木	6.7	7.9	9.2	6.5	4.2	2	2	1	1	2	N	2.1	2.2
—	—	—	—	—	—	—	—	—	—	—	—	—	—	—	—	—	—
1	对照	2	7	檫木	6.5	7.2	6.4	6.6	1.5	2	3	1	1	2	N	2.8	2.9
1	对照	2	8	杜仲	0.4	5.5	5.3	6.7	3.4	2	3	1	1	2	N	2.1	2.1
—	—	—	—	—	—	—	—	—	—	—	—	—	—	—	—	—	—

注：生活力包括 1. 有竞争活力、2. 有活力、3. 活着、4. 濒死、5. 枯死；层次包括 1. 优势层、2. 主林层、3. 次林层、4. 林下被压层；损伤状况包括 1. 无损伤、2. 轻度损伤、3. 中度、4. 重度（特别注意树干基部损伤情况）；干形质量包括 1. 通直完满、2. 轻度弯曲、3. 二分枝、4. 多分枝、5. 显著扭曲；林木类型包括 Z 目标树、B 干扰树、S 特别树、N 一般树；起源包括 1. 植苗初生、2. 播种实生、3. 天然实生、4. 天然萌生。

（3）缓冲区设置

处于样地边缘的边界木会受到边界的影响，且其邻近木可能处于样地外，故以边界木为中心木构建的空间结构单元是不完整的，会影响空间结构特征的分析结果（周红敏，2009）。采用距离缓冲区法，对样地内 25 个 20m×20m 样方设置 2m 宽的带状缓冲区进行边缘矫正。此宽度既可消除边界效应，又能缓冲不同样方因经营强度差异造成的影响。数据分析时，缓冲区内的林木均作为参照木，缓冲区的林木为边缘木，只作为中心木的邻近木处理（图 6–3）。

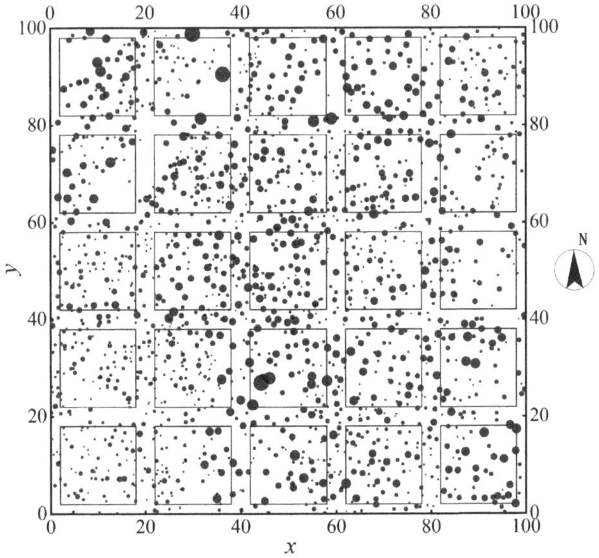

图 6–3　林木分布及缓冲区示意

6.2.1.3 结果分析

1）林分树种分析

根据经营前样地调查的数据，计算林分中乔木各树种的相对胸高断面积，确定优势树种。优势度排位在前的树种为 5 时，阈值 d 有最小值（d=0.0086）。结果表明，样地林分共有 13 个乔木树种（表 6–4），即群落有 5 个上位种（优势种），8 个剩余种。其中优势树种的株数和胸高断面积分别占样地的 97.73% 和 95.65%，在乔木层占明显优势。优势树种为喜树、鹅掌楸、杜仲、枫香树、杉木。林分内还有檫木、青冈等 8 个剩余树种。

表 6–4　样地优势种和剩余种数量特征

物种优势	树种	株数密度（株 /hm^2）	比例（%）	胸高断面积（m^2/hm^2）	比例（%）	平均胸径（cm）	平均树高（m）
优势种 T	喜树	619	34.24	10.8037	48.23	14.10	12.84
	鹅掌楸	259	14.33	3.9150	17.48	12.77	12.65
	杜仲	303	16.76	2.6586	11.87	9.91	9.55
	枫香树	336	18.58	2.2262	9.94	8.48	9.33
	杉木	250	13.83	1.8219	8.13	9.22	7.17

（续）

物种优势	树种	株数密度（株/hm^2）	比例（%）	胸高断面积（m^2/hm^2）	比例（%）	平均胸径（cm）	平均树高（m）
剩余种 U	檫木	18	1.00	0.4777	2.13	17.57	10.89
	青冈	12	0.66	0.2743	1.22	13.56	8.37
	马尾松	1	0.06	0.1307	0.58	40.80	14.50
	化香树	2	0.11	0.0340	0.15	14.15	7.85
	苦木	1	0.06	0.0263	0.12	18.30	12.00
	苦槠	3	0.17	0.0157	0.07	7.93	7.03
	榔榆	2	0.11	0.0095	0.04	7.65	7.75
	黄檀	2	0.11	0.0067	0.03	6.55	8.15
样地		1808	100	22.4004	100		

2）经营迫切性评价

（1）林木空间分布格局

25 个乔木样方林木平均角尺度 $\bar{W}$（表 6–6 第 2 列）最小值落入 4 号样方（0.409），该样方林木属于均匀分布；角尺度 $\bar{W}$ 最大在 20 号样方（0.537），林木属于偏团状分布。仅 1 号样方（$\bar{W}$ =0.496）、12 号样方（$\bar{W}$ =0.478）、17 号样方（$\bar{W}$ =0.504）、18 号样方（$\bar{W}$ =0.481）和 22 号样方（$\bar{W}$ =0.486）的平均角尺度 $\bar{W}$ 值落在[0.475，0.517]区间内，林木属于随机分布。80% 的样方林木分布为非随机分布，以均匀分布为主要分布型。

（2）竞争强度

平均交角竞争指数 $\overline{UCI}$ 值越大，表明林木个体越小，其所承受的竞争压力越大，反之林木个体所承受的竞争压力越小。25 个样方林木平均交角竞争指数 $\overline{UCI}$ 值（表 6–6 第 3 列）最小为 7 号样方林木（0.167），样方内林木所承受的竞争压力最小；最大为 14 号样方林木（0.438），林木竞争压力相对最大。各样方林木平均竞争指数 $\overline{UCI}$ 在 0.179 ～ 0.378，林分平均 $\overline{UCI}$ 指数为 0.270，表明林分中不同林木多处于中等竞争状态。

（3）空间优势度

空间优势度 S_D 是衡量林分长势的指标之一，可描述林分的增长潜力。空间优势度通常在[0，1]之间，越大越好。北山林场试验地 25 个样方林木的空间优势度为 0.419 ～ 0.493（表 6–6 第 4 列），$\bar{S}_D$ 为 0.459 < 0.5，表明 25 个样方林木的空间优势度相对较低，林木长势较弱。

（4）目的树种优势度

树种优势度 D_{SP} 用于描述目的树种的竞争程度。目的树种优势度在 [0，1]，越大越好。其中样方 3、样方 8 和样方 15 的目的树种为杜仲，样方 17、样方 18、样方 21 和样方 22 的目的树种为鹅掌楸，其余 18 个样方的目的树种均为喜树。目的树种优势度值为 0.312 ～ 0.744，样方 1、样方 3 等 6 个样方的 $\bar{D}_{SP}$ < 0.5，其余样方 $\bar{D}_{SP}$ > 0.5，林分 $\bar{D}_{SP}$ 为 0.562（表 6–6 第 5 列），不同样方目的树种具有一定的优势地位。

（5）树种多样性

林分的混交度 $\bar{M}_S$ 反映林分内树种的隔离程度，林分组成通过树种混交度和树种组成系数描述，也可以反映树种的多样性。由表 6–6 第 6 列可知，树种混交度 $\bar{M}_S$ 在 0.227 ～ 0.754，均值为 0.601；其中样方 10、样方 12 等 6 个样方的树种混交度 $\bar{M}_S < 0.5$；其余 19 个样方的 $\bar{M}_S > 0.5$。25 个样方大于 1 成的树种≥ 3，说明林分树种具有较高多样性（表 6–6 第 7 列）。

（6）林分成层性

$\bar{S}$ 作为一个用于描述林层结构的指标，林层指数不仅反映林层的空间分布格局，同时也反映了各林层的关联性（李明辉 等，2011）。北山林场阔叶混交林标准地不同样方多为 3 个林层，中层林木的比例最大，但上层林木的比例次之，下层林木的比例很小，通常只有几株林木位于下层。由表 6–6 第 8 列可知，林层指数 $\bar{S}$ 在 0.205 ～ 0.574，均值为 0.433；仅 6 个样方的林层指数 $\bar{S} \geqslant 0.5$。因此，林分成层性整体上较低。

（7）林分径级结构

天然林的直径分布为倒“J”形，即株数按径级以常量 q 值递减，是理想直径分布特征（惠刚盈 等，2007）。利用负指数函数（孟宪宇，2006）对 25 个样方内林木径阶和株数进行拟合（表 6–5、表 6–6 第 9 列），25 个样方林木直径拟合 a 值落在 [–0.123，0.057] 期间，q 值在 [0.782，1.120] 区间，林木径阶与株数分布 q 值未落入理想状态 [1.2，1.7] 的范围。拟合结果表明林木的直径分布需要调整（Smith，1979；Erickson et al.，1990）。

表 6–5 不同样方林分径级结构拟合参数

样方	a	95% 置信区间		k	和方差 SSE	决定系数 R^2	自由度 df	q
		下限	上限					
1	–0.107	–0.2511	0.0378	33.830	181.40	0.533	5	0.808
7	–0.123	–0.2410	–0.0053	46.760	558.30	0.552	9	0.782
13	–0.038	–0.1009	0.0244	15.760	162.50	0.242	8	0.926
19	–0.047	–0.1138	0.0191	13.640	148.50	0.296	9	0.910
25	–0.067	–0.1550	0.0208	16.270	147.60	0.370	8	0.874
2	–0.102	–0.2233	0.0202	25.830	266.00	0.438	8	0.816
8	–0.072	–0.1074	–0.0371	14.920	84.13	0.679	17	0.865
14	–0.082	–0.2042	0.0402	22.030	340.50	0.317	8	0.849
20	–0.056	–0.1363	0.0246	9.696	84.44	0.300	9	0.894
21	0.057	0.0484	0.0646	5.991	25.29	0.965	11	1.120
3	–0.070	–0.1363	–0.0039	16.240	132.90	0.473	10	0.869
9	–0.052	–0.1234	0.0196	14.730	124.40	0.303	8	0.901
15	0.001	–0.0645	0.0664	5.810	24.87	0.000	6	1.002
16	–0.060	–0.1525	0.0333	10.330	149.70	0.230	10	0.888
22	–0.118	–0.1638	–0.0726	21.560	52.34	0.815	17	0.789
4	–0.077	–0.1555	0.0009	22.600	284.00	0.466	10	0.857

（续）

样方	a	95% 置信区间		k	和方差 SSE	决定系数 R^2	自由度 df	q
		下限	上限					
10	−0.035	−0.1009	0.0318	8.091	77.52	0.166	9	0.933
11	−0.059	−0.1963	0.0787	21.070	334.20	0.219	6	0.889
17	−0.072	−0.1263	−0.0177	24.780	113.50	0.622	8	0.866
23	−0.073	−0.1231	−0.0239	15.930	95.75	0.594	12	0.863
5	−0.029	−0.0820	0.0233	7.527	49.60	0.186	9	0.943
6	−0.064	−0.2738	0.1460	26.150	607.70	0.169	5	0.880
12	−0.073	−0.1219	−0.0236	22.540	100.90	0.640	9	0.865
18	−0.067	−0.1302	−0.0040	21.530	133.40	0.522	8	0.874
24	0.004	−0.0747	0.0829	4.531	111.40	0.002	9	1.008

（8）天然更新和林木健康

经过调查发现，试验地林分天然更新很差，大部分样方内基本无天然更新（表 6–6 第 10 列）。林分中位于次林层及以上的，无损伤或极少量仅有轻度损伤，干形通直极少弯曲，具有一定活力的林木，即健康林木的比例不高。由表 6–6 第 11 列可知，仅样方 14 健康林木的比例超过 90.0%。其他 24 个样方健康林木占比为 58.8% ～ 90.8%，均值为 76.5%。

6.2.1.4 评价结论

北山林场试验地以喜树、鹅掌楸和杜仲等为优势树种的阔叶混交林的经营迫切性指数为 0.4 ～ 0.7，平均为 0.6（表 6–6 第 12 列）。参照表 6–2 提出的经营迫切性等级划分标准，结合试验地林分实际情况，标准地林分 6 个样方的经营迫切性等级为 III 级（比较迫切），19 个样方的经营迫切性等级为 IV 级（十分迫切）。造成经营迫切性高的主要原因：首先是林分空间分布格局以均匀分布为主，林分空间优势度较低，林分的成层性较低，林分径级结构不合理。由于未及时抚育，出现了许多枯梢、弯曲及倾斜木，林下被压木、枯死木较多，导致健康林木比例不高；林分中几乎不存在幼苗幼树的更新。

根据经营迫切性评价，北山林场阔叶混交林目标树经营的总体方向：调整林木分布格局，促进目的树种的优势度，最终提高林分空间优势度；针对径级结构问题，结合负指数函数参数 $a \geqslant 0.0912$ 指标（尹茜 等，2022），采伐不健康林木，调节相邻径级株数之比 q 值，实现林分直径分布的调整。通过目标树经营，促进林层多样性，促进林分天然更新，提高林分中更新幼树和幼苗的数量与质量，使得林分向异龄复层方向发展，最终培育林分结构合理，单位面积蓄积量高，生物多样性丰富的稳定、健康、优质、高效的森林。

6.2.2 针阔混交林经营迫切性评价

6.2.2.1 研究区基本情况

通山县大幕山林场位于湖北省咸宁市通山县黄沙铺镇境内。大幕山区属幕阜山脉支脉，

表 6–6 林分经营迫切性评价结果

样方	林木分布格局 $\bar{W}$	竞争指数 $\overline{UCI}$	林分空间优势度 $\bar{S}_D$	目的树种优势度 $\bar{D}_{SP}$	树种混交度 $\bar{M}_S$	树种组成	林层指数 $\bar{S}$	q	天然更新	健康林木比例（%）	M_u
1	0.496/0	0.273/0	0.440/1	0.382/1	0.725/0	3 枫 3 杉 2 杜 2 喜 /0	0.322/1	0.808/1	差 /1	79.5/1	0.6
7	0.467/1	0.167/0	0.466/1	0.547/0	0.724/0	3 枫 3 杉 2 喜 2 杜 /0	0.493/1	0.782/1	差 /1	75.5/1	0.6
13	0.468/1	0.291/0	0.485/1	0.547/0	0.637/0	4 喜 3 鹅 3 枫 /0	0.375/1	0.926/1	差 /1	80.9/1	0.6
19	0.458/1	0.264/0	0.446/1	0.558/0	0.427/1	4 喜 3 鹅 2 枫 1 杜 /0	0.328/1	0.910/1	差 /1	82.9/1	0.7
25	0.432/1	0.256/0	0.476/1	0.684/0	0.688/0	3 喜 3 杉 2 杜 1 枫 1 其他 /0	0.415/1	0.874/1	差 /1	74.6/1	0.6
2	0.455/1	0.221/0	0.462/1	0.575/0	0.721/0	3 喜 3 杜 2 枫 2 杉 /0	0.485/1	0.816/1	差 /1	77.5/1	0.6
8	0.432/1	0.277/0	0.419/1	0.312/1	0.698/0	3 杜 2 喜 2 杉 2 鹅 1 枫 /0	0.512/0	0.865/1	差 /1	60.9/1	0.6
14	0.458/1	0.438/0	0.446/1	0.700/0	0.651/0	4 喜 3 枫 2 杜 1 其他 /0	0.354/1	0.849/1	差 /1	90.8/0	0.5
20	0.537/1	0.273/0	0.482/1	0.531/0	0.559/0	4 杜 3 喜 3（杉 + 枫）/0	0.427/1	0.894/1	差 /1	72.9/1	0.6
21	0.464/1	0.271/0	0.487/1	0.524/0	0.636/0	3 鹅 3 杉 2 喜 1 杜 1 其他 /0	0.574/0	1.120/1	差 /1	71.9/1	0.5
3	0.454/1	0.290/0	0.452/1	0.411/1	0.634/0	3 杜 3 杉 2 喜 2 其他 /0	0.407/1	0.869/1	差 /1	64.7/1	0.7
9	0.421/1	0.277/0	0.467/1	0.744/0	0.579/0	5 喜 3 枫 2 其他 /0	0.439/1	0.901/1	差 /1	81.1/1	0.6
15	0.467/1	0.266/0	0.464/1	0.508/0	0.492/1	5 杜 3 喜 2 枫 /0	0.308/1	1.002/1	差 /1	85.1/1	0.7
16	0.454/1	0.326/0	0.445/1	0.715/0	0.618/0	5 喜 2 杜 2 杉 1 其他 /0	0.566/0	0.888/1	差 /1	58.8/1	0.5
22	0.486/0	0.237/0	0.493/1	0.451/1	0.618/0	5 鹅 2 杉 2 青 1 其他 /0	0.424/1	0.789/1	差 /1	66.7/1	0.6
4	0.409/1	0.378/0	0.459/1	0.498/1	0.678/0	4 枫 2 杉 2 喜 2 其他 /0	0.486/1	0.857/1	差 /1	74.4/1	0.7
10	0.469/1	0.265/0	0.433/1	0.660/0	0.492/1	5 喜 3 杜 1 枫 1 其他 /0	0.328/1	0.933/1	差 /1	81.5/1	0.7
11	0.463/1	0.276/0	0.449/1	0.713/0	0.692/0	5 喜 2 枫 2 杜 1 其他 /0	0.454/1	0.889/1	差 /1	88.2/1	0.6
17	0.504/0	0.305/0	0.456/1	0.582/0	0.687/0	5 鹅 2 杉 1 喜 1 枫 1 其他 /0	0.542/0	0.866/1	差 /1	74.2/1	0.4
23	0.435/1	0.280/0	0.456/1	0.531/0	0.327/1	4 喜 4 鹅 1 杉 1 其他 /0	0.441/1	0.863/1	差 /1	70.6/1	0.7
5	0.461/1	0.179/0	0.474/1	0.523/0	0.678/0	4 杜 3 喜 2 枫 1 其他 /0	0.513/0	0.943/1	差 /1	81.5/1	0.5
6	0.461/1	0.302/0	0.480/1	0.592/0	0.754/0	3 喜 2 杉 2 枫 2 杜 1 其他 /0	0.444/1	0.880/1	差 /1	72.8/1	0.6
12	0.478/0	0.186/0	0.446/1	0.602/0	0.439/1	5 喜 2 枫 2 鹅 1 其他 /0	0.526/0	0.865/1	差 /1	78.0/1	0.5
18	0.481/0	0.240/0	0.439/1	0.493/1	0.649/0	4 鹅 3 喜 2 枫 1 其他 /0	0.462/1	0.874/1	差 /1	84.3/1	0.6
24	0.462/1	0.217/0	0.458/1	0.668/0	0.227/1	7 喜 2 鹅 1 杉 /0	0.205/1	1.008/1	差 /1	83.0/1	0.7

注：“枫”代表枫香树，“杉”代表杉木，“杜”代表杜仲，“喜”代表喜树，“鹅”代表鹅掌楸，“青”代表青冈，“其他”代表小于 1 成的其他树种，以下同。

属典型湖北南部低山丘陵地势。该地属于中亚热带季风温暖湿润气候区，且形成独特的小气候，具有日照充足，雨量充沛，气候温和，植被繁盛，雨热同期等特点。年平均气温 13℃，夏季平均气温 25℃，最高不超过 33℃；年均降水量 1500mm，多集中在 4 ～ 8 月；年均蒸发量 1363.4mm，年平均相对湿度 80%。成土母岩大部分为页岩和砂岩，其次为石灰岩。山体下部多为黄壤土和白砂土，土壤较深厚肥沃。

大幕山林场于 2003 年在杉木皆伐地造林，造林树种为檫木。初植株行距为 2m × 3m。2019 年 10 月建立样地对林分进行调查时，林分郁闭度 0.95，平均林龄为 17a。

6.2.2.2 调查方法与内容

（1）样地设置

2019 年 10 月，在对湖北省通山县大幕山林场杉木和檫木混交生态公益林进行全面踏查的基础上，采用罗盘仪闭合导线测量法，设置 1 个 100m × 100m 的标准地，总面积 10000m^2。实验设计、记录以及标准地林木位置坐标（x，y）的整合与北山林场方法相同。优势树种林木分布示意见彩图 6–4。

（2）数据获取

记录林木种名、胸径、树高、枝下高和冠幅；同时记录林木生活力、林木层次、损伤状况、干形质量、林木类型（林木类型按照目标树、干扰木或一般林木记录）和起源（表 6–7）。在相应的乔木样方的四角和其对角线交点各设置 1 个 5m × 5m 的灌层样方（包括天然更新的乔木幼树幼苗），记录种名、高度、盖度和株数；在每个灌层样方中心设置 1 个 1m × 1m 的草本样方，记录种名、高度、盖度和株数（丛数）。

表 6–7　乔木每木调查表

大样方号	处理	小样方号	样木编号	树种	x_i（m）	y_i（m）	胸径（cm）	树高（m）	平均冠幅（m）	生活力	层次	起源	损伤	干形	林木类型
3	对照	2	34	檫木	0.5	1.2	15.5	11.5	3.0	2	1	1	1	1	B
3	对照	2	35	杉木	1.5	1.2	7.5	4.5	3.3	1	3	4	1	1	B
3	对照	2	36	檫木	1.8	5.6	9.5	10	2.5	2	1	1	1	1	N
3	对照	2	37	檫木	7	2	12.9	11	2.9	1	1	1	1	1	B
3	对照	21	38	杉木	7.7	0.1	11.4	7.5	1.2	1	2	4	1	2	B
—	—	—	—	—	—	—	—	—	—	—	—	—	—	—	—
3	对照	3	59	檫木	2.5	3.2	17	11	4.0	1	1	1	1	1	Z
3	对照	3	60	杉木	2.7	3	12.5	5	3.1	1	1	14	1	1	N
—	—	—	—	—	—	—	—	—	—	—	—	—	—	—	—

注：生活力包括 1. 有竞争活力、2. 有活力、3. 活着、4. 濒死、5. 枯死；层次包括 1. 优势层、2. 主林层、3. 次林层、4. 林下被压层；损伤状况包括 1. 无损伤、2. 轻度损伤、3. 中度、4. 重度（特别注意树干基部损伤情况）；干形质量包括 1. 通直完满、2. 轻度弯曲、3. 二分枝、4. 多分枝、5. 显著扭曲；林木类型包括 Z– 目标树、B– 干扰树、S– 特别树、N– 一般树；起源包括 1. 植苗初生、2. 播种实生、3. 天然实生、4. 天然萌生。

（3）缓冲区设置

采用距离缓冲区法，对样地内 25 个 20m × 20m 样方设置 2m 宽的带状缓冲区进行边缘矫正。由于大幕山檫木造林初植株行距为 2m × 3m，林分中萌生杉木数量较多，设置 2m 宽的带状缓冲区既可消除边界效应，又能缓冲不同样方因经营强度的差异造成的影响。数据分析时，缓冲区内的林木均作为参照木，缓冲区的林木为边缘木，只作为中心木的邻近木处理（图 6–5）。

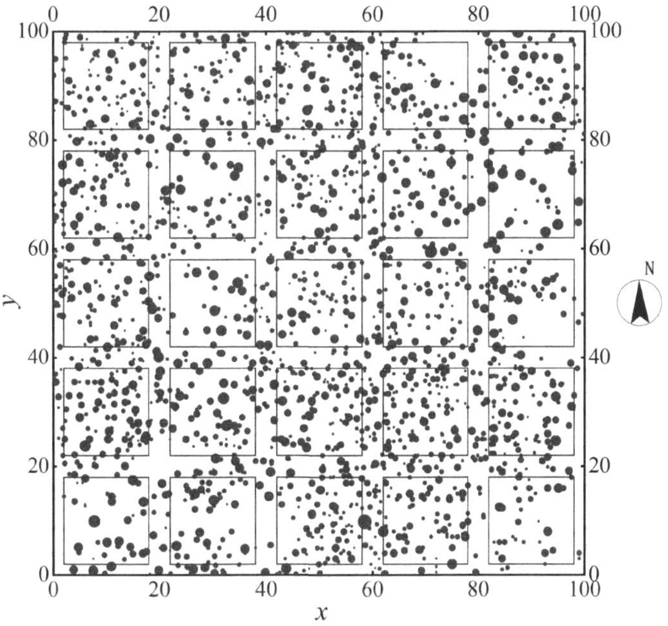

图 6–5　样地林木分布及缓冲区示意

6.2.2.3 结果分析

1）林分树种分析

根据经营前样地调查的数据，计算林分中乔木各树种的相对胸高断面积，确定优势树种。优势度排位在前的树种为 2 时，阈值 d 有最小值（d=4.72196）。即群落有 2 个上位种（优势种），15 个剩余种（表 6–8）。优势树种的株数和胸高断面积分别占样地的 95.34% 和 96.40%，在群落乔木层中占优势明显。优势树种为檫木和杉木。除优势种外，林分内还有灯台树、南酸枣等 15 个剩余树种。

2）经营迫切性评价

（1）林木空间分布格局

25 个样地林木平均角尺度 $\bar{W}$（表 6–10 第 2 列）最小在 5 号样方（0.455），林木属于偏均匀分布；最大为 11 号样方（0.572），林木属于偏团状分布。有 18 个样方的平均角尺度 $\bar{W}$ 落在 [0.475，0.517]，林木属于随机分布，占全部样地的 72%。28% 的样地林木分布为非随机分布，试验地林木以随机分布为主要分布型。

表 6–8　样地优势种和剩余种数量特征

物种优势	树种	株数密度（株/hm²）	比例（%）	胸高断面积（m²/hm²）	比例（%）	平均胸径（cm）	平均树高（m）
优势种 T	檫木	793	35.53	16.65	56.62	15.73	12.75
	杉木	1335	59.81	11.7	39.78	10.47	7
剩余种 U	灯台树	55	2.46	0.5	1.71	10.03	6.94
	南酸枣	6	0.27	0.2	0.67	18.42	11.25
	大叶栎	2	0.09	0.07	0.23	18.8	10.7
	华中樱桃	7	0.31	0.05	0.17	8.96	6.2
	梓	4	0.18	0.04	0.15	11.23	5.7
	黄檀	7	0.31	0.04	0.14	8.14	5.44
	枫香树	4	0.18	0.03	0.1	9.43	7.9
	化香树	2	0.09	0.03	0.09	12.9	6.2
	青檀	1	0.04	0.03	0.09	15.1	11.5
	合欢	7	0.31	0.02	0.06	7.17	5.6
	刺槐	4	0.18	0.02	0.06	8.68	6.73
	麻栎	2	0.09	0.01	0.04	10.95	9.15
	柳杉	1	0.04	0.01	0.02	9.2	4.8
	栾树	1	0.04	0	0.01	6.4	5
	青冈	1	0.04	0	0.01	5.7	6.6

（2）竞争强度

林木个体所承受竞争压力与其胸径大小有关，交角竞争指数值越大，表明林木所承受的竞争压力越大，林木个体越小，反之越大。25 个样地林木平均竞争指数$\overline{UCI}$（表 6–10 第 3 列）在 0.176 ～ 0.367，18 号样方林木$\overline{UCI}$最小（0.176），样方内林木所承受的竞争压力最小；21 号样方林木$\overline{UCI}$最大（0.367），林木竞争压力相对最大。25 个样方林分平均$\overline{UCI}$指数为 0.258，表明林分中不同林木处于中等竞争状态。从竞争角度出发，样地经营迫切性较低。

（3）空间优势度

大幕山林场试验地 25 个样方林木的空间优势度$\bar{S}_D$在 0.274 ～ 0.401（表 6–10 第 4 列），10 号样方最低（0.274），25 号样方最高（0.401），$\bar{S}_D$为 0.331 $<$ 0.5，表明标准地 25 个样方林木的空间优势度$\bar{S}_D$相对较低，林木长势较弱，林分的增长潜力较低。基于空间优势度$\bar{S}_D$数据，全部样地林分需要经营以促进林木的生长潜力。

（4）目的树种优势度

目的树种在林分竞争中的优势地位即目的树种优势度$\bar{D}_{sp}$。目的树种$\bar{D}_{sp}$在其取值范围内越大越好。25 个样方$\bar{D}_{sp}$在 0.473 ～ 0.727，均值为 0.639。18 号样方$\bar{D}_{sp}$最低（0.473），7

号样方 $\bar{D}_{sp}$ 最高（0.727）。除 18 号样方外，24 个样方的 $\bar{D}_{sp} > 0.5$（表 6–10 第 5 列）。目的树种以檫木为主，其次为杉木，不同样方目的树种具有一定的优势地位，经营迫切性低。

（5）树种多样性

林分的混交度 $\bar{M}_S$ 反映林分树种组成的多样性，林分内树种多样性越高，不同种间的隔离程度越高；树种组成的合理性也是物种多样性的表现。由表 6–10 第 6 列可知，树种混交度 $\bar{M}_S$ 在 0.352 ～ 0.688，均值为 0.494；15 个样方林木的树种混交度 $\bar{M}_S < 0.5$；其余 10 个样方的 $\bar{M}_S > 0.5$。由表 6–10 第 7 列可知，25 个样方中，大于 1 成的非杉木或檫木树种仅存在于 1 号和 22 号样方，说明林分中树种种类较多，但树种组成比例不合理，少数种的组成丰富，但组成上达不到全部林木比例的 1 成。因此，应采取合理措施进行经营，提高林分不同树种的多样性水平。

（6）林分成层性

林层指数作为一个用于描述林层结构的指标，它不仅反映林层的空间分布格局，同时也反映了各林层的关联性（李明辉 等，2011）。由表 6–10 第 8 列可知，大幕山林场试验地林分林层指数 $\bar{S}$ 在 0.371 ～ 0.656，均值为 0.551；12 号样方林层指数最低（0.371），13 号样方林层指数最高（0.656）；19 个样方的 $\bar{S} \geqslant 0.5$，表明这些样方内林木有 3 个林层；6 个样方林木 $\bar{S} < 0.5$，林木分层性较差。因此，林分整体成层性较好，其经营迫切性较低。

（7）林分径级结构

利用负指数函数（孟宪宇，2006）对 25 个样方内林木径阶和株数进行拟合（表 6–9 和表 6–10 第 9 列），25 个样方林木直径拟合 a 值落在 [–0.069，0.125]，q 值在 [0.871，1.285] 区间。仅 23 号样方 q=1.285，林木直径分布理想。其他 24 个样方林木径阶与株数分布 q 值未达到理想状态的 [1.2，1.7]，表明林分的直径分布需要调整，开展森林经营的迫切性很高。

表 6–9　不同样方林分径级结构拟合参数

样方	a	95% 置信区间		k	和方差 SSE	决定系数 R^2	自由度 df	q
		下限	上限					
1	0.076	–0.0070	0.1585	32.750	292.20	0.509	7	1.164
7	0.038	0.0493	0.1260	11.580	171.30	0.139	8	1.080
13	0.028	–0.0760	0.1315	13.450	282.00	0.073	7	1.057
19	0.032	–0.0603	0.1261	22.090	570.50	0.114	7	1.065
25	0.057	–0.0693	0.1931	13.520	96.84	0.219	6	1.121
2	0.043	–0.0806	0.1663	17.780	465.30	0.125	7	1.090
8	0.037	–0.0599	0.1346	15.330	380.30	0.010	8	1.078
14	0.049	–0.0223	0.1200	14.690	328.60	0.265	11	1.103
20	0.050	–0.0330	0.1323	19.030	416.30	0.252	9	1.104
21	0.020	–0.0388	0.0781	5.102	54.20	0.070	10	1.040

（续）

样方	a	95% 置信区间		k	和方差 SSE	决定系数 R^2	自由度 df	q
		下限	上限					
3	−0.069	−0.0803	−0.0579	4.948	9.96	0.970	8	0.871
9	0.009	−0.0532	0.0712	7.821	91.22	0.018	8	1.018
15	0.026	−0.0392	0.0914	7.860	62.27	0.117	8	1.054
16	0.049	−0.0221	0.1209	22.610	444.00	0.299	9	1.104
22	0.035	−0.0329	0.1026	12.380	187.80	0.179	9	1.072
4	0.041	−0.0278	0.1103	12.910	121.50	0.243	8	1.086
10	0.000	−0.0461	0.0461	4.400	20.40	0.000	8	1.000
11	0.048	−0.0267	0.1227	19.990	395.60	0.267	9	1.101
17	0.032	−0.0281	0.0916	11.210	184.10	0.177	10	1.066
23	0.125	0.0726	0.1782	61.630	174.10	0.829	12	1.285
5	0.041	−0.0243	0.1063	12.400	197.20	0.233	10	1.086
6	0.049	−0.0211	0.1188	17.930	193.10	0.316	8	1.103
12	0.044	−0.0272	0.1145	8.141	67.62	0.219	9	1.091
18	0.046	−0.0516	0.1428	23.030	675.40	0.185	8	1.095
24	0.040	−0.0511	0.1309	14.990	423.70	0.150	9	1.083

（8）天然更新和林木健康

经过调查，由于试验地大部分样方内基本无天然更新，各样地林分天然更新均不理想（表 6–10 第 10 列）。林分中位于次林层及以上的，无损伤或仅有轻度损伤，干形通直极少弯曲，具有一定活力的林木，即健康林木的比例均不高。由表 6–10 第 11 列可知，健康林木比例在 62.9% ～ 95.7%，均值为 81.9%；仅 8 号样方（95.7%）、9 号样方（94.2%）和 11 号样方（91.8%）健康林木的比例超过 90.0%。

6.2.2.4 评价结论

表 6–10 第 12 列表明，大幕山林场试验地檫木、杉木针阔混交林的经营迫切性指数为 0.4 ～ 0.8，平均为 0.6。参照经营迫切性等级划分标准和试验地林分实际情况，该林分 10 个样方的经营迫切性等级为 III 级为比较迫切，$M_u \in [0.4, 0.6)$，13 个样地的经营迫切性等级为 IV 级为十分迫切，$M_u \in [0.6, 0.8)$，2 个样方的经营迫切性等级为 V 级特别迫切，$M_u \geq 0.8$（表 6–2）。大幕山杉檫混交人工林经营迫切的主要原因：首先是林木的空间优势度较低，林木生长潜力弱；林分混交度和树种组成不合理，少数种的种数较多但个体数量很少，对林分树种的空间隔离和多样性贡献较少；林木径级结构未达到理想的状态。由于幼龄期抚育不力，枯梢、弯曲、倾斜木和林下被压木、枯死木较多，健康林木比例低；林分中更新状况较差。

表 6-10　林分经营迫切性评价结果

样方	林木分布格局 $\bar{W}$	竞争指数 $\overline{UCI}$	林分空间优势度 $\bar{S}_D$	目的树种优势度 $\bar{D}_{SP}$	树种混交度 $\bar{M}_S$	树种组成	林层指数 $\bar{S}$	q	天然更新	健康林木比例（%）	M_u
1	0.489/0	0.242/0	0.334/1	0.633/0	0.560/0	5 杉 4 檫 1 灯 /0	0.578/0	1.164/1	差 /1	62.9/1	0.4
7	0.500/0	0.267/0	0.323/1	0.727/0	0.581/0	5 杉 5 檫 /1	0.606/0	1.080/1	差 /1	78.3/1	0.5
13	0.479/0	0.291/0	0.358/1	0.692/0	0.573/0	6 杉 4 檫 /1	0.656/0	1.057/1	差 /1	88.2/1	0.5
19	0.500/0	0.227/0	0.297/1	0.685/0	0.490/1	5 杉 5 檫 /1	0.583/0	1.065/1	差 /1	78.9/1	0.6
25	0.477/0	0.306/0	0.401/1	0.521/0	0.688/0	4 杉 3 檫 3 其他 /1	0.375/1	1.121/1	差 /1	64.0/1	0.6
2	0.500/0	0.297/0	0.306/1	0.576/0	0.404/1	7 杉 3 檫 /1	0.513/0	1.090/1	差 /1	74.2/1	0.6
8	0.512/0	0.236/0	0.322/1	0.719/0	0.445/1	7 杉 3 檫 /1	0.500/0	1.078/1	差 /1	95.7/0	0.5
14	0.500/0	0.247/0	0.320/1	0.614/0	0.464/1	6 杉 4 檫 /1	0.509/0	1.103/1	差 /1	89.5/1	0.6
20	0.462/0	0.226/0	0.301/1	0.674/0	0.585/0	6 杉 4 檫 /1	0.592/0	1.104/1	差 /1	82.4/1	0.5
21	0.477/0	0.367/0	0.376/1	0.669/0	0.561/0	4 杉 4 檫 2 其他 /1	0.561/0	1.040/1	差 /1	93.3/1	0.5
3	0.490/0	0.262/0	0.343/1	0.704/0	0.524/0	6 杉 4 檫 /1	0.632/0	0.871/1	差 /1	83.5/1	0.5
9	0.512/0	0.259/0	0.329/1	0.659/0	0.454/1	5 杉 5 檫 /1	0.483/1	1.018/1	差 /1	94.2/0	0.6
15	0.512/0	0.281/0	0.332/1	0.638/0	0.381/1	6 杉 4 檫 /1	0.464/1	1.054/1	差 /1	83.6/1	0.7
16	0.461/1	0.209/0	0.354/1	0.622/0	0.494/1	7 杉 3 檫 /1	0.649/0	1.104/1	差 /1	75.4/1	0.7
22	0.564/1	0.253/0	0.330/1	0.558/0	0.516/0	5 杉 3 檫 1 灯 1 其他 /0	0.654/0	1.072/1	差 /1	82.9/1	0.5
4	0.479/0	0.254/0	0.327/1	0.674/0	0.469/1	6 杉 4 檫 /1	0.583/0	1.086/1	差 /1	82.4/1	0.6
10	0.545/1	0.343/0	0.274/1	0.681/0	0.482/1	6 杉 4 檫 /1	0.580/0	1.000/1	差 /1	86.4/1	0.7
11	0.572/1	0.192/0	0.374/1	0.705/0	0.497/1	6 杉 4 檫 /1	0.476/1	1.101/1	差 /1	91.8/0	0.7
17	0.537/1	0.233/0	0.291/1	0.571/0	0.352/1	7 杉 3 檫 /1	0.523/0	1.107/1	差 /1	82.9/1	0.7
23	0.494/0	0.215/0	0.328/1	0.538/0	0.481/1	7 杉 2 檫 1 其他 /1	0.563/0	1.285/0	差 /1	80.5/1	0.5
5	0.455/1	0.246/0	0.318/1	0.681/0	0.531/0	5 杉 5 檫 /1	0.625/0	1.086/1	差 /1	72.2/1	0.6
6	0.508/0	0.250/0	0.352/1	0.670/0	0.432/1	6 杉 4 檫 /1	0.636/0	1.103/1	差 /1	67.7/1	0.6
12	0.476/1	0.297/0	0.364/1	0.723/0	0.419/1	5 杉 5 檫 /1	0.371/1	1.091/1	差 /1	81.3/1	0.8
18	0.486/0	0.176/0	0.284/1	0.473/1	0.440/1	6 杉 4 檫 /1	0.474/1	1.095/1	差 /1	87.1/1	0.8
24	0.484/0	0.282/0	0.336/1	0.559/0	0.516/0	6 杉 4 檫 /1	0.579/0	1.083/1	差 /1	89.1/1	0.5

注：表中“杉”代表杉木，“檫”代表檫木，“其他”代表小于 1 成的其他树种，以下同。

森林的功能与结构是紧密关联的，即结构决定功能，功能影响结构的发育。从森林结构出发，针对不完善或缺失的结构因子，从森林经营的多目标角度评价森林的经营迫切性指数，从结构指标的取值追溯到需要调整结构的特征因子，从而可制定有针对性的经营措施。根据经营迫切性评价，大幕山杉檫针阔混交林森林经营的总体方向为：提高林木的空间优势度，促进林木生长潜力；目标树经营中，选择干扰木应注意保留少量种，提高林分混交度；在培育目标树的同时，注重进界林木的抚育管理，经过多轮经营，逐渐形成更佳的异龄林结构，使得林分向异龄复层方向发展，最终培育林分结构合理，单位面积蓄积量高，生物多样性丰富的稳定、健康、优质、高效的森林；经营中不仅采伐干扰木，也要适量伐除劣质木和部分不健康林木，适量保存枯立木，提高健康林木比例；通过合理经营促进天然更新。

6.2.3 火炬松针叶林经营迫切性评价

6.2.3.1 研究区基本情况

钟祥市盘石岭林场地处湖北省中部，位于东经 112° 41′ 30″ ～ 112° 45′ 32″，北纬 31° 07′ 56″ ～ 31° 19′ 51″。东西宽 2.3km，南北长 21.9km，呈狭长带状分布，地形以丘陵岗地为主，海拔 49.2 ～ 248.4m，坡度 5° ～ 25°。盘石岭林场气候属北亚热带季风气候，年均温度 15.9℃，年降水量 1000mm，无霜期 263d，光照充足。土壤主要是由页岩、砾岩、砂岩和第四纪黏土母质形成的黄棕壤和黄褐色土。

盘石岭林场于 1956 年 10 月建场，土地总面积 4514.63hm^2，其中有林地面积 4142.02hm^2，占经营总面积的 91.7%；活立木总蓄积量 39 万 m^3，森林覆盖率 92%。盘石岭林场植物 84 科 215 属 502 种。乔木主要有马尾松、湿地松、火炬松、栓皮栎、麻栎、枫香树等；灌木主要有黄荆（*Vitex negundo*）、小果蔷薇（*Rosa cymosa*）和美丽胡枝子（*Lespedeza formosa*）；草本主要有五节芒（*Miscanthus floridulus*）、白茅（*Imperata cylindrica*）和牛筋草（*Eleusine indica*）等。

盘石岭林场火炬松人工林初植于 2003 年，初植株行距 2m × 2m。2021 年 12 月在该林地建样调查，调查时平均林龄为 19a，平均郁闭度 0.86。

6.2.3.2 调查方法与内容

（1）样地设置

2021 年 11 月，对湖北省钟祥市盘石岭林场火炬松人工林进行全面踏查的基础上，采用罗盘仪闭合导线测量法，选择有代表性的林分设置 25 个 30m × 30m 的标准地并建立乔木调查样方，25 个样方总面积 22500m^2。用相邻网格法将每块 30m × 30m 的样地分割成 9 个 10m × 10m 的小样方作为样木因子的调查单元；以每个小样方西南角为坐标原点，测量每株林木在小样方内的相对位置坐标（x_i，y_i）；最后以标准地西南角为坐标原点，以每木在小样方相对位置坐标（x_i，y_i）逐步整合，形成每木在大样方的相对位置坐标（x，y）。在每个大样方四角和中心位置各设置 1 个 5m × 5m 的灌木样方，用于调查林下灌木和天然更新；每个灌木样方中心各设置一个 1m × 1m 的草本样方。

（2）数据获取

记录乔木树种名、胸径、树高、枝下高和冠幅；记录林木生活力、林木层次、损伤状况、干形质量、林木类型（目标树、干扰木、一般林木和枯木）（表 6–11）。记录天然更新（灌木）木本植物的种名、高度、盖度和株数；记录草本样方内草本植物的种名、高度、盖度和株数（丛数）。

（3）缓冲区设置

采用距离缓冲区法，对 25 个 30m×30m 样方分别设置 3m 宽的带状缓冲区进行边缘矫正。此宽度既可消除边界效应，又能缓冲不同样方因经营强度的差异造成的影响。数据分析时，缓冲区内的林木均作为参照木；缓冲区的林木为边缘木，只作为中心木的邻近木处理。图 6–6 为火炬松样地 3 号样地及 3m 带状缓冲区示意，图中虚线为缓冲区分割线。

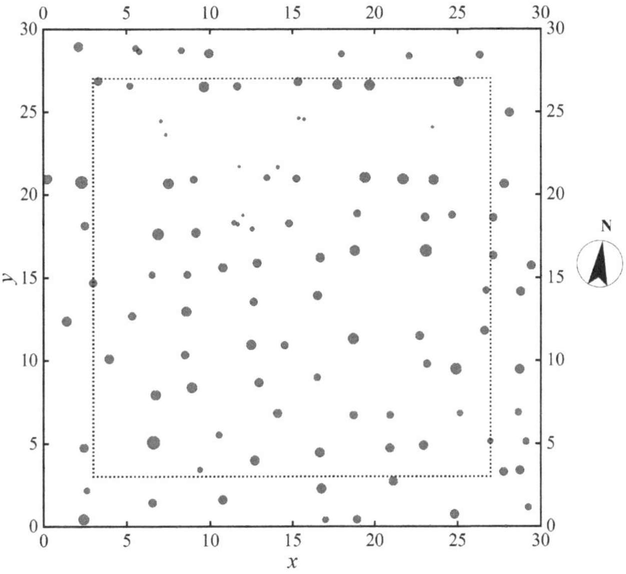

图 6–6 林木分布及缓冲区示意

6.2.3.3 结果分析

1）林分树种分析

钟祥市盘石岭林场火炬松样地共调查到 20 种乔木树种，共 2747 株，其中火炬松共 2490 株，占全部林木的 90.6%；火炬松平均株数密度为 1106.7 株 /hm^2；平均胸径 15.7cm，平均树高 9.7m；平均胸高断面积为 22.18m^2/hm^2，平均蓄积量为 112.589m^3/hm^2；火炬松为林分单优树种。林分平均密度 1220.9 株 /hm^2；平均胸径 8.2cm，平均树高 8.8m，林分总胸高断面积为 22.82m^2/hm^2，林分总蓄积量为 115.738m^3/hm^2（表 6–12）。

2）经营迫切性评价

（1）林木空间分布格局

25 个样方林木的平均角尺度 $\bar{W}$（表 6–14 第 2 列）在 0.339 ～ 0.490，最小为 4 号样方

表 6-11　乔木每木调查表

样地号：　　　　　　　　　　调查人：　　　　　　　　　　日期：

大样方号	小样方号	样木编号	树种	x（m）	y（m）	胸径（cm）	树高（m）	枝下高（m）	生活力	层次	损伤	干形质量	林木类型	冠幅（m）				单株材积（m^3）	备注
														E	W	S	N		
3	1	3–1–1	松	9.9	–5.5	21.6	10.32	3.96	1	1	1	1	Z	1.9	2.5	3.3	2.6	0.1904	
3	1	3–1–10	松	7.69	–3.51	16.5	9.16	4.88	2	2	1	1	N	1.6	1.3	1.3	2.3	0.1014	
3	1	3–1–11	松	9.92	–0.65	7.1	5.46	0	5	3	1	2	K	0	0	0	0	0.0131	
3	1	3–1–2	松	8.13	–5.2	14.8	8.96	4.4	2	2	1	1	B	1.1	3.2	1.4	2.0	0.0802	
3	1	3–1–3	松	5.92	–8.28	13.8	9.1	4.56	2	2	1	1	N	1.8	1.1	1.2	2.0	0.0706	
3	1	3–1–4	松	3.72	–8.29	15.8	10.4	5.1	2	2	1	1	N	2	1.9	2.2	1.8	0.1025	
3	1	3–1–6	松	1.5	–6.02	14.1	9.14	3.3	2	2	1	3	B	1.5	1.2	1.1	1.5	0.0739	
3	1	3–1–7	松	3.7	–3.69	20.7	10.16	4.78	1	1	1	1	Z	2.4	2.0	1.9	2.2	0.1727	
–	–	–	–	–	–	–	–	–	–	–	–	–	–	–	–	–	–	–	

注：生活力包括 1. 有竞争活力的、2. 有活力的、3. 活着的、4. 濒死的、5. 枯死的；层次包括 1. 优势层、2. 主林层、3. 次林层、4. 林下被压层；损伤包括 1. 无损伤、2. 轻度损伤、3. 中度、4. 重度（特别注意树干基部损伤情况）；干形质量包括 1. 通直完满、2. 轻度弯曲、3. 二分枝、4. 多分枝、5. 显著扭曲；林木类型包括 Z– 目标树、B– 干扰树、S– 特别树、N– 一般树、K– 枯木；起源包括 1. 植苗初生、2. 播种实生、3. 天然实生、4. 天然萌生。

（0.339），林木属于均匀分布；最大为 8 号样方（0.490），林木属于随机分布。属于随机分布的样方还有 14 号样方（$\bar{W}$ =0.476）、18 号样方（$\bar{W}$ =0.480）和 21 号样方（$\bar{W}$ =0.482），其平均角尺度值在 [0.475，0.517] 区间内。21 个的样方林木分布为非随机分布，均匀分布为主要分布型。

表 6–12 样地不同树种特征统计

树种	数量	比例（%）	株数密度（株 /hm^2）	平均胸径（cm）	平均树高（m）	胸高断面积（m^2/hm^2）	蓄积量（m^3/hm^2）
火炬松	2490	90.6	1106.7	15.7	9.7	22.18	112.589
刺楸	63	2.3	28.0	9.2	9.4	0.20	1.031
楝	58	2.1	25.8	7.5	8.9	0.12	0.595
麻栎	33	1.2	14.7	8.9	9.4	0.10	0.528
马甲子	26	0.9	11.6	7.2	9.9	0.05	0.255
乌桕	12	0.4	5.3	7.9	9.4	0.03	0.108
油桐	11	0.4	4.9	6.6	6.9	0.02	0.087
黄连木	9	0.3	4.0	7.6	8.1	0.02	0.070
构树	8	0.3	3.6	6.9	8.2	0.01	0.060
冬青	7	0.3	3.1	7.3	7.5	0.01	0.067
崖花子	7	0.3	3.1	5.8	5.9	0.01	0.028
黄檀	5	0.2	2.2	5.6	7.8	0.01	0.024
喜树	4	0.1	1.8	7.3	8.8	0.01	0.032
枳椇	3	0.1	1.3	6.6	9.6	0.00	0.022
桑	3	0.1	1.3	7.5	8.4	0.01	0.030
樟	3	0.1	1.3	13.0	10.5	0.02	0.102
枫香树	2	0.1	0.9	12.7	11.7	0.01	0.065
化香树	1	0.0	0.4	6.8	8.9	0.00	0.008
马尾松	1	0.0	0.4	13.7	10.3	0.01	0.034
栓皮栎	1	0.0	0.4	5.1	7.2	0.00	0.004
总计	2747	100	1220.9			22.82	115.738

（2）林木间竞争强度

交角竞争指数值 $\overline{UCI}$ 越大，表明林木个体越小，其所承受的竞争压力越大，反之林木个体所承受的竞争压力越小（惠刚盈 等，2013）。25 个样方林木平均竞争指数 $\overline{UCI}$（表 6–14 第 3 列）在 0.359 ～ 0.658，14 号样方内林木所承受的竞争压力最小（0.359）；23 号样方林木的竞争压力相对最大（0.658）。基于交角竞争指数 $\overline{UCI} \leqslant 0.5$ 为经营准入的规定，21 个样方林木交角竞争指数 $\overline{UCI}$ 大于经营紧迫性竞争阈值，表明林分中不同林木处于中强度竞争状态，大多数样方林木需要经营。

（3）空间优势度

空间优势度 $\bar{S}_D$ 与林分的总胸高断面积具有一定的正相关性，但二者并不是线性关系，因为林分空间优势度不仅考虑了林分中绝对优势的空间结构单元比例，而且考虑了林分中林木大小的变化幅度（赵中华 等，2014）。基于大小比数的林分空间优势度的表达方法，既考虑了林分的空间结构信息，即用林分中处于绝对优势的结构单元比例反映林分空间上的优势程度，又是与立地、年龄及密度密切相关的函数，很好反映了相同或相似林分的空间优势度情况。盘石岭火炬松林木空间优势度在 0.291 ～ 0.350（表 6–14 第 4 列），全林的均值为 0.323 ＜ 0.5，说明了火炬松林分的潜在生产力较低，有待进行合理经营以促进林分生产力。

（4）林木空间隔离

树种混交度既能恰当地对不同林分树种分隔程度进行比较，也能对同一林分树种分隔程度的相对大小做出合理的判断，其生物意义非常明确（惠刚盈 等，2007）。由表 6–14 第 5 列可知，树种混交度 $\bar{M}_S$ 在 0.001 ～ 0.208，均值为 0.113，其中样方 12 的树种混交度仅为 0.001，说明林分树种多样性，即树种间的分隔程度很低。火炬松个体越聚生，林木对空间的利用程度也就越低，种内竞争加剧，群落的稳定性降低。因此，树种混交度 $\bar{M}_S$ 对林分经营迫切性贡献很大。由表 6–14 第 6 列可知，25 个样方中，仅 4 个样方非火炬松树种大于 1 成，说明林分中树种种类较多，但组成上达不到全部林木比例的 1 成。因此，应合理进行经营，促进林木树种丰富度。

（5）林木垂直分布

盘石岭林场火炬松林分的林层指数 $\bar{S}=0.136 \leqslant 0.25$，表明林层以单层林为主。样地内调查情况说明，多数林木分布在上林层，少数分布在中林层，林分缺乏下林层。由表 6–14 第 7 列可知，林层指数 $\bar{S}$ 在 0.000 ～ 0.258，仅 16 号样方的林层指数（$\bar{S}=0.258$）略大于 0.25。因此，林分成层性整体很低。它反映了火炬松林分各林层的关联性很低，林层的垂直空间分布格局极不合理。

（6）林木的透光条件

林分的平均开敞度在 0.241 ～ 0.336，平均为 0.279。依据开敞度的取值划分，林分中没有透光条件严重不足的林木（$\bar{K} \leqslant 0.2$），但林分中林木总体处于生长空间不足状态。从表 6–14 第 8 列可以看出：林分中仅 3 个样方（样方 7、样方 8 和样方 23）林木透光条件达到基本充足（$\bar{K} > 0.3$）；23 个样方林木的透光空间不足（0.2，0.3]；就林分平均开敞度而言，不存在透光条件充足和很充足的林木。整体而言，林分透光条件很差。

（7）林分径级结构

25 个样方林木的径阶和株数的负指数函数拟合分析表明（表 6–13，表 6–14 第 9 列），25 个样方林木直径拟合 a 值落在 [–0.072，0.050]，q 值在 [0.867，1.105] 区间，林木径阶与株数分布 q 值未进入理想状态区间 [1.2，1.7]，表明研究地林分急需采取适宜经营手段对林分加以干预，使得林木直径分布在经过多代经营调节后逐步趋向理想状态。

表 6-13 盘石岭火炬松林径级结构拟合参数

样方	a	95% 置信区间		k	和方差 SSE	决定系数 R^2	自由度 df	q
		下限	下限					
1	−0.009	−0.159	0.140	10.460	551.60	0.006	6	0.982
2	0.043	−0.081	0.166	17.780	465.30	0.125	7	1.090
3	−0.007	−0.114	0.101	8.551	798.00	0.003	9	0.987
4	−0.065	−0.074	−0.055	5.678	8.77	0.973	8	0.878
5	0.028	−0.042	0.099	21.930	532.10	0.129	8	1.058
6	0.014	−0.088	0.115	15.150	794.50	0.017	8	1.028
7	0.014	−0.075	0.102	11.470	765.80	0.019	10	1.027
8	−0.072	−0.220	0.077	3.650	350.50	0.272	6	0.867
9	0.003	−0.104	0.111	10.570	577.40	0.001	10	1.007
10	−0.022	−0.103	0.058	7.424	329.70	0.062	8	0.956
11	−0.014	−0.135	0.107	10.540	1200.00	0.015	8	0.972
12	−0.003	−0.149	0.144	12.720	1125.00	0.000	7	0.995
14	0.050	0.001	0.098	20.810	170.80	0.435	9	1.105
15	−0.012	−0.133	0.108	10.010	1013.00	0.011	8	0.976
16	0.012	−0.072	0.097	9.002	626.80	0.016	11	1.025
17	0.008	−0.129	0.144	11.530	962.10	0.004	8	1.016
18	0.019	−0.078	0.117	12.220	567.00	0.035	9	1.039
19	0.001	−0.147	0.149	10.970	1266.00	0.000	8	1.002
20	−0.033	−0.159	0.093	6.784	908.70	0.072	8	0.935
21	−0.063	−0.193	0.067	5.109	649.40	0.239	7	0.882
22	−0.048	−0.198	0.102	6.805	1063.00	0.113	7	0.909
23	−0.012	−0.133	0.109	7.835	655.30	0.011	8	0.976
24	0.018	−0.130	0.165	12.440	551.40	0.018	7	1.036
25	−0.005	−0.138	0.128	11.980	1437.00	11.980	8	0.991
26	−0.018	−0.145	0.109	7.979	838.70	0.023	8	0.964

（8）天然更新和林木健康

经过调查，试验地 25 个样方林木天然更新不良，大部分样方内有天然更新，但数量和质量低于《森林资源连续清查技术规程》（GB/T 38590—2020）中的天然更新质量标准（国家市场监督管理总局，国家标准化管理委员会，2020）。

健康林木比例按照林木调查标准进行选择并计算。其中，生活力分项中，濒死的和枯死的林木、林下被压层的林木、中度和重度损伤林木、干形为多分枝或显著扭曲的林木，均为不健康林木。统计不健康林木，计算健康林木比例作为林分经营紧迫性依据。由表 6-14 第 11 列可知，健康林木比例在 60.1% ～ 92.7%，均值为 81.23%；仅样方 4 健康林木的比例超

表 6-14 林分经营迫切性评价结果

样方	林木分布格局 $\bar{W}$	竞争指数 $\overline{UCI}$	林分空间优势度 $\bar{S}_D$	树种混交度 $\bar{M}_S$	树种组成	林层指数 $\bar{S}$	开敞度 $\bar{K}$	q	天然更新	林木健康比例（%）	M_u
5	0.456/1	0.387/0	0.339/1	0.180/1	7 松 1 刺 2 其他 /1	0.177/1	0.242/1	1.058/1	不良 /1	78.2/1	0.9
8	0.490/0	0.607/1	0.294/1	0.083/1	10 松 /1	0.000/1	0.336/0	0.867/1	不良 /1	92.7/0	0.7
14	0.476/0	0.359/0	0.333/1	0.467/1	6 松 2 马 2 其他 /1	0.169/1	0.245/1	1.105/1	不良 /1	60.1/1	0.8
20	0.377/1	0.603/1	0.333/1	0.035/1	10 松 /1	0.092/1	0.285/1	0.935/1	不良 /1	85.2/1	1.0
24	0.466/1	0.633/1	0.302/1	0.138/1	9 松 1 其他 /1	0.112/1	0.274/1	1.036/1	不良 /1	80.7/1	1.0
3	0.380/1	0.529/1	0.314/1	0.185/1	9 松 1 其他 /1	0.152/1	0.278/1	0.987/1	不良 /1	86.5/1	1.0
6	0.455/1	0.375/0	0.304/1	0.185/1	7 松 1 刺 2 其他 /1	0.198/1	0.266/1	1.028/1	不良 /1	82.4/1	0.9
10	0.435/1	0.509/1	0.330/1	0.208/1	8 松 1 构 1 其他 /1	0.189/1	0.279/1	0.956/1	不良 /1	64.7/1	1.0
18	0.480/0	0.597/1	0.338/1	0.202/1	9 松 1 其他 /1	0.060/1	0.277/1	1.039/1	不良 /1	78.1/1	0.9
21	0.482/0	0.531/1	0.329/1	0.134/1	9 松 1 其他 /1	0.053/1	0.247/1	0.882/1	不良 /1	80.4/1	0.9
1	0.430/1	0.571/1	0.324/1	0.077/1	9 松 1 其他 /1	0.195/1	0.287/1	0.982/1	不良 /1	92.0/0	0.9
9	0.444/1	0.594/1	0.355/1	0.087/1	10 松 /1	0.068/1	0.295/1	1.007/1	不良 /1	74.0/1	1.0
16	0.431/1	0.615/1	0.317/1	0.150/1	9 松 1 其他 /1	0.258/1	0.296/1	1.025/1	不良 /1	73.7/1	1.0
23	0.397/1	0.658/1	0.291/1	0.045/1	10 松 /1	0.121/1	0.301/0	0.976/1	不良 /1	85.0/1	0.9
26	0.470/1	0.635/1	0.35/1	0.097/1	10 松 /1	0.213/1	0.274/1	0.964/1	不良 /1	85.4/1	1.0
2	0.383/1	0.540/1	0.316/1	0.075/1	9 松 1 其他 /1	0.101/1	0.277/1	1.090/1	不良 /1	90.1/0	0.9
7	0.361/1	0.474/0	0.33/1	0.061/1	9 松 1 其他 /1	0.111/1	0.303/0	1.027/1	不良 /1	78.4/1	0.8
12	0.430/1	0.601/1	0.338/1	0.001/1	10 松 /1	0.135/1	0.280/1	0.995/1	不良 /1	83.2/1	1.0
22	0.379/1	0.556/1	0.309/1	0.111/1	9 松 1 其他 /1	0.222/1	0.292/1	0.909/1	不良 /1	81.9/1	1.0
4	0.339/1	0.536/1	0.318/1	0.022/1	10 松 /1	0.142/1	0.279/1	0.878/1	不良 /1	92.2/0	0.9
11	0.406/1	0.565/1	0.306/1	0.078/1	10 松 /1	0.108/1	0.256/1	0.972/1	不良 /1	81.4/1	1.0
15	0.431/1	0.554/1	0.312/1	0.036/1	10 松 /1	0.151/1	0.269/1	0.976/1	不良 /1	84.0/1	1.0
17	0.413/1	0.609/1	0.330/1	0.058/1	10 松 /1	0.073/1	0.290/1	1.016/1	不良 /1	74.6/1	1.0
19	0.437/1	0.632/1	0.333/1	0.034/1	10 松 /1	0.086/1	0.271/1	1.002/1	不良 /1	83.5/1	1.0
25	0.443/1	0.526/1	0.332/1	0.073/1	10 松 /1	0.213/1	0.290/1	0.991/1	不良 /1	82.8/1	1.0

注：表中“松”代表火炬松；“刺”代表刺楸 *Kalopanax septemlobus*；“马”代表马甲子 *Paliurus ramosissimus*；“构”代表构树；“其他”代表小于 1 成的其他树种，以下同。

过 90.0%，林分需要经营手段调节以改善林木健康状况。

6.2.3.4 评价结论

表 6–14 第 12 列数据表明，盘石岭林场火炬松林分的经营迫切性指数为 0.7 ～ 1.0，平均为 0.9。大多数结构因子都不符合取值标准，远离健康稳定森林的结构特征。参照经营迫切性等级划分标准（表 6–2），结合试验地林分实际情况，8 号样方的经营迫切性等级为 IV 级（十分迫切），表明超过一半以上的结构因子不符合取值标准，急需通过经营来调整林分结构。24 个样方的经营迫切性等级为 V 级（特别迫切）。造成经营十分迫切的主要原因：林木的空间优势度低，说明林分的生产力很低；林分以火炬松为单优，混交度低以致树种的隔离程度不理想；林层以冠层为主；林分径级结构远偏离理想林分。此外，开敞度很低造成了林分的光照差，林木生长空间不足，导致林木生活力弱；林下天然更新幼苗幼树少且更新质量差。综合经营迫切性等级为 V 级（特别迫切）。

经营迫切性评价可为火炬松针叶林总体经营提供参考。目标树经营中，目标树和干扰木的选择是一个统一协调的平衡体系：通过目标树经营，调整人工林均匀分布格局，注重竞争木选择方位，使林分空间分布随机化。通过合理选择干扰木，为目标树释放空间，改善林木间的竞争关系；在目标树选择时，如以针叶林阔叶化转化为目标的林分，当针叶树种和乡土阔叶树种、珍贵树种均符合目标树要求时，优先选择后者，以优化树种隔离程度和树种组成结构。通过间伐制造林窗促进天然更新，培育潜在目标树。经过多代经营逐步调整径级结构，使林分逐步趋向异龄复层混交化，实现林分的近自然化。

第7章

目标树经营对林分空间结构的影响

随着森林质量意识日益提升，森林的可持续经营和近自然经森林营越来越受到重视。作为近自然森林经营的重要方式之一，目标树经营通过选择和伐除干扰木，实现改善目标树和林分整体空间结构，已被广泛应用于森林质量提升实践中（郭诗宇 等，2021a）。国内外众多学者对目标树经营理论进行了大量实践应用，将角尺度、混交度、大小比数、林层指数、开敞度和林木竞争关系等结构参数引入目标树经营评价，以反映经营前后林木或目标树的空间分布格局、树种混交程度和树木竞争状况，反映林分内部的结构变化（Graz et al.，2008）。利用林分空间结构参数在特定置信区间分布值的多元组合，可进一步揭示林分空间结构参数间的生物学关系，已成为森林经营的重要理论基础（惠刚盈 等，2016）。

林木空间结构评价是森林经营成效的判定依据。为此，我们应用熵权法和变异系数法确定各林木空间结构参数权重，分别建立综合评价法和多目标林木空间结构评价两套体系，对目标树经营前后林木空间结构质量进行分级，并探究不同空间结构参数间的生物学意义。通过经营前后不同间伐强度下全林和目标树空间结构评价，有针对性地探究最适经营模式并总结经营成效，为进一步优化森林空间结构，提高林分生产力和固碳能力，促进生物多样性，促进林分复层化、异龄化和混交化，实现多功能储备林建设目标提供理论支撑。

7.1 林木分类原则

目标树经营是将选定的目标树作为经营的主体对象，从第一次择伐干扰木到最终收获目标树之间的所有经营活动都要围绕所定目标树进行。按照目标树经营经营法，对试验样地内各样方所有林木进行分类。参照陆元昌（2006）提出的近自然森林经营单株木林分作业体系，我们将试验地内所有单木分为目标树、干扰木和一般林木 3 类。目标树是森林中具有高价值、高质量、高活力的树木，达到目标胸径后才进行收获性择伐，一般位于主林层，记为“Z”，即德语“Zielbaum”的首字母。干扰木是直接影响目标树生长，需要在经营中采伐或利用的林木，通常位于目标树同林层或其树冠位于目标树的上方，记为“B”，即德语“Bedranger”的首字母。目标树、干扰木以外的其他林木皆视为一般林木，记为“N”。

在进行目标树的选定过程中，尽量使林分内目标树的分布适当均匀。干扰木的选择时，注重目标树结构单元树种的组成，合理选择干扰木，以确保经营后可提高树种隔离程度，即“伐同留异”。林分各层如有珍贵乡土树种、国家或地方保护植物均应该保留并注意保护。同时，为调节林木径级结构分布和大小比数、林层指数，选择干扰木时，还应重视“伐大留小、高低分层”的经营原则。

7.2 目标树经营前后林木空间结构评价

基于湖北省通山县北山林场、通山县大幕山林场和钟祥市盘石岭林场国家木材战略储备林目标树经营项目，在经营迫切性评价基础上有针对性设计阔叶混交林、针阔混交林和针叶纯林目标树经营方案，进行目标树经营。通过调查比较经营前后林分空间结构因子变化，建立模型对经营成效进行评价并对经营后林分空间结构进行分级，以总结适地适树的最佳经营模式，为国家木材战略储备林和森林提质建设目标提供理论支撑。

林分空间结构包括混交、竞争和林木空间分布格局 3 方面。本研究从空间分布格局、林木大小分化程度、树种隔离程度，林层多样性，林分透光条件和林木间竞争状况等 6 个指标选择空间结构指数作为林分特征参数，用于评价目标树经营前后林分空间结构的变化，以揭示 2 个方面的科学问题：目标树经营是否改善了经营林分的空间结构？哪种经营强度对不同林分的空间结构的改善具有最佳促进作用？

7.2.1 评价指数

采用本书 6.1 中的林分空间结构指数计算方法，并增加 Hegyi 竞争指数和开敞度指数，分析不同类型林分目标树经营前后的空间结构指数变化情况。根据林分实际情况，选择不同空间结构指数分别对北山林场阔叶混交林、大幕山林场针阔混交林和盘石岭林场针叶纯林的全林和目标树建立经营评价模型。

（1）Hegyi 竞争指数

Hegyi 竞争指数反映了林木生长与生存空间的关系，即采用所承受的竞争压力描述林分竞争，计算公式为：

$$CI_i = \sum_{j=1}^{n} \frac{D_j}{D_i \cdot L_{ij}} \tag{7-1}$$

式中，CI_i 是对象木 i 的竞争指数；L_{ij} 是对象木 i 与竞争木 j 之间的距离；D_i 是对象木 i 的胸径，单位为 cm；D_j 是竞争木 j 的胸径，单位为 cm。

（2）开敞度

开敞度是林木透光条件的主要参数，为对象木到 n 株最近邻木的水平距离与最近邻木树高比值的均值（汪平 等，2013），计算公式为：

$$K_i = \frac{1}{n} \times \sum_{j=1}^{n} \frac{D_{ij}}{H_{ij}} \tag{7-2}$$

式中，K_i 为参照木 i 的开敞度；n 为最近邻木株数；D_{ij} 为参照木 i 与最近邻木 j 的水平距离；H_{ij} 为最近邻木 j 的树高。$K_i \in (0, +\infty]$，将开敞度的取值划分为（0，0.2],(0.2，0.3]，(0.3，0.4]，(0.4，0.5]，(0.5，+∞）5 个区间，分别对应生长空间的状态：严重不足、不足、基本充足、充足和很充足。

7.2.2 评级模型构建

研究分别建立基于熵权法计算各空间结构指标权重的综合评价法；基于乘除法思想，对个空间结构指标进行多目标规划，评价目标树经营不同经营强度对空间结构的提升效果。

1）熵权法

（1）指标数据标准化

根据不同空间结构指标提供的信息量大小确定其在最终评价模型中的权重。假设研究对象有m个评价指标，由n个样本单位组成，则形成原始数据矩阵，记为X矩阵，见式（7–3）。采用多目标决策一维比较法对原始数据进行标准化处理，其中正指标见式（7–4）、负指标见式（7–5）处理。

$$X=\begin{bmatrix} x_{11} & \cdots & x_{1n} \\ \vdots & \ddots & \vdots \\ x_{m1} & \cdots & x_{mn} \end{bmatrix} \tag{7–3}$$

$$Y_{ij}=1-0.9\times\frac{V_{\max}-V}{V_{\max}-V_{\min}} \tag{7–4}$$

$$Y_{ij}=1-0.9\times\frac{V-V_{\min}}{V_{\max}-V_{\min}} \tag{7–5}$$

式中，Y_{ij} 为第 i 个评价对象在第 j 个评价指标上的标准值；V 为空间结构指数计算值，$V_{\max}$ 和 $V_{\min}$ 为每个指数的最大值和最小值。$Y_{ij}\in[0.1，1]$。

（2）计算各指标的熵值和权重

$$E_i=-\frac{1}{\ln n}\sum_{j=1}^{n}P_{ij}\ln P_{ij} \tag{7–6}$$

其中：$P_{ij}=\dfrac{Y_{ij}}{\sum\limits_{j=1}^{n}Y_{ij}}$

$$W_i=\frac{G_i}{\sum\limits_{i=1}^{m}G_i} \tag{7–7}$$

其中，$G_i=1-E_i，\sum\limits_{j=1}^{m}W_i=1$

式中，i=1，2，…，m；G_i 为第 i 个指标的差异性系数，$0\leqslant W_i\leqslant 1$。

（3）综合评价公式

林分空间结构各指标从不同的方向反映了林分空间结构变化水平，采用加权求和计算经营前后林分空间结构综合分值。

$$Z=\sum_{i=1}^{m}Y_{ij}W_i \tag{7–8}$$

2）乘除法

林分空间结构的各个参数既相互依赖又可能相互排斥，此要求各个参数同时都达到最优值几乎是不可能的，最优的林分空间结构往往强调整体目标达到最优（汤孟平 等，2007）。

基本思想：x 是决策向量，当在 m 个目标 $f(x_1)$，…，$f(x_m)$ 中，有 k 个 $f(x_1)$，…，$f(x_k)$ 要求实现最大，其余 $f(x_{k+1})$，…，$f(x_m)$ 要求实现最小，同时有 $f(x_1)$，…，$f(x_m) > 0$，那么采用评价函数 $Q(x)$ 作为目标函数：

$$Q(x)=\frac{f(x_1)f(x_1)\cdots f(x_k)}{f(x_{k+1})f(x_{k+2})\cdots f(x_m)} \tag{7-9}$$

评价模型构建中，混交度、林层指数和开敞度取大为优；大小比数、竞争指数和角尺度取小为优。其中，角尺度的取值范围 $W_i \in (0, 1]$，当 W_i=0.5时，为最优值，此时林木为随机分布。为使角尺度的最优值是取值范围的极值，接近 0 为最优值，将角尺度数据转化为 $|W_i - 0.5|$，因而令 $W = |W_i - 0.5| \in (0, 0.5]$，使其取小为优（曹小玉，2015）。

采用归一化对原始数据进行标准化处理：

$$X' = \frac{X - X_{\min}}{X_{\max} - X_{\min}} \tag{7-10}$$

根据变异系数法的思想确定参数权重。通过计算各参数数据内的差异程度来确定指标权重的大小，差异程度越大，其权重也越大。以 6 个参数的标准差确定权重，如确定混交度的权重 E_M：

$$E_M = \frac{\sigma_M}{\sum(\sigma_M + \sigma_S + \sigma_K + \sigma_U + \sigma_H + \sigma_W)} \tag{7-11}$$

式中，σ_M、σ_S、σ_K、σ_U、σ_H、σ_W 分别为混交度、林层指数、开敞度、大小比数、竞争指数和角尺度的标准差。其他参数确定权重同上。

林分空间结构评价指数的公式 $P(g)$：

$$P(g) = \frac{[1+M]\cdot E_M \cdot [1+S]\cdot E_S \cdot [1+K]\cdot E_K}{[1+U]\cdot E_U \cdot [1+H]\cdot E_H \cdot [1+W]\cdot E_W} \tag{7-12}$$

式中，M，S，K，U，H 和 W 分别为混交度、林层指数、开敞度、大小比数、竞争指数和角尺度，E_M，E_S，E_K，E_U，E_H 和 E_W 分别为混交度、林层指数、开敞度、大小比数、竞争指数和角尺度的权重。

7.2.3 林分空间结构的评价参数特征

根据林分空间结构评价指数的含义，参考目标树经营相关技术目标和技术指标（陆元昌，2006），采用定性和定量相结合的方法，将林分空间结构评价参数值等距划分为 5 个评价等级，分别描述林木的空间结构特征（表 7–1）。

表 7–1 林分空间结构评价等级划分

空间结构评价参数	林木空间特征描述	评价等级
[0, 0.2)	林木为非随机分布，在其空间结构单元内处于绝对劣势状态，混交度基本为 0，林层主要为单层。林分空间结构差	I
[0.2, 0.4)	林木分布基本为非随机分布，在其空间结构单元内处于劣势状态，树种弱度混交，林层简单。林分空间结较差	II
[0.4, 0.6)	林木为均匀分布或转向随机分布转变；林木在其空间结构单元内为中庸或转向亚优势状态；树种中度混交，林层较复杂。近 50% 林木空间结构理想	III
[0.6, 0.8)	林木接近随机分布，林木在其空间结构单元内处于亚优势状态，树种强度混交，林层多样性较高。大部分林木空间结构理想	IV
[0.8, 1.0]	林木整体为随机分布，林木处于优势状态，大树均匀，树种极强度混交，林层多为复层结构。林木空间结构理想	V

7.3 经营评价案例分析

7.3.1 阔叶混交林经营前后林木空间结构分析评价

选择湖北省通山县北山林场阔叶混交林建立样地进行目标树经营试验。试验地和林分基本情况见 6.2.1。2021 年 2 月在已经建立的标准地，内按不同样方机械排布设置不同经营强度开展目标树经营。

7.3.1.1 经营设计

目标树经营的重点对象是在林分中依据林木分类原则确立的目标树、干扰木和一般林木，围绕改善目标树的生长环境和林分空间结构而展开。应用目标树经营法对北山林场试验地喜树、鹅掌楸和杜仲阔叶混交林进行经营设计。目标树平均间距为 8.0m（约 200 株 /hm^2）。采用机械排列的方式布设 4 种经营强度，即每株目标树采伐 1 ～ 4 株干扰木（包含林分中少量断梢、风折、病腐、虫害、弯曲的劣质木，以及影响目标树生长的藤蔓和影响天然更新幼树生长的林木）。各样方林木分类情况见表 7–2：所选目标树的平均胸径和平均树高在各林木类型中最优，表明选定的目标树多为优势木或主林层中的个体，符合目标树经营对目标树的选择原则。试验地每个样方内目标树均为 8 株，为样地林木总株数的 11.6%，目标树密度控制合理。该样地林分属于未经营林，我们采取超强度经营试验，目的是为综合探索阔叶混交林实现多目标效益的最佳经营强度，扩大试验经营强度的选择范围，在生产实践中具有选择性。试验地内干扰木也同样具有较大的平均胸径和较高的平均树高，这是由于对目标树形成干扰的林木通常与目标树的大小接近，且位于目标树同林层甚至其树冠位于目标树的上方。由彩图 7–1 可知：选定的目标树在各样方中分布相对均匀，符合设计的要求。经初步分析来看，本次研究的林木分类效果较为理想，符合目标树经营原则。

表 7–2 试验地各样方林木分类信息

处理	样方	林木分类	株数	平均胸径（cm）	平均树高（m）	处理	样方	林木分类	株数	平均胸径（cm）	平均树高（m）
CK	1	目标树	8	10.9	9.8	CK	13	目标树	8	17.5	16.0
		一般林木	70	8.6	7.9			一般林木	86	11.9	13.6
	7	目标树	8	15.9	13.6		19	目标树	8	18.3	14.7
		一般林木	94	8.8	9.0			一般林木	68	11.8	12.2
	25	目标树	8	17.9	14.1		25	一般林木	59	10.3	9.6
WT	2	目标树	8	16.4	13.2	HT	4	目标树	8	14.9	12.6
		干扰木	8	11.9	11.6			干扰木	16	13	11.3
		一般林木	55	8.9	8.7			一般林木	62	9.9	8.8
	8	目标树	8	20.5	16.4		10	目标树	8	20.2	12.2
		干扰木	8	18.1	15.9			干扰木	16	16	11.2
		一般林木	53	12	11.8			一般林木	30	10.1	8.4
	14	目标树	8	17.2	12.6		11	目标树	8	13.8	13.7
		干扰木	8	14.2	12.3			干扰木	16	11.6	12.9
		一般林木	60	9.4	9.9			一般林木	61	9.6	11.0
	20	目标树	8	17.3	12.6		17	目标树	8	17.2	13.4
		干扰木	8	12.3	11.8			干扰木	16	15.2	12.0
		一般林木	32	10.5	9.1			一般林木	73	9.7	9.4
	21	目标树	8	20	16.1		23	目标树	8	19.7	15.9
		干扰木	8	15.4	13.8			干扰木	16	16.3	15.3
		一般林木	48	11.8	11.3			一般林木	44	9.7	11.2
MT	3	目标树	8	17.7	13.4	ST	5	目标树	8	19.5	12.8
		干扰木	12	16.8	12.2			干扰木	23	14.3	10.6
		一般林木	49	9.5	9.1			一般林木	23	10.4	8.7
	9	目标树	8	18.4	12.4		6	目标树	8	11.9	11.3
		干扰木	13	16.6	11.6			干扰木	21	9.2	9.7
		一般林木	53	10	9.0			一般林木	63	8.9	9.0
	15	目标树	8	16.5	10.0		12	目标树	8	17.9	14.0
		干扰木	10	14	9.7			干扰木	20	16.2	13.1
		一般林木	29	10	7.9			一般林木	63	9.5	9.6
	16	目标树	8	19.8	14.9		18	目标树	8	16.7	15.6
		干扰木	12	13.9	11.9			干扰木	20	14.4	14.6
		一般林木	31	10	8.9			一般林木	61	9.6	11.7
	22	目标树	8	14.6	11.9		24	目标树	8	19.8	15.7
		干扰木	11	10.6	10.5			干扰木	20	17.6	15.2
		一般林木	32	8.6	8.0			一般林木	25	11.7	11.4

2021 年 2 月，对试验地阔叶混交林进行经营，经营总面积 10000m^2。根据经营前后的林分蓄积量计算出平均间伐强度，即按 1 株目标树伐除 1 ～ 4 株干扰木，相应得到弱度间伐强度 WT（16.3%）、中度间伐强度 MT（25.6%）、强间伐强度 HT（31.1%）和超强间伐强度 ST（41.8%）。同时设置 5 个 20m × 20m 对照样方 CK（0）。

7.3.1.2 经营前后林分空间结构变化与评价

我们选择角尺度 $\bar{W}$ 、大小比数 $\bar{U}$ 、林层指数 $\bar{S}$ 、树种混交度 $\bar{M}_S$ 、开敞度 $\bar{K}$ 和竞争指数 $\bar{CI}$ 对北山林场阔叶混交林经营前后空间结构变化分析与评价。

1）经营前后林分空间结构变化

（1）分布格局变化

目标树经营前后各样方角尺度 $\bar{W}$ 的平均值和分布频率如表 7–3 所示。经营前，各样方角尺度平均值多分布在 0.409 ～ 0.537，25 个样方的均值为 0.463，仅 5 个样方的平均角尺度 $\bar{W}$ 落入 [0.475，0.517]，为随机分布。试验地林分以均匀分布为主要分布特征。实施目标树经营后，WT、MT、ST 强度下，平均角尺度 $\bar{W}$ 分别为 0.488、0.479 和 0.479，已落入 [0.475，0.517]，林木分布格局由均匀分布转化为随机分布，分布格局得到优化。HT 强度的平均角尺度 $\bar{W}$ 由 0.456 转化为 0.468，虽然未转化为随机分布，但分布格局仍得到较大程度优化。

表 7–3　阔叶混交林经营前后角尺度特征

处理	样方	角尺度 $\bar{W}$		分布频数（%）									
				0.00		0.25		0.50		0.75		1.00	
		经营前	经营后	经营前	经营后	经营前	经营后	经营前	经营后	经营前	经营后	经营前	经营后
CK	1	0.496		0.00		30.51		45.76		18.64		5.08	
	7	0.467		0.00		27.94		57.35		14.71		0.00	
	13	0.468		0.00		25.81		62.90		9.68		1.61	
	19	0.458		4.17		27.08		50.00		18.75		0.00	
	25	0.432		2.27		34.09		52.27		11.36		0.00	
	均值	0.464		1.29		29.09		53.66		14.63		1.34	
WT	2	0.455	0.483	0.00	0.00	25.49	26.67	54.90	53.33	19.61	20.00	0.00	0.00
	8	0.432	0.496	0.00	0.00	32.56	35.14	55.81	51.35	11.63	13.51	0.00	0.00
	14	0.458	0.471	0.00	0.00	31.25	23.26	54.17	65.12	14.58	11.63	0.00	0.00
	20	0.537	0.509	0.00	0.00	23.53	18.52	41.18	62.96	32.35	14.81	2.94	3.70
	21	0.464	0.481	0.00	0.00	18.18	15.38	65.91	76.92	15.91	7.69	0.00	0.00
	均值	0.469	0.488	0.00	0.00	26.20	23.79	54.39	61.94	18.82	13.53	0.59	0.74
MT	3	0.454	0.473	4.65	0.00	27.91	27.03	51.16	62.16	13.95	5.41	2.33	5.41
	9	0.421	0.465	4.88	0.00	34.15	39.39	48.78	39.39	12.20	21.21	0.00	0.00
	15	0.467	0.489	0.00	0.00	30.00	22.73	53.33	59.09	16.67	18.18	0.00	0.00

（续）

处理	样方	角尺度$\bar{W}$		分布频数（%）									
				0.00		0.25		0.50		0.75		1.00	
		经营前	经营后	经营前	经营后	经营前	经营后	经营前	经营后	经营前	经营后	经营前	经营后
MT	16	0.454	0.492	2.63	0.00	21.05	23.33	68.42	60.00	7.89	13.33	0.00	3.33
	22	0.486	0.477	0.00	0.00	22.22	26.67	63.89	60.00	11.11	13.33	2.78	0.00
	均值	0.456	0.479	2.43	0.00	27.07	27.83	57.12	56.13	12.36	14.29	1.02	1.75
HT	4	0.409	0.409	5.77	2.44	32.69	36.59	53.85	56.10	7.69	4.88	0.00	0.00
	10	0.469	0.443	0.00	0.00	34.38	40.91	43.75	40.91	21.88	18.18	0.00	0.00
	11	0.463	0.479	0.00	0.00	26.67	23.40	61.67	61.70	11.67	14.89	0.00	0.00
	17	0.504	0.509	1.41	0.00	18.31	23.21	59.15	51.79	19.72	23.21	1.41	1.79
	23	0.435	0.500	2.38	0.00	26.19	18.18	66.67	63.64	4.76	18.18	0.00	0.00
	均值	0.456	0.468	1.91	0.49	27.65	28.46	57.02	54.83	13.14	15.87	0.28	0.36
ST	5	0.461	0.425	2.63	0.00	26.32	40.00	55.26	50.00	15.79	10.00	0.00	0.00
	6	0.461	0.500	0.00	0.00	36.21	16.67	44.83	69.05	17.24	11.90	1.72	2.38
	12	0.478	0.452	0.00	0.00	28.07	30.95	52.63	57.14	19.30	11.90	0.00	0.00
	18	0.481	0.493	0.00	0.00	25.00	20.00	57.69	62.86	17.31	17.14	0.00	0.00
	24	0.462	0.524	3.03	0.00	27.27	14.29	51.52	61.90	18.18	23.81	0.00	0.00
	均值	0.469	0.479	1.13	0.00	28.57	24.38	52.39	60.19	17.56	14.95	0.34	0.48

从分布频率上看，目标树经营前 WT 强度下，林木$\bar{W}$=0.5 分布频数比例为 54.39%，经营后$\bar{W}$=0.5 分布频数上升到 61.94%；ST 强度下，林木$\bar{W}$=0.5 分布频数比例为 52.39%，经营后$\bar{W}$=0.5 分布频数上升到 60.19%；其他经营强度下，林木$\bar{W}$=0.5 分布频数变化不明显，但目标树经营后林分整体很均匀（$\bar{W}$=0.0）和很不均匀（$\bar{W}$=1.0）分布的林木比例整体呈现下降趋势，表明经营使角尺度分布频率特征整体上均匀更加向两端低中间高的近似正态分布趋势变化。这说明本研究设计的目标树经营可以使林木分布向随机分布方向发展，使得林木空间分布更加合理。

（2）大小比数变化

目标树经营前后各样方林木大小比数的平均值和分布频率如表 7-4。目标树经营前，试验地 25 个样方的平均大小比数为 0.412 ～ 0.533，均值为 0.489，林木整体上均呈中庸，部分呈现劣态；WT、MT、HT 和 ST 经营强度对应样方林木的平均大小比数$\bar{U}$分别为 0.489、0.479、0.493 和 0.489，说明不同样方林木整体上均呈中庸，林木胸径差异较为明显。目标树经营后，WT、MT、HT 和 ST 经营强度对应样方林木的平均大小比数$\bar{U}$分别下降到 0.478、0.468、0.465 和 0.455，整体由中庸向亚优势趋势转化。从分布频率上看，中庸（$\bar{U}$=0.50）状态、劣态（$\bar{U}$=0.75）和绝对劣态（$\bar{U}$=1.0）林木的比例变化不大，这可能与选择目标树胸径偏大有直接的关系。目标树经营后，亚优势（$\bar{U}$=0.25）林木比例减少幅度最大，优势状态（$\bar{U}=0.0$）林木的比例上升最大，分别为 21.77%、25.23%、23.40% 和 26.43%，说明经营极大促进了试验地阔叶混交林林木由亚优势态向优势态转化。大小比数量化了对象木与相邻木的相对大小关系，因此大小比数的改善实际上是林木竞争关系的改善，且改善效果十分明显。

表 7-4 阔叶混交林经营前后大小比数特征

处理	样方	大小比数 $\bar{U}$		分布频数（%）									
				0.00		0.25		0.50		0.75		1.00	
		经营前	经营后	经营前	经营后	经营前	经营后	经营前	经营后	经营前	经营后	经营前	经营后
CK	1	0.504		15.25	15.25	27.12	27.12	18.64	18.64	18.64	18.64	20.34	20.34
	7	0.511		19.12	19.12	19.12	19.12	19.12	19.12	23.53	23.53	19.12	19.12
	13	0.468		25.81	25.81	22.58	22.58	11.29	11.29	19.35	19.35	20.97	20.97
	19	0.484		18.75	18.75	25.00	25.00	18.75	18.75	18.75	18.75	18.75	18.75
	25	0.500		22.73	22.73	18.18	18.18	20.45	20.45	13.64	13.64	25.00	25.00
	均值	0.493		20.33	20.33	22.40	22.40	17.65	17.65	18.78	18.78	20.83	20.83
WT	2	0.476	0.483	23.53	26.67	21.57	17.78	15.69	13.33	19.61	20.00	19.61	22.22
	8	0.529	0.441	13.95	16.22	23.26	18.92	27.91	27.03	6.98	8.11	27.91	29.73
	14	0.510	0.512	20.83	23.26	18.75	13.95	16.67	16.28	22.92	27.91	20.83	18.60
	20	0.449	0.435	20.59	22.22	29.41	29.63	14.71	14.81	20.59	18.52	14.71	14.81
	21	0.483	0.519	22.73	20.51	15.91	10.26	22.73	28.21	22.73	23.08	15.91	17.95
	均值	0.489	0.478	20.33	21.77	21.78	18.11	19.54	19.93	18.56	19.52	19.79	20.66
MT	3	0.465	0.466	23.26	21.62	23.26	21.62	13.95	18.92	23.26	24.32	16.28	13.51
	9	0.470	0.477	24.39	27.27	17.07	15.15	19.51	12.12	24.39	30.30	14.63	15.15
	15	0.508	0.427	20.00	27.27	16.67	9.09	23.33	27.27	20.00	18.18	20.00	18.18
	16	0.500	0.500	18.42	20.00	23.68	13.33	15.79	30.00	23.68	20.00	18.42	16.67
	22	0.451	0.467	27.78	30.00	16.67	10.00	19.44	23.33	19.44	16.67	16.67	20.00
	均值	0.479	0.468	22.77	25.23	19.47	13.84	18.41	22.33	22.15	21.90	17.20	16.70
HT	4	0.490	0.482	21.15	24.39	19.23	14.63	23.08	24.39	15.38	17.07	21.15	19.51
	10	0.500	0.546	18.75	18.18	21.88	13.64	21.88	27.27	15.63	13.64	21.88	27.27
	11	0.533	0.453	20.00	19.15	18.33	14.89	16.67	19.15	18.33	19.15	26.67	27.66
	17	0.489	0.422	19.72	25.00	21.13	7.14	22.54	25.00	16.90	19.64	19.72	23.21
	23	0.452	0.424	23.81	30.30	21.43	18.18	21.43	18.18	16.67	18.18	16.67	15.15
	均值	0.493	0.465	20.69	23.40	20.40	13.70	21.12	22.80	16.58	17.54	21.22	22.56
ST	5	0.421	0.413	28.95	25.00	18.42	35.00	23.68	5.00	13.16	20.00	15.79	15.00
	6	0.517	0.414	20.69	23.81	12.07	14.29	25.86	23.81	22.41	16.67	18.97	21.43
	12	0.513	0.512	21.05	26.19	15.79	7.14	19.30	23.81	24.56	21.43	19.30	21.43
	18	0.471	0.471	19.23	28.57	23.08	11.43	21.15	22.86	23.08	17.14	13.46	20.00
	24	0.523	0.464	21.21	28.57	12.12	9.52	27.27	33.33	15.15	4.76	24.24	23.81
	均值	0.489	0.455	22.23	26.43	16.30	15.48	23.45	21.76	19.67	16.00	18.35	20.33

（3）树种隔离变化

目标树经营前后各样方林木混交度的平均值和分布频率如表 7–5。目标树经营前，试验地 25 个样方的平均混交度 $\bar{M}_S$ 在 0.227 ～ 0.754，均值为 0.595。由于试验地内乔木物种数量较多，且优势树种为 5 种，整体上林木为中度偏强度混交。经过目标树经营，林木平均混交度 $\bar{M}_S$ 为 0.624，提升约 5.0%；WT、MT、HT 和 ST 经营强度对应各样方林木的平均混交度 $\bar{M}_S$ 分别增长到 0.682、0.625、0.604 和 0.571，林木种间的隔离程度增加，林分结构越稳定（惠刚盈 等，2007）。从分布频率上看，目标树经营后，WT、MT、HT 和 ST 经营强度对应各样方林木的平均混交度 $\bar{M}_S$ 变化的最大比例出现在强度混交（$\bar{M}_S$=0.75）和极强度混交（$\bar{M}_S$=1.00），分别为 36.01%、27.82%、28.96% 和 33.57%；特别是 ST 经营强度下，中度混交和强度混交的比例增大最为明显。说明经营极大促进了试验地阔叶混交林林木混交比例的提高，对于优化树种资源配置的意义明显。

表 7–5　阔叶混交林经营前后混交度特征

处理	样方	树种混交度 $\bar{M}_S$		分布频数（%）									
				0.00		0.25		0.50		0.75		1.00	
		经营前	经营后	经营前	经营后	经营前	经营后	经营前	经营后	经营前	经营后	经营前	经营后
CK	1	0.725		0.00		5.08		27.12		40.68		27.12	
	7	0.724		0.00		5.88		29.41		33.82		30.88	
	13	0.637		0.00		8.06		41.94		37.10		12.90	
	19	0.427		27.08		14.58		31.25		14.58		12.50	
	25	0.688		0.00		6.82		27.27		50.00		15.91	
	均值	0.640		5.42		8.09		31.40		35.24		19.86	
WT	2	0.721	0.772	1.96	0.00	7.84	6.67	21.57	13.33	37.25	44.44	31.37	35.56
	8	0.698	0.737	0.00	0.00	4.65	2.70	27.91	21.62	51.16	54.05	16.28	21.62
	14	0.651	0.657	2.08	0.00	8.33	6.98	35.42	41.86	35.42	32.56	18.75	18.60
	20	0.559	0.620	2.94	0.00	20.59	7.41	35.29	51.85	32.35	25.93	8.82	14.81
	21	0.636	0.622	2.27	7.69	18.18	15.38	22.73	25.64	36.36	23.08	20.45	28.21
	均值	0.653	0.682	1.85	1.54	11.92	7.83	28.58	30.86	38.51	36.01	19.14	23.76
MT	3	0.634	0.622	4.65	2.70	23.26	29.73	20.93	16.22	16.28	18.92	34.88	32.43
	9	0.579	0.644	9.76	3.03	19.51	21.21	17.07	18.18	36.59	30.30	17.07	27.27
	15	0.492	0.534	6.67	9.09	43.33	36.36	20.00	9.09	6.67	22.73	23.33	22.73
	16	0.618	0.658	10.53	6.67	15.79	13.33	21.05	23.33	21.05	23.33	31.58	33.33
	22	0.618	0.667	13.89	6.67	16.67	3.33	5.56	30.00	36.11	36.67	27.78	23.33
	均值	0.588	0.625	9.10	5.63	23.71	20.79	16.92	19.36	23.34	26.39	26.93	27.82

（续）

处理	样方	树种混交度 $\bar{M}_S$		分布频数（%）									
				0.00		0.25		0.50		0.75		1.00	
		经营前	经营后	经营前	经营后	经营前	经营后	经营前	经营后	经营前	经营后	经营前	经营后
HT	4	0.678	0.701	0.00	0.00	15.38	12.20	26.92	24.39	28.85	34.15	28.85	29.27
	10	0.492	0.580	9.38	4.55	31.25	22.73	21.88	22.73	28.13	36.36	9.38	13.64
	11	0.692	0.644	0.00	2.13	15.00	21.28	18.33	25.53	41.67	19.15	25.00	31.91
	17	0.687	0.710	2.82	3.57	12.68	10.71	26.76	17.86	22.54	33.93	35.21	33.93
	23	0.327	0.386	35.71	27.27	23.81	24.24	19.05	21.21	16.67	21.21	4.76	6.06
	均值	0.575	0.604	9.58	7.50	19.62	18.23	22.59	22.34	27.57	28.96	20.64	22.96
ST	5	0.678	0.738	2.63	0.00	5.26	10.00	28.95	15.00	44.74	45.00	18.42	30.00
	6	0.754	0.762	0.00	0.00	1.72	2.38	27.59	23.81	37.93	40.48	32.76	33.33
	12	0.439	0.548	17.54	4.76	28.07	21.43	26.32	38.10	17.54	21.43	10.53	14.29
	18	0.649	0.571	0.00	14.29	17.31	8.57	26.92	25.71	34.62	37.14	21.15	14.29
	24	0.227	0.238	45.45	0.00	30.30	14.29	15.15	61.90	6.06	23.81	3.03	0.00
	均值	0.549	0.571	13.13	3.81	16.53	11.33	24.98	32.90	28.18	33.57	17.18	18.38

（4）林层指数变化

目标树经营前后各样方林木林层指数的平均值和分布频率如表 7–6。林层指数 $S_i \in$（0, 1]，其值越接近 1，表明林分在垂直方向上的成层性越复杂。当林层指数较大时，乔木层能够较好地利用垂直空间资源。目标树经营前，试验地 25 个样方的平均林层指数在 0.205 ～ 0.574，均值为 0.433，表明林层的复杂性处于中等偏低水平，林分垂直空间结构较差，林木对林分垂直方向的空间利用不足，林木树高分化程度较弱。经营前 WT、MT、HT 和 ST 对应的林层指数均值分别为 0.470、0.429、0.450 和 0.430；经过目标树经营，4 种经营强度下林层指数均值 $\bar{S}$ 分别增长到 0.492、0.470、0.496 和 0.535，林木垂直方向的空间利用得到较大改善，也可认为是林木垂直方向上的分化水平更高。从分布频率上看，目标树经营后，WT、MT、HT 和 ST 经营强度对应各样方林木的平均林层指数 $\bar{S}$ 最大值均出现在中等水平（$\bar{S}$ =0.50），其比例分别为 29.79%、30.54%、33.17% 和 33.29%，且中高水平（$\bar{S}$ =0.75）林层指数的比例得到大幅提升，平均增大 36.16%。说明经营极大促进了试验地阔叶混交林林层多样性，林层的空间结构得到较大提高，树冠重叠交错，且改善林下光照情况，不同的林木可更好地利用林分空间资源，使林分垂直空间得到较大的开发利用，林木垂直方向上空间资源的利用更有效。

（5）开敞度变化

目标树经营前后各样方林木开敞度的平均值和分布频率如表 7–7 所示。试验地 25 个样方的平均开敞度在 0.127 ～ 0.336，均值为 0.215，说明林分的生长空间不足，林分密度较大。

表 7-6　阔叶混交林经营前后林层指数特征

处理	样方	林层指数 $\bar{S}$		分布频数（%）									
				0.0		0.25		0.5		0.75		1.0	
		经营前	经营后	经营前	经营后	经营前	经营后	经营前	经营后	经营前	经营后	经营前	经营后
CK	1	0.322	0.322	28.81	28.81	37.29	37.29	16.95	16.95	10.17	10.17	6.78	6.78
	7	0.493	0.493	10.29	10.29	26.47	26.47	26.47	26.47	29.41	29.41	7.35	7.35
	13	0.375	0.375	27.42	27.42	27.42	27.42	20.97	20.97	16.13	16.13	8.06	8.06
	19	0.328	0.328	35.42	35.42	27.08	27.08	16.67	16.67	12.50	12.50	8.33	8.33
	25	0.415	0.415	22.73	22.73	20.45	20.45	31.82	31.82	18.18	18.18	6.82	6.82
	均值	0.387	0.387	24.93	24.93	27.74	27.74	22.57	22.57	17.28	17.28	7.47	7.47
WT	2	0.485	0.433	7.84	17.78	39.22	31.11	19.61	22.22	17.65	17.78	15.69	11.11
	8	0.512	0.574	4.65	5.41	27.91	18.92	37.21	32.43	18.60	27.03	11.63	16.22
	14	0.354	0.355	29.17	27.91	29.17	34.88	20.83	13.95	12.50	13.95	8.33	9.30
	20	0.427	0.509	5.88	3.70	41.18	22.22	32.35	44.44	17.65	25.93	2.94	3.70
	21	0.574	0.590	2.27	2.56	22.73	15.38	34.09	35.90	25.00	35.90	15.91	10.26
	均值	0.470	0.492	9.96	11.47	32.04	24.50	28.82	29.79	18.28	24.12	10.90	10.12
MT	3	0.407	0.473	18.60	10.81	18.60	24.32	46.51	35.14	13.95	24.32	2.33	5.41
	9	0.439	0.523	17.07	9.09	19.51	18.18	36.59	39.39	24.39	21.21	2.44	12.12
	15	0.308	0.386	40.00	22.73	16.67	31.82	26.67	18.18	13.33	22.73	3.33	4.55
	16	0.566	0.492	5.26	10.00	15.79	23.33	42.11	40.00	21.05	13.33	15.79	13.33
	22	0.424	0.475	13.89	13.33	44.44	33.33	19.44	20.00	2.78	16.67	19.44	16.67
	均值	0.429	0.470	18.97	13.19	23.00	26.20	34.26	30.54	15.10	19.65	8.67	10.41
HT	4	0.486	0.512	5.77	4.88	38.46	29.27	26.92	39.02	13.46	9.76	15.38	17.07
	10	0.328	0.432	28.13	9.09	40.63	40.91	12.50	27.27	9.38	13.64	9.38	9.09
	11	0.454	0.479	15.00	19.15	28.33	14.89	25.00	27.66	23.33	31.91	8.33	6.38
	17	0.542	0.567	4.23	5.36	21.13	10.71	36.62	44.64	29.58	30.36	8.45	8.93
	23	0.441	0.492	11.90	0.00	30.95	42.42	35.71	27.27	11.90	21.21	9.52	9.09
	均值	0.450	0.496	13.00	7.70	31.90	27.64	27.35	33.17	17.53	21.38	10.21	10.11
ST	5	0.513	0.663	5.26	0.00	34.21	5.00	28.95	35.00	13.16	50.00	18.42	10.00
	6	0.444	0.560	15.52	0.00	31.03	28.57	24.14	33.33	18.97	23.81	10.34	14.29
	12	0.526	0.577	3.51	0.00	29.82	16.67	33.33	47.62	19.30	23.81	14.04	11.90
	18	0.462	0.493	9.62	8.57	32.69	31.43	30.77	31.43	17.31	11.43	9.62	17.14
	24	0.205	0.381	51.52	14.29	36.36	47.62	0.00	19.05	3.03	9.52	9.09	9.52
	均值	0.430	0.535	17.08	4.57	32.83	25.86	23.44	33.29	14.35	23.71	12.30	12.57

表 7-7 阔叶混交林经营前后林层指数特征

处理	样方	开敞度 $\bar{K}$		分布频数（%）									
				(0, 0.2]		(0.2, 0.3]		(0.3, 0.4]		(0.4, 0.5]		(0.5, +∞]	
		经营前	经营后	经营前	经营后	经营前	经营后	经营前	经营后	经营前	经营后	经营前	经营后
CK	1	0.258		13.56		69.49		15.25		1.69		0.00	
	7	0.192		50.72		43.48		4.35		0.00		0.00	
	13	0.127		95.16		4.84		0.00		0.00		0.00	
	19	0.165		85.42		14.58		0.00		0.00		0.00	
	25	0.238		34.09		45.45		18.18		2.27		0.00	
	均值	0.196		55.79		35.57		7.56		0.79		0.00	
WT	2	0.213	0.221	60.78	37.78	25.49	55.56	11.76	6.67	1.96	0.00	0.00	0.00
	8	0.197	0.214	65.12	45.95	25.58	43.24	9.30	10.81	0.00	0.00	0.00	0.00
	14	0.210	0.228	43.75	34.88	56.25	58.14	0.00	6.98	0.00	0.00	0.00	0.00
	20	0.221	0.285	58.82	25.93	20.59	25.93	17.65	44.44	2.94	3.70	0.00	0.00
	21	0.179	0.210	70.45	61.54	20.45	28.21	9.09	7.69	0.00	0.00	0.00	2.56
	均值	0.202	0.234	59.54	42.07	30.72	38.88	9.01	17.48	0.74	0.93	0.00	0.64
MT	3	0.242	0.263	34.88	27.03	51.16	48.65	6.98	13.51	2.33	5.41	4.65	5.41
	9	0.250	0.291	14.63	9.09	70.73	51.52	14.63	33.33	0.00	3.03	0.00	3.03
	15	0.336	0.402	0.00	0.00	53.33	18.18	20.00	40.91	10.00	18.18	16.67	22.73
	16	0.245	0.325	0.24	10.00	0.41	36.67	0.22	33.33	0.06	6.67	0.08	13.33
	22	0.240	0.263	30.56	16.67	47.22	60.00	16.67	16.67	5.56	6.67	0.00	0.00
	均值	0.262	0.309	16.06	12.56	44.57	43.00	11.70	27.55	3.59	7.99	4.28	8.90
HT	4	0.241	0.284	26.92	7.32	63.46	56.10	9.62	34.15	0.00	2.44	0.00	0.00
	10	0.264	0.329	15.63	0.00	62.50	31.82	15.63	54.55	6.25	13.64	0.00	0.00
	11	0.169	0.197	81.67	60.87	18.33	30.43	0.00	8.70	0.00	0.00	0.00	0.00
	17	0.181	0.208	67.61	44.64	29.58	44.64	2.82	7.14	1.41	3.57	0.00	0.00
	23	0.188	0.215	61.90	45.45	33.33	30.30	4.76	24.24	0.00	0.00	0.00	0.00
	均值	0.209	0.247	50.75	31.66	41.44	38.66	6.56	25.75	1.53	3.93	0.00	0.00
ST	5	0.260	0.415	18.42	0.00	60.53	20.00	13.16	40.00	7.89	15.00	0.00	25.00
	6	0.192	0.200	60.34	56.10	34.48	39.02	5.17	4.88	0.00	0.00	0.00	0.00
	12	0.193	0.240	58.62	28.57	34.48	59.52	6.90	7.14	0.00	4.76	0.00	0.00
	18	0.172	0.207	84.62	54.29	11.54	45.71	3.85	0.00	0.00	0.00	0.00	0.00
	24	0.208	0.299	54.55	9.52	33.33	38.10	12.12	42.86	0.00	4.76	0.00	4.76
	均值	0.205	0.272	55.31	29.70	34.87	40.47	8.24	18.98	1.58	4.90	0.00	5.95

目标树经营前WT、MT、HT和ST强度对应空间开敞度$\bar{K}$分别为0.202、0.262、0.209和0.205；目标树经营后，4种经营强度下$\bar{K}$分别增长到0.234、0.309、0.247和0.272；林木开敞度较大提升，HT强度林木开敞度已达到基本充足。从分布频率上看，WT强度下，经营后生长空间严重不足$\bar{K}$=（0，0.2]的比例由59.54%减少到42.07%；HT强度下，由50.75%减少到31.66%；HT强度下，由55.31%减少到29.70%；而生长空间基本充足，$\bar{K}$=（0.3，0.4]的比例也有大幅提（平均52.77%）；不同经营强度下充足（0.4，0.5]和很充足（0.5，+∞）的比例也得到了不同程度提升，林木生长空间总体得到较大改善。开敞度不仅反映了光照的强弱，同时也反映了营养空间的大小和结构。开敞度越高，下层林木受光条件越好，对于林下生物量积累意义明显，对于林下更新和微生物环境也具有积极促进作用（沈海龙 等，2011）。

（6）竞争指数变化

由表7–8可知，目标树经营前林木的Hegyi竞争指数均值在0.4979～0.8577，均值为0.6570，竞争指数值较高。这是由于考虑到样地内林木平均冠幅为2.25m，我们以对象木i为圆心，选择R=2.5m为半径的圆内，对象木i所受其他林木的竞争“压力”（唐守正等，2009）。因此，依据林木冠幅或平均间距，其竞争指数可以真实反映林木的竞争压力。本研究中，林木的Hegyi竞争指数保持在较高的水平，说明经营前林木承受的平均竞争压力较高。目标树经营后，WT、MT、HT和ST经营强度下，Hegyi竞争指数均值在0.4096～0.8683，均值为0.6051，竞争指数值在一定程度上减小，林分整体压力得到缓解。在WT、MT、HT和ST强度下，竞争指数$\overline{CI}$分别下降4.40%、7.02%、8.64%和13.54%；说明随间伐强度增大，竞争指数降低幅度越大。目标树经营后，各处理对应的不同样方林木的竞争指数值均得以降低，表现出较好的优化效果，林木竞争状况得到较大改善。

表7–8　阔叶混交林目标树经营前后Hegyi竞争指数变化

处理	样方	经营前	经营后	下降率（%）	处理	样方	经营前	经营后	下降率（%）
WT	2	0.7595	0.7241	4.65	HT	4	4.937	3.917	9.40
	8	0.6467	0.6208	4.00		10	3.517	2.407	16.19
	14	0.6142	0.5960	2.95		11	5.194	4.243	5.88
	20	0.5993	0.5593	6.68		17	8.141	6.612	7.13
	21	0.7127	0.6863	3.70		23	4.534	3.889	4.58
	均值	0.6665	0.6373	4.40		均值	5.265	4.214	8.64
MT	3	0.6450	0.6139	4.82	ST	5	3.400	1.750	20.51
	9	0.6210	0.5854	5.74		6	6.571	4.933	12.55
	15	0.5297	0.4432	16.32		12	6.054	4.563	8.27
	16	0.6304	0.5689	9.76		18	5.510	4.087	8.62
	22	0.8552	0.8683	–1.53		24	2.996	1.837	17.73
	均值	0.6563	0.6159	7.02		均值	4.906	3.434	13.54

2）经营前后林分空间结构评价

（1）熵权法综合评价

通过熵权法确定试验地林木角尺度、混交度、大小比数、开敞度、林层指数、竞争指数 6 个空间参数的熵值和权重。其权重分别为 0.507、0.036、0.003、0.184、0.065、0.204。其中角尺度 $\bar{W}$ 的权重最大，竞争指数 $\bar{CI}$ 次之，大小比数 $\bar{U}$ 的权重最小，说明角尺度对评价结果的影响最大，大小比数对评价结果的影响最小（表 7–9）。

表 7–9　阔叶混交林经营前后林分空间结构标准化值及权重

指标	CK	经营前				经营后				信息熵	权重
		WT	MT	HT	ST	WT	MT	HT	ST	E_i	W_i
角尺度 $\bar{W}$	0.417	0.609	0.100	0.100	0.609	0.961	0.843	0.570	1.000	0.986	0.507
混交度 $\bar{M}_S$	0.717	0.804	0.364	0.276	0.100	1.000	0.614	0.472	0.249	0.999	0.036
大小比数 $\bar{U}$	0.405	0.524	0.788	0.418	0.524	0.285	0.815	0.100	1.000	1.000	0.003
开敞度 $\bar{K}$	0.100	0.147	0.625	0.203	0.171	0.402	1.000	0.506	0.705	0.995	0.184
林层指数 $\bar{S}$	0.100	0.606	0.358	0.485	0.364	0.739	0.606	0.764	1.000	0.998	0.065
竞争指数 $\bar{CI}$	0.100	0.411	0.643	0.325	0.457	0.683	0.896	0.712	1.000	0.994	0.204

根据上述林分空间结构权重，计算得到林分经营前后不同强度下的林木空间结构评价结果（表 7–10）。经营前，不同经营强度的综合评分为 0.197 ～ 0.490，均值为 0.372（不包含对照组）。根据表 7–1 林分空间结构评价参数特征，HT 经营强度，林木空间结构评分为 I 级，林分空间结构差；MT 经营强度，林木空间结构评分为 II 级，林分空间结构较差；WT 和 ST 经营强度，林木空间结构评分为 III 级，表明仅接近一半的林木空间结构理想。经营后，不同经营强度的综合评分在 0.594 ～ 0.919，均值为 0.790。HT 经营强度，林木空间结构评分为 III 级，林分空间结构由差转变为超过一半林木空间结构达到理想；WT 经营强度，林木空间结构评分为 IV 级，林分空间结构已由近一半林木空间结构理想转化为大部分林木空间结构理想。MT 和 ST 经营强度，林木空间结构评分为 V 级，表明林木空间结构已达到理想状态。理想状态的林分为：林木整体为随机分布，林木处于优势状态，树种极强度混交，林层多为复层结构。目标树经营后，不同经营强度林分空间结构评分排序为：ST ＞ MT ＞ WT ＞ HT。综合评价表明，ST 经营强度对目标树空间结构改善效果最为明显，其次为 MT 经营强度，HT 经营强度对林分空间结构改善的效果最弱。

（2）乘除法评价

应用变异系数法计算林分空间参数的权重。该方法充分利用了样本数据，确定的参数权重具有绝对客观性。应用乘除法对不同空间结构参数进行多目标评价，充分利用总体目标的重要程度，能体现经营决策者对参数在总体目标中重要性的理解。乘除法可进一步检验熵权法综合评价结果的可靠性。由表 7–11 可知：目标树经营前乘除法与熵权法综合评价存在部分差异，仅 MT（0.688）和 ST（0.358）的评价分值与熵权综合评价分值大小相反。

目标树经营后，不同经营强度林分空间结构评分为：ST（3.515）> MT（2.803）> WT（1.627）> HT（0.824），其评价结构的排序与熵权综合评价完全一致。

表 7-10 阔叶混交林经营前后林分空间结构综合评价

经营阶段	处理	角尺度 $\bar{W}$	混交度 $\bar{M}_S$	大小比数 $\bar{U}$	开敞度 $\bar{K}$	林层指数 $\bar{S}$	竞争指数 $\bar{CI}$	评价结果
	CK	0.212	0.026	0.001	0.018	0.007	0.020	0.284
经营前	WT	0.309	0.029	0.002	0.027	0.039	0.084	0.490
	MT	0.051	0.013	0.003	0.115	0.023	0.131	0.336
	HT	0.051	0.010	0.001	0.037	0.032	0.066	0.197
	ST	0.309	0.004	0.002	0.031	0.024	0.093	0.463
经营后	WT	0.488	0.036	0.001	0.074	0.048	0.139	0.786
	MT	0.428	0.022	0.003	0.184	0.039	0.183	0.859
	HT	0.289	0.017	0.000	0.093	0.050	0.145	0.594
	ST	0.507	0.009	0.003	0.130	0.065	0.204	0.919

表 7-11 阔叶混交林经营前后林分空间结构综合评价

经营阶段	处理	角尺度 $\bar{W}$	混交度 $\bar{M}_S$	大小比数 $\bar{U}$	开敞度 $\bar{K}$	林层指数 $\bar{S}$	竞争指数 $\bar{CI}$	评价结果
	CK	0.648	0.685	0.661	0.000	0.000	1.000	0.278
经营前	WT	0.435	0.782	0.529	0.052	0.562	0.655	0.728
	MT	1.000	0.293	0.235	0.584	0.286	0.397	0.688
	HT	1.000	0.195	0.647	0.114	0.428	0.750	0.297
	ST	0.435	0.000	0.529	0.079	0.293	0.603	0.358
经营后	WT	0.043	1.000	0.794	0.336	0.710	0.353	1.627
	MT	0.174	0.571	0.206	1.000	0.562	0.116	2.803
	HT	0.478	0.414	1.000	0.451	0.737	0.320	0.824
	ST	0.000	0.165	0.000	0.672	1.000	0.000	3.515
W_j		0.188	0.167	0.160	0.174	0.151	0.161	1.000

7.3.1.3 经营前后目标树空间结构变化与评价

1）经营前后目标树空间结构变化

（1）角尺度、大小比数和混交度变化

目标树经营的重点是围绕改善目标树的生长环境而展开的。我们从分布格局、大小比数、混交度、林层指数、开敞度和竞争指数 6 个方面对目标树空间结构变化进行分析。

由表 7-12 第 3 列和 4 列可知：WT 经营强度下林木由均匀分布（$\bar{W}$=0.456）转化为随机分布（$\bar{W}$=0.503）；ST 经营强度下林木分布格局林木由均匀分布（$\bar{W}$=0.458）向随机分布（$\bar{W}$=0.471）转化。HT 经营强度林木由随机分布（$\bar{W}$=0.476）向聚集分布（$\bar{W}$=0.520）

表 7–12 阔叶混交林经营前后目标树空间结构指数

处理	样方	混交度 $\bar{W}$		大小比数 $\bar{U}$		混交度 $\bar{M}_s$	
		经营前	经营后	经营前	经营后	经营前	经营后
CK	1	0.500		0.143		0.679	
	7	0.500		0.042		0.833	
	13	0.583		0.042		0.583	
	19	0.542		0.208		0.250	
	25	0.500		0.125		0.688	
	均值	0.525		0.112		0.607	
WT	2	0.417	0.429	0.000	0.000	0.792	0.857
	8	0.417	0.688	0.250	0.188	0.833	0.750
	14	0.458	0.550	0.083	0.100	0.667	0.700
	20	0.550	0.400	0.200	0.350	0.450	0.700
	21	0.438	0.450	0.063	0.150	0.563	0.850
	均值	0.456	0.503	0.119	0.158	0.661	0.771
MT	3	0.500	0.542	0.167	0.208	0.625	0.833
	9	0.464	0.429	0.107	0.036	0.536	0.714
	15	0.450	0.550	0.250	0.000	0.350	0.500
	16	0.417	0.625	0.167	0.250	0.500	0.750
	22	0.450	0.600	0.000	0.150	0.550	0.650
	均值	0.456	0.549	0.138	0.129	0.512	0.690
HT	4	0.429	0.400	0.143	0.500	0.643	0.600
	10	0.500	0.583	0.321	0.000	0.464	0.667
	11	0.542	0.625	0.125	0.167	0.542	0.875
	17	0.536	0.536	0.143	0.071	0.607	0.679
	23	0.375	0.458	0.167	0.000	0.375	0.375
	均值	0.476	0.520	0.180	0.148	0.526	0.639
ST	5	0.417	0.417	0.125	0.083	0.542	0.542
	6	0.375	0.438	0.125	0.375	0.625	0.688
	12	0.500	0.450	0.150	0.150	0.200	0.500
	18	0.500	0.550	0.250	0.000	0.700	0.700
	24	0.500	0.500	0.286	0.214	0.143	0.286
	均值	0.458	0.471	0.187	0.165	0.442	0.543

转化，而MT经营强度林木由均匀分布（$\bar{W}$ =0.456）转化为聚集分布（$\bar{W}$ =0.549）。由此可见，目标树经营后打破了人工林的均匀分布格局，使得该试验地区人工林的林木随机分布比例增大。综合来看，目标树经营对目标树空间结构的影响在总体上呈现出积极作用，但仍具有一定的不确定性。因此，研究目标树空间结构的变化有必要结合多个指标进行多目标分析才能做出科学判断。

由表7–12第5列和6列可知：WT经营强度下林木大小比数均值表现为优势（$\bar{U}$ =0.119）向亚优势（$\bar{U}$ =0.158）转化，这是由于样方20和样方21中，目标树多落入缓冲区范围，造成大小比计算结果偏大。MT、HT和ST经营强度林木大小比数均得到一定的优化。由此可见，目标树经营后目标树在自身空间结构单元中的生态位和优势程度明显提高，为提升目标树的竞争优势创造了良好条件。

由表7–12第7列和8列可知：通过目标树经营，试验地各样方目标树的平均混交度$\bar{M}_S$得到了不同程度的提升，均向着更为理想的混交状态进一步逼近。其中，WT强度混交提升效果最为明显，其均值从0.661提升到0.771，混交状况已提升为极强度混交。其他不同经营强度下，林木平均混交度分别由中度混交向强度混交转化，其中MT、HT和ST经营强度，林木平均混交度分别提升了34.8%、21.5%和22.9%。

目标树经营所确定的干扰木是依据目标树而选定的。由于北山林场试验区树种存在13个树种，5种优势树种，干扰木树种可能存在以下几种情况：一是目标树或干扰树的同种树种；二是干扰木与目标树是2～5种不同树种。因此，选择的干扰木时，通常选择与目标树或其他干扰木属同种树种，经营后形成的新空间结构单元内的树种异质性会提高，树种隔离程度更高，提高混交的状况。

（2）林层指数和开敞度变化

由表7–13第3列和4列可知：林分经营前各样方目标树平均林层指数均值在0.143～0.793，其均值为0.453。林分经营后各样方目标树平均林层指数均值在0.286～0.793，其均值为0.580。经目标树经营后，试验地各样方不同间伐强度目标树林层指数均得到较大程度的提升。其中值得注意的是，16号样方在经营前后林层指数均为0.792，均属于林层多样性特别丰富，这可能与样方内一般林木的数量较少有关（31株），在林分密度较小环境下，林木有更充分的生长空间，经过自然调节，林木垂直利用空间的能力达到较为理想的状态。不同经营强度下，林层指数提升率为：ST（46.3%）＞HT（41.2%）＞MT（23.7%）＞WT（10.7%）。显然，目标树经营强度越大，对林层垂直结构的优化越明显。必须说明的是，调查中发现，试验地林分的林层主要集中在上层和中层，下层林木数量极少。目标树经营后，释放了大量的垂直空间，对林分未来林层丰度构建将有很大的促进作用。

由表7–13第5列和6列可知：经营前后各样方目标树开敞度均得到较大程度的提升。经营前平均开敞度在0.149～0.321，其均值为0.221，表明其开敞空间不足。目标树经营后，平均开敞度在0.202～0.519，其均值为0.292，整体空间状况接近基本充足。MT强度下，开敞度值为0.333；ST强度下，开敞空间的提升率为31.6%，表明开敞空间已达到基本充足，

表 7–13 阔叶混交林经营前后目标树林层指数和开敞度

处理	样方	林层指数 $\bar{S}$		开敞度 $\bar{K}$	
		经营前	经营后	经营前	经营后
WT	2	0.542	0.571	0.201	0.224
	8	0.583	0.563	0.182	0.218
	14	0.450	0.429	0.222	0.223
	20	0.450	0.600	0.200	0.266
	21	0.550	0.688	0.151	0.301
	均值	0.515	0.570	0.191	0.246
MT	3	0.375	0.458	0.244	0.262
	9	0.500	0.750	0.267	0.303
	15	0.200	0.400	0.321	0.466
	16	0.792	0.792	0.203	0.345
	22	0.600	0.650	0.223	0.287
	均值	0.493	0.610	0.252	0.333
HT	4	0.500	0.643	0.262	0.307
	10	0.375	0.667	0.264	0.342
	11	0.542	0.708	0.220	0.265
	17	0.393	0.536	0.186	0.237
	23	0.292	0.417	0.217	0.214
	均值	0.420	0.594	0.230	0.273
ST	5	0.417	0.667	0.213	0.519
	6	0.500	0.438	0.179	0.202
	12	0.400	0.688	0.311	0.252
	18	0.450	0.650	0.149	0.256
	24	0.143	0.286	0.210	0.351
	均值	0.382	0.545	0.212	0.316

透光条件得到很大改善。虽然 WT 和 HT 开敞度均值未达到空间基本充足状态（0.3，0.4]，但开敞度的提升率分别达到 28.8% 和 18.7%，说明目标树经营整体上提升了目标树的平均开敞度值，林分透光条件也得到较大的改善。实验区林分整体上处于中龄林阶段（按目标树经营划分），林分结构相对稳定，经营前林分郁闭度为偏高水平，目标树经营后林层与开敞空间改善效果十分明显。

（3）经营前后竞争指数变化

由表 7–14 可知：目标树经营前试验地各样方目标树的平均竞争指数在 0.214 ～ 0.448，均值为 0.310，低于全林竞争指数，保持在偏低的水平，说明目标树承受的平均竞争压力低于全林，目标树选择是合理的。

目标树经营后，各样方的平均竞争指数在0.164～0.351，全林均值为0.228，竞争指数整体下降非常明显，且竞争指数下降率与经营强度间存在明显规律性：ST（40.09%）＞HT（29.19%）＞MT（20.77%）＞WT（13.35%）。目标树经营对缓解目标树竞争起着积极作用，目标树的竞争状况得到极大改善。

表7-14　阔叶混交林经营前后目标树竞争指数变化

处理	样方	经营前	经营后	变化率（%）	处理	样方	经营前	经营后	变化率（%）
WT	2	0.401	0.351	12.66	HT	4	0.363	0.237	34.60
	8	0.279	0.243	12.72		10	0.252	0.164	35.05
	14	0.279	0.252	9.77		11	0.339	0.284	16.21
	20	0.267	0.207	22.45		17	0.315	0.237	24.97
	21	0.293	0.266	9.17		23	0.283	0.183	35.14
	均值	0.304	0.264	13.35		均值	0.310	0.221	29.19
MT	3	0.334	0.259	22.49	ST	5	0.290	0.165	43.10
	9	0.309	0.227	26.60		6	0.448	0.293	34.62
	15	0.259	0.197	24.06		12	0.345	0.187	45.73
	16	0.214	0.184	14.06		18	0.352	0.210	40.41
	22	0.282	0.235	16.64		24	0.297	0.188	36.61
	均值	0.280	0.220	20.77		均值	0.346	0.209	40.09

2）经营前后目标树空间结构评价

（1）熵权法综合评价

通过熵权法确定试验地目标树角尺度、混交度、大小比数、开敞度、林层指数、竞争指数6个空间参数的熵值和权重。其权重分别为0.167、0.166、0.167、0.166、0.166、0.167。其中角尺度$\bar{W}$、大小比数$\bar{U}$、竞争指数$\bar{CI}$的权重略大；混交度$\bar{M}_S$、开敞度$\bar{K}$和林层指数$\bar{S}$权重略小。各空间结构指数权重大小比较均一，说明6个参数的权重对评价结果的影响基本一致（表7-15）。

表7-15　阔叶混交林经营前后目标树空间结构标准化值

指标	经营前				经营后				信息熵 E_i	权重 W_i
	WT	MT	HT	ST	WT	MT	HT	ST		
角尺度$\bar{W}$	0.100	0.100	0.539	0.144	1.000	0.429	0.627	0.429	0.110	0.167
混交度$\bar{M}_S$	0.699	0.291	0.330	0.100	1.000	0.833	0.639	0.456	0.116	0.166
大小比数$\bar{U}$	1.000	0.351	0.193	0.100	0.484	1.265	0.616	0.391	0.111	0.167
开敞度$\bar{K}$	0.100	0.487	0.347	0.233	0.449	1.000	0.620	0.892	0.115	0.166
林层指数$\bar{S}$	0.625	0.538	0.250	0.100	0.842	1.000	0.937	0.743	0.117	0.166
竞争指数$\bar{CI}$	0.378	0.586	0.100	0.103	0.685	1.000	0.718	0.913	0.113	0.167

林分经营前后不同强度下的目标树空间结构评价见表 7–16。目标树经营前，不同经营强度的综合评分在 0.130 ～ 0.484，均值为 0.325。根据表 7–1 林分空间结构评价参数特征，对应 ST 经营强度（0.130），林木空间结构评分为 I 级，林分空间结构差；HT 经营强度（0.293）和 MT 经营强度（0.392），林木空间结构评分为 II 级，林分空间结构较差；WT 经营强度，林木空间结构评分为 III 级，表明仅一半的林木空间结构理想。目标树经营后，不同经营强度的综合评分在 0.637 ～ 0.921，均值为 0.749，目标树空间结构整体达到大部分林木空间结构理想状态。ST 经营强度（0.637），HT 经营强度（0.693），WT 经营强度（0.743），目标树结构单元林木的空间结构均为 IV 级，表明目标树结构单元大部分林木的空间结构理想。MT 经营强度（0.921），空间结构评分为 V 级，表明目标树空间结构已达到理想状态。目标树经营后，不同经营强度目标树空间结构评分排序为：MT ＞ WT ＞ HT ＞ ST，表明 MT 经营强度对目标树空间结构的提质最为显著。

表 7–16　阔叶混交林经营前后目标树空间结构评价结果

经营阶段	处理	角尺度 $\bar{W}$	混交度 $\bar{M}_S$	大小比数 $\bar{U}$	开敞度 $\bar{K}$	林层指数 $\bar{S}$	竞争指数 $\overline{CI}$	评价结果
经营前	WT	0.017	0.116	0.167	0.017	0.104	0.063	0.484
	MT	0.017	0.048	0.059	0.081	0.089	0.098	0.392
	HT	0.090	0.055	0.032	0.058	0.042	0.017	0.293
	ST	0.024	0.017	0.017	0.039	0.017	0.017	0.130
经营后	WT	0.167	0.166	0.081	0.075	0.140	0.114	0.743
	MT	0.072	0.139	0.211	0.166	0.166	0.167	0.921
	HT	0.105	0.106	0.103	0.103	0.156	0.120	0.693
	ST	0.072	0.076	0.065	0.149	0.124	0.152	0.637

（2）乘除法评价

由表 7–17 可知：目标树经营前乘除法与熵权法综合评价结果完全一致。目标树经营后，不同经营强度林分空间结构评分为：WT（0.882）＞ MT（0.762）＞ HT（0.403）＞ ST（0.194）。目标树经营后，其评价排序为：MT（2.761）＞ WT（2.477）＞ HT（1.899）＞ ST（1.444）。经过乘除法检验，熵权综合评价法对于目标树结构单元的空间结构评价比全林空间结构评价更为准确。熵权法综合法和变异系数确定权重的乘除法，具有计算简单、方便实用，且充分利用了样本数据的优点，确定的参数权重具有绝对客观性，评价可信度高。

7.3.1.4 评价结论

1）林分空间结构变化与评价

（1）林分空间结构变化分析

北山林场阔叶混交林在经营前后林木分布格局得到了优化。在 WT、MT、ST 强度下，林木分布格局由均匀分布转变为随机分布，而在 HT 强度下，虽然林木分布未完全转化为随机分布，但林木分布格局仍然得到了较大程度的优化。因此，目标树经营可以使林木分布向

表 7–17　阔叶混交林经营前后目标树空间结构综合评价

经营阶段	处理	角尺度 $\bar{W}$	混交度 $\bar{M}_s$	大小比数 $\bar{U}$	开敞度 $\bar{K}$	林层指数 $\bar{S}$	竞争指数 $\bar{CI}$	评价结果
	CK	0.478	0.500	0.000	0.000	0.000	1.000	0.490
经营前	WT	0.891	0.666	0.094	0.094	0.624	0.566	0.882
	MT	0.891	0.213	0.347	0.483	0.538	0.377	0.762
	HT	0.457	0.255	0.907	0.343	0.249	0.820	0.403
	ST	0.848	0.000	1.000	0.228	0.099	0.818	0.194
经营后	WT	0.000	1.000	0.614	0.445	0.842	0.287	2.477
	MT	1.000	0.754	0.228	1.000	1.000	0.000	2.761
	HT	0.370	0.599	0.481	0.617	0.937	0.257	1.899
	ST	0.565	0.307	0.707	0.892	0.743	0.080	1.444
W_j		0.159	0.152	0.171	0.166	0.179	0.173	1.000

随机分布方向发展，使得林木空间分布更加合理。

另外，经营前后大小比数量化对象木与相邻木的相对大小关系，因此大小比数的改善实际上是林木竞争关系的改善，且改善效果十分明显。树种隔离方面，经过目标树经营，林木平均混交度具有增加，试验地阔叶混交林林木混交比例得到了显著提高，对于优化树种资源配置具有重要意义。

经过目标树经营，林木垂直方向的空间利用得到了较大改善，也可认为是林木垂直方向上的分化水平更高。同时，林木开敞度也得到了较大提升，不同经营强度下开敞空间充足（0.4，0.5] 和很充足（0.5，+∞）的比例也得到了不同程度提升。目标树经营后，竞争指数值在一定程度上减小，林分整体压力得到缓解。随间伐强度增大，竞争指数降低幅度越大，反映出整体下降规律。

（2）林分空间结构评价

综合评价表明，ST 经营强度对目标树空间结构改善效果最为明显，其次为 MT 经营强度，HT 经营强度对林分空间结构改善的效果最弱。结合国家对商品用材林和生态公益林的采伐限额。MT 经营强度对林分空间结构改善和森林质量提升具有更佳综合效益。

2）目标树空间结构变化与评价

（1）目标树空间结构变化分析

经过目标树经营后，人工林目标树的随机性增加，打破了以往的均匀分布格局。目标树在自身空间结构单元中的生态位和优势程度显著提高，有利于提高目标树的竞争优势。同时，通过目标树经营，不同样方目标树的平均混交度得到了提升，整体趋向更为理想的混交状态。特别是在 WT 强度混交下，提升效果最为明显。林分经营后，林层指数也得到了提升，其中 ST 提升率最高，而 WT 提升率最低。目标树经营后，目标树平均开敞度均值在 0.202 ～ 0.519，整体空间状况接近基本充足。在 MT 强度下，开敞空间已达到基本充足，透光条件也得到了很大改善。

此外，经营后竞争指数整体下降非常明显，且下降率与经营强度间存在明显规律性，其中 ST 竞争指数下降率最高，WT 最低。目标树经营对缓解目标树的竞争起着积极作用，使其竞争状况得到极大改善。

（2）目标树空间结构评价

在 MT 经营强度下，目标树空间结构评分为 V 级，表明目标树空间结构已经达到理想状态。经营后，不同经营强度下目标树空间结构评分排序为：MT ＞ WT ＞ HT ＞ ST，表明 MT 经营强度对喜树、鹅掌楸为优势种的阔叶混交林目标树空间结构的提升最为显著。总体来看，经营使得目标树空间结构得到了明显的提升，优化了林分的空间结构。

7.3.2 针阔混交林经营前后林木空间结构分析评价

选择湖北省通山县大幕山林场杉木檫木混交林样地进行目标树经营试验，试验地和林分基本情况见 6.2.2。2020 年 2 月，在标准地设置样方，分设不同经营强度进行目标树经营。

7.3.2.1 经营设计

空间结构是森林结构的最直观表现因子。国内空间结构评价方面的研究多涉及特定树种（赵文菲 等，2022；李艳茹 等，2022），这是由于不同立地条件、不同树种组成的林分，空间结构会存在特殊性。杉木是华中地区低山丘陵重要的造林树种之一，是生态公益林的重要组成部分，对造林绿化、水土保持、生态环境改善发挥着重要的作用。檫木是湖北重要的乡土树种，常生于海拔 150 ～ 1900m 疏林或密林中。檫木材质细致、耐久，用于造船、水车及上等家具。许多地区国有林场和森林公园有栽培。由于大幕山林场檫木林初植密度过大，杉木萌生树数量较多，迫切需要对试验地杉檫混交林进行科学合理经营。

应用目标树经营法对大幕山林场试验地杉木、檫木混交林进行经营设计。目标树平均间距约 8.0m（约 200 株 /hm^2）。目标树、干扰木和一般林木的选择和标记与北山林场一致（见 7.1）。根据大幕山试验地林木树种和质量，在每个试验样方内选择 6 ～ 9 株目标树。目标树总数占经营前样地全部林木的 9.28%，占经营后样地林木总株数的 14.85%，目标树密度控制合理。目标树在林分中分布相对均匀，目标树的分布经过异质泊松分布为零模型的点格局分布检验，为随机分布。由彩图 7–2 可知：选定的目标树在试验地分布较为均匀，符合设计的要求。由于是同龄林，所选目标树的平均胸径和平均树高在各林木类型中最优，表明选定的目标树多为优势木或主林层中的优势个体，符合目标树经营选择原则。

采用机械排列的方式布设 4 种经营强度，即每株目标树依照设计强度选择 1 ～ 4 株干扰木（采伐木包含林分中少量断梢、风折、病腐、虫害、弯曲的劣质木，以及影响目标树生长的藤蔓和影响天然更新幼树生长的林木），依据干扰木采伐的数量控制经营强度。对照样地（0 株干扰木）正常标记目标树，但不间伐。干扰木的选择与采伐，应从结构单元的角度出发，灵活应用“伐大留小、伐同留异、高低分层”的干扰木采伐原则，即干扰木的采伐以大径级为主，通过经营降低目标树的竞争状况；尽量采伐与目标树树种相同的干扰木，以提高经营后林分树种隔离程度；如目标树为国家或地方保护植物、珍贵或优良乡土树种，干扰木应权衡后合理保留。

不同试验样方内（20m×20m）杉木萌生树的数量差异较大，一般林木以杉木为主，其数量在 15 ～ 125 株，一般林木多为聚集分布。试验地各样方林木分类情况见表 7–18。

2020 年 2 月，对试验地进行经营作业，经营总面积 10000m^2。根据经营前后的林分蓄积量计算出平均间伐强度，即按 1 株目标树伐除 0 株干扰木，得到对照 CK（0）；按 1 株目标树伐除 1 株干扰木，得到弱度间伐强度 WT（12.42%）；1 株目标树伐除 2 株干扰木，得到中度间伐强度 MT（23.25%）；1 株目标树伐除 3 株干扰木，得到强度间伐强度 HT（32.31%）；1 株目标树伐除 4 株干扰木，得到超强间伐强度 ST（41.96%）。经营示意见彩图 7–2。

7.3.2.2 经营前后林分空间结构变化与评价

选择树种混交度 $\bar{M}_S$、林层指数 $\bar{S}$、开敞度 $\bar{K}$ 和竞争指数 $\bar{CI}$ 对大幕山杉木檫木混交林空间结构变化分析与评价。

1）经营前后林分空间结构变化

（1）树种混交变化

目标树经营前后各样方林木混交度的平均值和分布频率如表 7–19 所示。目标树经营前，试验地 25 个样方的平均混交度在 0.352 ～ 0.688，均值为 0.494。试验地内乔木物种 17 种，除 2 种优势树种外，其他 15 种树种的个体数量很少，整体上林木为中度偏弱度混交。经过目标树经营，林木平均混交度 $\bar{M}_S$ 为 0.530，提升约 7.3%；经营前不同处理混交度分别为 0.492（WT）、0.474（MT）、0.456（HT）和 0.468（ST），经营后 WT、MT、HT 和 ST 处理林木的平均混交度 $\bar{M}_S$ 分别增长到 0.545（10.9%）、0.486（2.7%）、0.500（17.0%）和 0.505（6.4%），林木树种的种间隔离程度有一定增加，林分树种结构更稳定。从分布频率上看，目标树经营后，WT、MT、HT 和 ST 强度对应各样方林木的平均混交度 $\bar{M}_S$ 变化的最大变幅分别为 7.10%（$\bar{M}_S$=0.75）、1.64%（$\bar{M}_S$=0.50）、6.41%（$\bar{M}_S$=0.25）和 4.46%（$\bar{M}_S$=0.25）；弱度、中度和强度混交的比例均有不同程度上升。虽然目标树经营提升了整体混交比例，但由于试验地少量树种的数量很少，混交度提升幅度仍然有限。总体而言，经营提高了试验地林木混交比例，加大了林木间的隔离程度。

（2）林层多样性变化

目标树经营前后各样方林层指数的平均值和分布频率如表 7–20 所示。林分在垂直方向上的成层性越复杂，表明乔木层利用空间资源的能力越强。其值以越接近 1 为最高复杂性。目标树经营前，试验地 25 个样方的平均林层指数在 0.371 ～ 0.656，均值为 0.551，林层的复杂性处于中等偏高水平，林分总体垂直空间结构较好，林木对林分的垂直方向的空间利用基本充足，林木高阶分化水平更高。经营前，WT、MT、HT 和 ST 经营设计样方内林层指数 $\bar{S}_i$ 分别为 0.535、0.576、0.545 和 0.537；目标树经营后，WT、MT 和 HT 经营强度下林层指数 $\bar{S}$ 分别增长到 0.561、0.595、0.584，林木垂直方向上的分化水平更高。ST 强度 $\bar{S}$ 下降到 0.478，这是由于 12 号样方林木公顷株数为 1225 株，且属于超强经营样方，间伐后样方内仅有 8 株目标树和 5 株一般林木，弱化了林木的垂直结构，但这仅是 ST 经营强度下平均样方水平的个例。

表 7–18 试验地各样方林木分类信息

处理	样方	林木分类	株数	平均胸径（cm）	平均树高（m）	处理	样方	林木分类	株数	平均胸径（cm）	平均树高（m）
CK	1	目标树	7	18.9	12.7	CK	13	目标树	8	17.7	10.7
		一般林木	109	9.8	6.8			一般林木	77	11.3	7.2
	7	目标树	9	19.9	11.2		19	目标树	8	18.8	12.9
		一般林木	60	11.3	7.1			一般林木	125	11.3	8.4
	25	目标树	6	15.3	9.6		25	一般林木	44	12	6.8
WT	2	目标树	9	18.7	10.3	HT	4	目标树	8	18.9	13.1
		干扰木	17	10.2	5.4			干扰木	35	11	8.8
		一般林木	66	10.6	6.0			一般林木	31	11.9	8.2
	8	目标树	9	18.2	12.4		10	目标树	8	22.5	11.4
		干扰木	28	9.3	6.5			干扰木	21	13.9	7.6
		一般林木	55	12.8	8.7			一般林木	15	15.4	7.7
	14	目标树	8	16.8	11.2		11	目标树	7	18.3	11
		干扰木	27	10.2	7.5			干扰木	56	10.8	7.8
		一般林木	51	13.5	8.9			一般林木	47	12.8	8.7
	20	目标树	8	17.5	12		17	目标树	9	19.8	12.4
		干扰木	29	10.1	6.6			干扰木	45	12	8.2
		一般林木	65	12.2	7.7			一般林木	28	14.4	9.1
	21	目标树	7	20.7	12.9		23	目标树	9	19.1	12.6
		干扰木	11	11.2	7.6			干扰木	67	9.2	6.8
		一般林木	27	14.8	8.5			一般林木	37	14.5	9.4
MT	3	目标树	8	19.9	11.5	ST	5	目标树	9	21.4	13.5
		干扰木	38	10.6	7.3			干扰木	51	11.8	8.5
		一般林木	63	11.7	7.2			一般林木	19	12.7	8.5
	9	目标树	9	20.3	11.6		6	目标树	8	20	14.4
		干扰木	29	11.1	7.5			干扰木	68	10.7	7.3
		一般林木	31	13.9	7.9			一般林木	17	13.6	10.2
	15	目标树	7	18	10.9		12	目标树	8	22.1	11.8
		干扰木	24	10.1	7.3			干扰木	32	11.3	7.8
		一般林木	24	14.4	8.6			一般林木	8	10.4	6.8
	16	目标树	8	18.6	14		18	目标树	8	18.3	12.4
		干扰木	61	9.9	7.5			干扰木	88	10.2	7.8
		一般林木	53	13.8	10.4			一般林木	24	15.1	10.1
	22	目标树	8	19.7	11.9		24	目标树	8	18.4	10.5
		干扰木	34	11.1	7.4			干扰木	52	10.9	7
		一般林木	40	11.3	8.3			一般林木	32	13.7	8

表 7-19 大幕山针阔混交林经营前后混交度特征

处理	样方	混交度 $\bar{M}_S$		分布频数（%）									
				0		0.25		0.5		0.75		1.00	
		经营前	经营后	经营前	经营后	经营前	经营后	经营前	经营后	经营前	经营后	经营前	经营后
CK	1	0.56		5.63		19.72		29.58		35.21		9.86	
	7	0.581		0.00		7.50		52.50		40.00		0.00	
	13	0.573		2.08		12.50		43.75		37.50		4.17	
	19	0.490		8.00		22.67		37.33		29.33		2.67	
	25	0.688		0.00		6.25		37.50		31.25		25.00	
	均值	0.578		3.14		13.73		40.13		34.66		8.34	
WT	2	0.404	0.450	13.33	12.00	38.33	38.00	26.67	18.00	16.67	22.00	5.00	10.00
	8	0.445	0.554	10.94	4.35	37.50	13.04	25.00	45.65	15.63	30.43	10.94	6.52
	14	0.464	0.507	1.79	5.56	42.86	16.67	30.36	50.00	17.86	25.00	7.14	2.78
	20	0.585	0.600	1.27	0.00	17.72	18.18	36.71	34.55	34.18	36.36	10.13	10.91
	21	0.561	0.615	0.00	0.00	27.27	20.83	33.33	29.17	27.27	33.33	12.12	16.67
	均值	0.524	0.458	5.47	4.38	32.74	21.34	30.41	35.47	22.32	29.42	9.07	9.38
MT	3	0.454	0.500	1.35	11.90	31.08	30.95	35.14	28.57	21.62	19.05	10.81	9.52
	9	0.381	0.385	23.26	4.00	11.63	28.00	27.91	36.00	34.88	28.00	2.33	4.00
	15	0.494	0.561	26.19	29.17	26.19	16.67	21.43	29.17	21.43	20.83	4.76	4.17
	16	0.516	0.528	7.79	2.70	27.27	21.62	32.47	40.54	24.68	18.92	7.79	16.22
	22	0.469	0.512	10.64	11.11	27.66	25.93	27.66	18.52	12.77	29.63	21.28	14.81
	均值	0.482	0.500	13.85	11.78	24.77	24.63	28.92	30.56	23.08	23.29	9.39	9.74
HT	4	0.497	0.613	8.33	0.00	31.25	38.10	37.50	33.33	10.42	14.29	12.50	14.29
	10	0.352	0.544	17.86	0.00	7.14	40.00	42.86	26.67	28.57	26.67	3.57	6.67
	11	0.481	0.500	16.44	0.00	15.07	6.45	28.77	51.61	32.88	32.26	6.85	9.68
	17	0.531	0.556	27.78	4.35	33.33	30.43	16.67	21.74	14.81	30.43	7.41	13.04
	23	0.432	0.486	10.00	3.45	37.50	41.38	17.50	20.69	20.00	20.69	15.00	13.79
	均值	0.419	0.306	16.08	1.56	24.86	31.27	28.66	30.81	21.34	24.87	9.07	11.49
ST	5	0.440	0.630	5.36	0.00	14.29	16.67	51.79	50.00	19.64	27.78	8.93	5.56
	6	0.516	0.546	13.64	0.00	33.33	44.44	27.27	33.33	18.18	5.56	7.58	16.67
	12	0.404	0.450	6.45	11.11	51.61	77.78	22.58	0.00	6.45	0.00	12.90	11.11
	18	0.445	0.554	21.59	0.00	17.05	8.70	31.82	39.13	22.73	43.48	6.82	8.70
	24	0.464	0.507	4.76	3.70	23.81	14.81	41.27	51.85	20.63	18.52	9.52	11.11
	均值	0.585	0.600	10.36	2.96	28.02	32.48	34.95	34.86	17.53	19.07	9.15	10.63

表 7–20 大幕山针阔混交林经营前后林层指数特征

处理	样方	林层指数 $\bar{S}$		分布频（%）									
				0.00		0.25		0.50		0.75		1.00	
		经营前	经营后	经营前	经营后	经营前	经营后	经营前	经营后	经营前	经营后	经营前	经营后
CK	1	0.578		8.45		18.31		21.13		38.03		14.08	
	7	0.606		0.00		2.50		55.00		40.00		2.50	
	13	0.656		0.00		4.17		35.42		54.17		6.25	
	19	0.583		4.00		18.67		32.00		30.67		14.67	
	25	0.375		37.50		15.63		18.75		15.63		12.50	
	均值	0.560		9.99		11.85		32.46		35.70		10.00	
WT	2	0.513	0.540	11.67	12.00	25.00	24.00	21.67	18.00	30.00	28.00	11.67	18.00
	8	0.500	0.538	9.38	4.35	28.13	21.74	31.25	36.96	15.63	28.26	15.63	8.70
	14	0.509	0.507	12.50	5.56	19.64	16.67	32.14	50.00	23.21	25.00	12.50	2.78
	20	0.592	0.614	3.80	1.82	20.25	16.36	29.11	27.27	29.11	43.64	17.72	10.91
	21	0.561	0.604	6.06	0.00	18.18	25.00	30.30	25.00	36.36	33.33	9.09	16.67
	均值	0.535	0.561	8.68	4.74	22.24	20.75	28.90	31.45	26.86	31.65	13.32	11.41
MT	3	0.632	0.595	0.00	2.38	17.57	26.19	31.08	19.05	32.43	35.71	18.92	16.67
	9	0.483	0.540	13.95	4.00	18.60	20.00	32.56	40.00	30.23	28.00	4.65	8.00
	15	0.464	0.542	19.05	8.33	28.57	25.00	16.67	29.17	19.05	16.67	16.67	20.83
	16	0.649	0.601	2.53	0.00	8.86	10.81	32.91	45.95	37.97	35.14	17.72	8.11
	22	0.654	0.694	2.13	0.00	14.89	7.41	27.66	25.93	29.79	48.15	25.53	18.52
	均值	0.576	0.595	7.53	2.94	17.70	17.88	28.18	32.02	29.89	32.73	16.70	14.43
HT	4	0.583	0.643	6.25	0.00	14.58	9.52	33.33	38.10	31.25	38.10	14.58	14.29
	10	0.580	0.533	7.14	0.00	21.43	33.33	17.86	33.33	39.29	20.00	14.29	13.33
	11	0.476	0.565	16.44	3.23	21.92	3.23	24.66	67.74	28.77	16.13	8.22	9.68
	17	0.523	0.609	1.85	0.00	29.63	8.70	38.89	52.17	16.67	26.09	12.96	13.04
	23	0.563	0.569	6.25	3.45	15.00	17.24	37.50	31.03	30.00	44.83	11.25	3.45
	均值	0.545	0.584	7.59	1.33	20.51	14.40	30.45	44.48	29.19	29.03	12.26	10.76
ST	5	0.625	0.694	5.36	0.00	8.93	5.56	33.93	27.78	33.93	50.00	17.86	16.67
	6	0.636	0.486	0.00	0.00	16.67	44.44	30.30	33.33	34.85	5.56	18.18	16.67
	12	0.371	0.278	16.13	22.22	41.94	66.67	29.03	0.00	3.23	0.00	9.68	11.11
	18	0.474	0.489	18.18	8.70	22.73	34.78	22.73	21.74	23.86	21.74	12.50	13.04
	24	0.579	0.444	1.59	7.41	14.29	37.04	42.86	29.63	33.33	22.22	7.94	3.70
	均值	0.537	0.478	8.25	7.67	20.91	37.70	31.77	22.50	25.84	19.90	13.23	12.24

从分布频率上看，目标树经营后，WT 和 MT 处理林木的平均林层指数 $\bar{S}$ 最大上升比例均出现在中等水平（$\bar{S}$ =0.50）和中高水平（$\bar{S}$ =0.75），HT 处理平均林层指数 $\bar{S}$ 在中等水平（$\bar{S}$ =0.50）上升了 14.03%，林木垂直空间结构提升幅度最大；而 ST 处理林木的平均林层指数 $\bar{S}$ 在中等水平（$\bar{S}$ =0.50）和中高水平（$\bar{S}$ =0.75）均有较大幅度下降，分别下降了 9.27% 和 5.94%，且中低水平（$\bar{S}$ =0.25）林层指数的却上升了 16.79%。由于经营后 12 号样方的林层指数在中等水平（$\bar{S}$ =0.50）和中高水平（$\bar{S}$ =0.75）比例均为 0，对 ST 处理整体水平有一定负效应。整体而言，目标树经营优化了试验地杉檫针阔混交林林层结构，林木树冠构成改善，光照环境得到优化，有利于林木在垂直空间上有效利用空间资源。

（3）开敞度变化

目标树经营前后各样方林木开敞度的平均值和分布频率如表 7–21 所示。试验地 25 个样方的平均开敞度在 0.176 ～ 0.367，均值为 0.258，说明林分的生长空间不足，林分密度较大。目标树经营前 WT、MT、HT 和 ST 强度对应平均空间开敞度 $\bar{K}$ 分别为 0.275、0.253、0.247 和 0.250；目标树经营后，4 种经营强度下 $\bar{K}$ 分别增长到 0.306、0.317、0.375 和 0.374；林木开敞度得到较大提升，4 种经营强度林木生长空间均以已达到基本充足。从分布频率上看，不同经营强度下，经营后生长空间严重不足，当 $\bar{K}$ 在（0，0.2] 比例不足，当 $\bar{K}$ 在（0.2，0.3] 比例下降；经营前后 HT 和 MT 强度开敞度 $\bar{K}$ 在（0，0.2] 下降比例最大；ST 和 WT 强度在（0.2，0.3] 下降比例最大。而生长空间基本充足，$\bar{K}$ =（0.3，0.4] 充足，$\bar{K}$ =（0.4，0.5] 很充足，$\bar{K}$ =（0.5，+∞）的比例得到不同程度提高；经营前后 MT 和 HT 强度下 $\bar{K}$ 在（0.3，0.4] 上升比例最大；ST 强度在（0.4，0.5] 上升比例最大；ST 和 HT 强度在（0.5，+∞）上升比例最大。综上分析，目标树经营后空间开敞度均得到不同程度改善；HT 强度下，经营前后 $\bar{K}$ 的变化率为 51.82%，改善效果最好；其次分别为 ST（49.60%）、MT（24.77%）和 WT（11.27%）。空间开敞度的提高将改善不同林层的光照条件，对林分生物量积累、天然更新和微生物环境均有正向影响。

表 7–21　大幕山针阔混交林经营前后开敞度特征

处理	样方	开敞度 $\bar{K}$		分布频数（%）									
				（0, 0.2]		（0.2, 0.3] 不足		（0.3, 0.4]		（0.4, 0.5]		（0.5, +∞）	
		经营前	经营后	经营前	经营后	经营前	经营后	经营前	经营后	经营前	经营后	经营前	经营后
CK	1	0.242		27.72		42.57		16.83		8.91		3.96	
	7	0.267		18.46		35.38		20.00		15.38		10.77	
	13	0.291		17.72		35.44		30.38		8.86		7.59	
	19	0.227		33.33		41.44		21.62		3.60		0.00	
	25	0.306		4.17		35.42		31.25		20.83		8.33	
	均值	0.267		20.28		38.05		24.02		11.52		6.13	

（续）

处理	样方	开敞度 $\bar{K}$		分布频数（%）									
				(0, 0.2]		(0.2, 0.3] 不足		(0.3, 0.4]		(0.4, 0.5]		(0.5, +∞)	
		经营前	经营后	经营前	经营后	经营前	经营后	经营前	经营后	经营前	经营后	经营前	经营后
WT	2	0.297	0.315	8.70	9.33	43.48	20.00	30.43	36.00	13.04	21.33	4.35	13.33
	8	0.236	0.227	37.36	30.16	35.16	39.68	19.78	22.22	6.59	7.94	1.10	0.00
	14	0.247	0.293	30.59	8.62	40.00	46.55	28.24	37.93	1.18	6.90	0.00	0.00
	20	0.226	0.258	35.29	28.77	34.31	23.29	19.61	28.77	9.80	15.07	0.98	4.11
	21	0.367	0.434	2.22	2.94	42.22	5.88	20.00	32.35	15.56	26.47	20.00	32.35
	均值	0.275	0.306	22.83	15.96	39.04	27.08	23.61	31.45	9.23	15.54	5.29	9.96
MT	3	0.262	0.317	25.93	0.00	40.74	47.14	25.00	38.57	5.56	10.00	2.78	4.29
	9	0.259	0.372	15.38	0.00	41.54	7.50	23.08	45.00	16.92	32.50	3.08	15.00
	15	0.281	0.367	29.09	3.23	34.55	16.13	14.55	41.94	14.55	12.90	7.27	25.81
	16	0.209	0.225	44.54	18.33	42.02	60.00	8.40	18.33	3.36	3.33	1.68	0.00
	22	0.253	0.306	34.62	11.36	37.18	31.82	12.82	38.64	10.26	11.36	5.13	6.82
	均值	0.253	0.317	29.91	6.58	39.20	32.52	16.77	36.50	10.13	14.02	3.99	10.38
HT	4	0.254	0.391	28.77	5.26	46.58	36.84	6.85	23.68	16.44	10.53	1.37	23.68
	10	0.343	0.611	15.91	0.00	20.45	0.00	25.00	4.35	15.91	17.39	22.73	78.26
	11	0.192	0.254	44.86	11.54	44.86	42.31	8.41	30.77	0.93	9.62	0.93	5.77
	17	0.233	0.326	26.92	0.00	42.31	24.24	19.23	45.45	8.97	21.21	2.56	9.09
	23	0.215	0.292	47.32	4.35	35.71	36.96	9.82	41.30	5.36	15.22	1.79	2.17
	均值	0.247	0.375	32.76	4.23	37.98	28.07	13.86	29.11	9.52	14.79	5.88	23.80
ST	5	0.246	0.470	25.32	0.00	39.24	3.57	20.25	7.14	12.66	28.57	2.53	60.71
	6	0.250	0.339	28.26	4.17	40.22	20.83	25.00	29.17	5.43	16.67	1.09	29.17
	12	0.297	0.396	2.22	0.00	42.22	0.00	28.89	15.38	6.67	30.77	20.00	53.85
	18	0.176	0.296	56.91	2.86	36.59	54.29	4.07	20.00	2.44	14.29	0.00	8.57
	24	0.282	0.369	22.22	0.00	43.33	23.68	17.78	31.58	11.11	18.42	5.56	26.32
	均值	0.250	0.374	26.99	1.40	40.32	20.47	19.20	20.65	7.66	21.74	5.83	35.72

（4）竞争状况变化

由表 7–22 可知：目标树经营前各样方内目标树的 Hegyi 竞争指数在 0.805 ～ 1.409，均值为 1.035，竞争指数值为中等水平。与北山林场不同的是，大幕山试验地数据的统计中，未考虑林木的平均冠幅，也未设定林木间的固定竞争半径。因此，林木间 Hegyi 竞争指数 $\overline{CI}$ 值偏低，但经营前林木承受的平均竞争压力相对较高。经目标树经营后，WT、MT、HT 和 ST 经营强度竞争指数 $\overline{CI}$ 分别下降 33.82%、45.42%、50.74% 和 48.81%，随间伐强度增大，整体上竞争指数降低幅度越大，竞争指数变化明显下降，反映出整体下降趋势。经目标树经营后，各处理下不同样方林木的竞争指数值均得以降低，表现出较好的优化效果，林木竞争状况得到较大改善。

表 7-22　大幕山针阔混交林经营前后竞争指数特征

处理	样方	竞争指数 $\bar{CI}$		分布频数（%）									
				(0, 0.2]		(0.2, 0.8]		(0.8, 1.4]		(1.4, 2.0]		(2.0, +∞)	
		经营前	经营后	经营前	经营后	经营前	经营后	经营前	经营后	经营前	经营后	经营前	经营后
CK	1	1.184		0.00		34.85		34.85		16.67		13.64	
	7	0.929		0.00		57.14		17.14		20.00		5.71	
	13	0.809		2.38		61.90		26.19		2.38		7.14	
	19	1.000		0.00		48.57		34.29		11.43		5.71	
	25	0.859		7.69		53.85		26.92		3.85		7.69	
	均值	0.956		2.01		51.26		27.88		10.86		7.98	
WT	2	1.202	0.381	1.82	2.22	36.36	53.33	38.18	26.67	10.91	8.89	12.73	8.89
	8	1.015	0.891	0.00	0.00	50.00	57.89	28.57	26.32	14.29	10.53	7.14	5.26
	14	0.879	0.630	0.00	0.00	54.00	73.33	32.00	26.67	8.00	0.00	6.00	0.00
	20	1.409	1.025	0.00	0.00	36.99	51.02	32.88	26.53	9.59	10.20	20.55	12.24
	21	1.007	0.723	3.57	5.26	46.43	73.68	25.00	15.79	10.71	0.00	14.29	5.26
	均值	1.103	0.730	1.08	1.50	44.76	61.85	31.33	24.39	10.70	5.92	12.14	6.33
MT	3	0.970	0.740	0.00	0.00	51.52	79.41	31.82	11.76	9.09	2.94	7.58	5.88
	9	0.940	0.438	0.00	0.00	61.11	100.00	13.89	0.00	19.44	0.00	5.56	0.00
	15	1.100	0.508	2.78	5.56	44.44	72.22	27.78	22.22	13.89	0.00	11.11	0.00
	16	1.176	0.528	0.00	0.00	48.57	93.33	24.29	6.67	14.29	0.00	12.86	0.00
	22	1.272	0.764	2.38	4.76	47.62	66.67	23.81	14.29	2.38	4.76	23.81	9.52
	均值	1.092	0.596	1.03	2.06	50.65	82.33	24.32	10.99	11.82	1.54	12.18	3.08
HT	4	0.805	0.591	0.00	0.00	60.98	78.57	31.71	21.43	7.32	0.00	0.00	0.00
	10	0.854	0.313	0.00	20.00	69.57	80.00	21.74	0.00	4.35	0.00	4.35	0.00
	11	1.167	0.603	0.00	0.00	33.82	76.92	30.88	23.08	25.00	0.00	10.29	0.00
	17	1.094	0.489	0.00	6.25	44.68	81.25	27.66	12.50	12.77	0.00	14.89	0.00
	23	1.174	0.513	1.35	0.00	40.54	91.30	31.08	8.70	14.86	0.00	12.16	0.00
	均值	1.019	0.502	0.27	5.25	49.92	81.61	28.61	13.14	12.86	0.00	8.34	0.00
ST	5	0.909	0.606	0.00	0.00	64.71	84.62	17.65	0.00	7.84	7.69	9.80	7.69
	6	1.054	0.431	0.00	0.00	54.24	90.91	23.73	9.09	5.08	0.00	16.95	0.00
	12	1.015	0.483	4.17	0.00	45.83	100.00	33.33	0.00	8.33	0.00	8.33	0.00
	18	1.203	0.486	0.00	0.00	32.93	94.12	39.02	5.88	15.85	0.00	12.20	0.00
	24	0.849	0.571	1.69	4.35	54.24	73.91	27.12	13.04	13.56	8.70	3.39	0.00
	均值	1.006	0.515	1.17	0.87	50.39	88.71	28.17	5.60	10.13	3.28	10.13	1.54

2）经营前后林分空间结构评价

（1）熵权法综合评价

通过熵权法确定试验地林木混交度、开敞度、林层指数、竞争指数 4 个空间参数的熵值和权重。其权重分别为 0.048、0.214、0.030、0.706。其中 Hegyi 竞争指数的 $\bar{CI}$ 的权重最大，占全部指数权重的 70.6%，空间开敞度 $\bar{K}$ 的权重次之，其他指数权重的解释力很弱，说明经营前后杉檫混交林竞争指数 $\bar{CI}$ 和开敞度 $\bar{K}$ 的变化对评价结果的影响最大，混交度 $\bar{M}_S$ 和林层指数 $\bar{S}$ 的变化对评价结果的影响很小。

表 7–23　针阔混交林经营前后空间结构标准化值及权重

指标	CK	经营前				经营后				E_i	W_i
		WT	MT	HT	ST	WT	MT	HT	ST		
混交度 $\bar{M}_S$	0.578	0.492	0.474	0.456	0.468	0.545	0.486	0.534	0.505	0.999	0.048
开敞度 $\bar{K}$	0.267	0.275	0.253	0.247	0.250	0.306	0.317	0.375	0.374	0.994	0.214
林层指数 $\bar{S}$	0.560	0.535	0.576	0.545	0.537	0.561	0.595	0.584	0.478	0.999	0.030
竞争指数 $\bar{CI}$	0.956	1.103	1.092	1.019	1.006	0.730	0.596	0.502	0.515	0.981	0.706

根据上述林分空间结构权重结果，计算得到林分经营前后不同强度下的林木空间结构评价结果（表 7–24）。经营前，不同经营强度的综合评分在 0.151 ～ 0.226，均值为 0.188（不包含对照组）。参照表 7–1 林分空间结构评价参数特征，目标树经营前，WT、MT 经营强度的空间结构评价结果均落入 [0，0.2），林木空间结构评分均为 I 级，林木空间结构差；HT 和 ST 林分空间结构评价结果均落入 [0.2，0.4），且偏于区间左侧，林木空间结构评分均为 II 级，林木空间结构较差。

表 7–24　针阔混交林经营前后林分空间结构综合评价

经营阶段	处理	空间结构评价系数				评价结果
		混交度 $\bar{M}_S$	开敞度 $\bar{K}$	林层指数 $\bar{S}$	竞争指数 $\bar{CI}$	
经营前	CK	0.048	0.051	0.022	0.226	0.346
	WT	0.017	0.062	0.016	0.071	0.168
	MT	0.011	0.030	0.026	0.082	0.151
	HT	0.005	0.021	0.019	0.159	0.206
	ST	0.009	0.026	0.017	0.173	0.226
经营后	WT	0.036	0.109	0.022	0.464	0.633
	MT	0.016	0.127	0.030	0.607	0.781
	HT	0.032	0.214	0.028	0.706	0.980
	ST	0.022	0.212	0.003	0.691	0.931

目标树经营后，不同经营强度的综合评分在 0.663 ~ 0.980，均值为 0.831。WT 和 MT 经营强度下，林木空间结构评价结果均落入 [0.6，0.8)，林木空间结构评分均为Ⅳ级，表明林木接近随机分布，林木在其空间结构单元内处于亚优势状态，树种强度混交，林层多样性较高；大部分林木空间结构理想。HT 和 ST 经营强度，林木空间结构评价结果均落入 [0.8，1.0]，林木空间结构评分均为Ⅴ级，表明林木整体为随机分布，林木处于优势状态，大树均匀，树种极强度混交，林层多为复层结构；林木空间结构理想。目标树经营后，不同经营强度林分空间结构评分排序为：ST > MT > WT > HT。通过对比目标树经营前后空间结构评价价结果，不同经营强度的变化率按照 MT（421.22%）> HT（375.73）> ST（311.95%）> WT（296.79%）排序，说明 MT 经营强度对林分空间结构改善的综合效果最优，其次为 HT，WT 经营强度对林分空间结构改善的效果最弱。

（2）乘除法评价

变异系数法充分利用样本数据，确定的参数权重具有绝对客观性。乘除法对不同空间结构参数进行多目标评价，利用总体目标的重要程度，能体现经营决策者对参数在总体目标中重要性的理解。经过实践检验，乘除法评价结果不一定与“林分空间结构评价参数特征表”的区间范围一致，但乘除法结果可用于检验熵权法综合评价结果的排序和变化规律，对熵权法可靠性进一步验证。由表 7–25 可知，各空间结构指数的权重 W_j 分别为 0.230（$\bar{M}_S$）、0.275（$\bar{K}$）、0.206（$\bar{S}$）和 0.288（$\bar{CI}$）。目标树经营前乘除法与熵权法综合评价较为接近，但不同经营强度的差异性不明显，未能较好表现出不同经营强度对空间结构的改变效果。目标树经营后，不同经营强度林分空间结构评分为 HT（0.101）> ST（0.091）> MT（0.089）> WT（0.083），其评价结构的排序与熵权综合评价完全一致。

表 7–25　针阔混交林经营前后林分空间结构综合评价

经营阶段	处理	空间结构评价系数				评价结果
		混交度 $\bar{M}_S$	开敞度 $\bar{K}$	林层指数 $\bar{S}$	竞争指数 $\bar{CI}$	
经营前	CK	0.578	0.267	0.560	0.956	0.072
	WT	0.492	0.275	0.535	1.103	0.063
	MT	0.474	0.253	0.576	1.092	0.063
	HT	0.456	0.247	0.545	1.019	0.063
	ST	0.468	0.250	0.537	1.006	0.064
经营后	WT	0.545	0.306	0.561	0.730	0.083
	MT	0.486	0.317	0.595	0.596	0.089
	HT	0.534	0.375	0.584	0.502	0.101
	ST	0.505	0.374	0.478	0.515	0.091
W_j		0.230	0.275	0.206	0.288	1.000

7.3.2.3 经营前后目标树空间结构变化与评价

1）经营前后目标树空间结构变化

（1）混交度、林层指数和开敞度变化

经营前后目标树的混交度 $\bar{M}_S$、林层指数 $\bar{S}$ 和开敞度 $\bar{K}$ 等 3 个方面对目标树空间结构变化进行分析。大幕山杉檫混交林在经营前基本围绕中度混交（$\bar{M}_S$=0.50）或强度混交（$\bar{M}_S$=0.75），其混交状况较好。通过目标树经营，试验地各样方目标树的平均混交度 $\bar{M}_S$ 仍然有不同程度的变化，部分样方林木混交度进一步趋向更为理想状况（$\bar{M}_S$=1.00）。总体而言（表 7–26 第 3 列和 4 列），MT 强度混交提升效果相对最为明显，其均值从 0.586 提升到 0.599，混交度为中度偏强；WT 强度混交提升较小，但混交度最大，趋向偏强度混交；ST 强度林木平均混交度从 0.657 降低为 0.524，目标树平均混交度分别下降了 20.24%。研究发现，40% 样方目标树的混交度有不同程度的减少，主要出现在 HT 和 ST 强度的样方，且与经营强度呈负相关。说明较大经营强度通过伐除林木的数量降低了林木间的空间隔离程度，这与目标树所在样方的林木数量有关。如 12 号样方属于超强经营样方，间伐后样方内仅有 8 株目标树和 5 株一般林木，造成混交下降。

干扰木选择依据目标树进行。由于大幕山林场试验区树种数量为 17 种，但优势树种仅有杉木和檫木。干扰木选择以杉木为主、其次为檫木，其他 15 种树木均作为林分多样性构建树种进行保留，但数量很少，不足以大幅提高林分的混交度。由于试验地杉木数量较大，作为干扰木的杉木数量最多，经营后形成的新空间结构单元内的树种异质性会随间伐强度增大而降低，树种隔离程度更低。因此，MT 强度对提高杉檫混交林的混交度具有相对优势。

由表 7–26 第 5 列和 6 列可知：林分经营前各样方目标树平均林层指数 $\bar{S}$ 在 0.393 ～ 0.875，样地均值为 0.655。林分经营后各样方目标树平均林层指数 $\bar{S}$ 在 0.188 ～ 0.850，样地均值为 0.537。经目标树经营，试验地各样方不同间伐强度目标树林层指数的变化存在不定性。其中值得注意的是，随间伐强度增大，经营后林层指数降低的概率越大，且经营强度直接影响林层指数均值的降低幅度，这可能与经营前林分的高郁闭度有关。在林分密度较大环境下，目标树由于遗传性状优良，最先获得了生长优势，与同冠层的干扰木和次林层林木构成了较高的层次多样性。经营中对于干扰木，应注重选择当前与目标树同冠层或上冠层的林木，同时也选择了部分未来一轮经营周期内可能对目标树形成影响的中层林木，这种干扰木选择方法可能会暂时造成经营后目标树林层指数的下降。显然，目标树经营强度越大，对林层指数降低越剧烈。必须说明的是，目标树经营后，随着大量垂直空间的释放，将为未来林层丰富度构建蓄积了充分的自然势。

由表 7–26 第 7 列和 8 列可知：目标树经营前后各样方目标树开敞度均得到较大程度的提升。经营前平均开敞度均值在 0.172 ～ 0.445，样地均值为 0.274，表明其开敞空间不足。目标树经营后，平均开敞度在 0.257 ～ 0.638，样地均值为 0.399，整体空间状况已经基本充足，部分样方内目标树的空间充足或很充足。目标树经营前后，目标树的开敞度变化率呈现 WT

（26.02%）> MT（32.89%）> HT（50.76%）> ST（76.73%）排序，目标树经营对开敞空间的提升效果极其显著，优于林分整体开敞度改善效果。

表 7-26　经营前后目标树空间结构指数

经营处理	样方	混交度 $\bar{M}_s$		林层指数 $\bar{S}$		开敞度 $\bar{K}$	
		经营前	经营后	经营前	经营后	经营前	经营后
CK	1	0.800		0.900		0.382	
	7	0.650		0.650		0.292	
	13	0.571		0.679		0.331	
	19	0.600		0.600		0.237	
	25	0.750		0.417		0.361	
	均值	0.674		0.649		0.321	
WT	2	0.650	0.850	0.850	0.850	0.356	0.478
	8	0.844	0.750	0.781	0.688	0.243	0.266
	14	0.500	0.500	0.625	0.500	0.272	0.288
	20	0.583	0.583	0.458	0.550	0.194	0.266
	21	0.800	0.750	0.800	0.700	0.445	0.638
	均值	0.675	0.687	0.703	0.658	0.302	0.387
MT	3	0.656	0.719	0.594	0.656	0.224	0.358
	9	0.500	0.536	0.607	0.536	0.298	0.382
	15	0.458	0.375	0.500	0.458	0.252	0.363
	16	0.714	0.714	0.643	0.542	0.289	0.257
	22	0.600	0.650	0.650	0.438	0.214	0.307
	均值	0.586	0.599	0.599	0.526	0.255	0.333
HT	4	0.536	0.571	0.607	0.643	0.267	0.396
	10	0.650	0.650	0.550	0.500	0.396	0.627
	11	0.550	0.500	0.550	0.500	0.218	0.364
	17	0.500	0.643	0.536	0.643	0.235	0.327
	23	0.583	0.500	0.875	0.500	0.234	0.330
	均值	0.564	0.573	0.624	0.557	0.270	0.409
ST	5	0.688	0.700	0.800	0.750	0.342	0.590
	6	0.750	0.393	0.857	0.393	0.287	0.482
	12	0.429	0.214	0.393	0.188	0.340	0.512
	18	0.792	0.625	0.792	0.333	0.172	0.306
	24	0.625	0.688	0.625	0.375	0.204	0.438
	均值	0.657	0.524	0.693	0.408	0.269	0.466

（2）竞争指数变化

由表 7-27 可知：目标树经营前试验地各样方目标树的平均竞争指数在 0.261 ～ 0.782，样地均值为 0.481，保持在中等偏高水平，说明目标树承受的平均竞争压力较大。与北山林场的林分状况一样，大幕山试验地目标树在林分中通常与干扰木处于同一林层，目标树与干扰木之间空间竞争较强，干扰木的生长与目标树基本相同。

表 7-27　经营前后目标树竞争指数变化

处理	样方	经营前	经营后	处理	样方	经营前	经营后
WT	2	0.544	0.256	HT	4	0.401	0.253
	8	0.570	0.561		10	0.289	0.191
	14	0.397	0.418		11	0.568	0.268
	20	0.580	0.438		17	0.478	0.311
	21	0.446	0.274		23	0.726	0.293
	均值	0.507	0.389		均值	0.492	0.263
MT	3	0.564	0.381	ST	5	0.261	0.168
	9	0.324	0.275		6	0.421	0.209
	15	0.475	0.344		12	0.266	0.216
	16	0.356	0.341		18	0.699	0.321
	22	0.782	0.371		24	0.472	0.247
	均值	0.500	0.342		均值	0.424	0.232

目标树经营后，平均竞争指数在 0.168 ～ 561，均值为 0.307，竞争指数整体下降十分明显，且竞争指数下降率与经营强度间存在明显规律性：ST（49.32%）> HT（30.08%）> MT（26.38%）> WT（22.46%）。目标树经营对缓解目标树竞争起着积极作用，杉檫混交林目标树的竞争状况得到极大改善。

2）经营前后目标树空间结构评价

（1）熵权法综合评价

通过熵权法确定试验地目标树混交度 $\bar{M}_S$、开敞度 $\bar{K}$、林层指数 $\bar{S}$、竞争指数 $\overline{CI}$ 等 4 个空间结构参数的信息熵值和权重值。各空间结构指数的信息熵值越大，其权重值越低。其权重（表 7-28）分别为 0.062、0.304、0.172、0.462。其中竞争指数 $\overline{CI}$ 和开敞度 $\bar{K}$ 的权重较大；林层指数 $\bar{S}$ 权重略小；混交度 $\bar{M}_S$ 的权重很小。各空间结构指数权重大小差异较大，4 个参数的权重与林分空间结构指数的实际状况较为接近。

林分经营前后不同经营强度下的目标树空间结构评价见表 7-29。目标树经营前，4 种间伐强度的综合评分在 0.232 ～ 0.440，均值为 0.325，林分空间结构水平较差。根据表 7-1 林分空间结构评价参数特征，对应 ST 经营强度（0.440），林木空间结构评分为 III 级，即为近 50% 林木空间结构理想；WT 经营强度（0.368）、HT 经营强度（0.269）和 MT 经营强度（0.232），林木空间结构评分为Ⅱ级，林分空间结构较差。目标树经营后，不同经营强度的综合评分在0.538～0.789，均值为0.682，目标树空间结构整体达到了大部分林木空间结构理想状态。ST经营强度（0.789）、HT经营强度（0.763）和WT经营强度（0.637），目标树结构单元林木的空间结构均为Ⅳ级，表明目标树的结构单元大部分林木的空间结构理想。MT经营强度（0.538）的空间结构评分为Ⅲ级，其评价等级为近50%林木空间结构理想。经过经营前后评价指数变化率分析，目标树空间结构的改变依照HT（183.64%）＞MT（131.90%）＞ST（79.32%）＞WT（73.10%）排序，表明HT经营强度对目标树空间结构的提质最为显著。

表7-28 经营前后目标树各空间结构指数信息熵和权重

指标	CK	经营前				经营后				信息熵 E_i	权重 W_i
		WT	MT	HT	ST	WT	MT	HT	ST		
混交度 $\bar{M}_S$	0.674	0.675	0.586	0.564	0.657	0.687	0.599	0.573	0.524	0.998	0.062
开敞度 $\bar{K}$	0.321	0.302	0.255	0.270	0.269	0.387	0.333	0.409	0.466	0.991	0.304
林层指数 $\bar{S}$	0.649	0.703	0.599	0.624	0.693	0.658	0.526	0.557	0.408	0.995	0.172
竞争指数 $\bar{CI}$	0.424	0.507	0.500	0.492	0.424	0.389	0.342	0.263	0.232	0.986	0.462

表7-29 经营前后目标树空间结构评价结果

经营阶段	处理	空间结构评价系数				评价结果
		混交度 $\bar{M}_S$	开敞度 $\bar{K}$	林层指数 $\bar{S}$	竞争指数 $\bar{CI}$	
—	CK	0.058	0.115	0.144	0.172	0.489
经营前	WT	0.058	0.091	0.172	0.046	0.368
	MT	0.028	0.030	0.118	0.057	0.232
	HT	0.020	0.049	0.131	0.069	0.269
	ST	0.052	0.048	0.167	0.172	0.440
经营后	WT	0.062	0.202	0.148	0.224	0.637
	MT	0.032	0.132	0.079	0.295	0.538
	HT	0.023	0.230	0.096	0.414	0.763
	ST	0.006	0.304	0.017	0.462	0.789

（2）乘除法评价

由表7-30可知：目标树经营前乘除法与熵权法综合评价结果完全一致。各空间结构指数的权重 W_j 分别为0.261（$\bar{M}_S$）、0.247（$\bar{K}$）、0.228（$\bar{S}$）和0.264（$\bar{CI}$），竞争指数 $\bar{CI}$ 对空间结构的主导最强。目标树经营前，不同经营强度林分空间结构评价为：CK（0.142）＞ST（0.139）＞WT（0.137）＞HT（0.120）＞MT（0.118），经营样地的目标树空间结构平均评分为0.129。目标树经营后，其评价排序为：WT（0.155）＞HT（0.152）＞ST（1.142）＞MT（0.135）。经过经营前后评价指数变化率分析，目标树空间结构的改变依照：HT

（26.67%）> MT（14.41%）> WT（13.13%）> ST（2.16%）排序，与熵权法评价指数计算的空间结构指数改变率基本一致，表明熵权综合评价法的可信度高。

表 7–30 经营前后目标树空间结构综合评价

经营阶段	处理	空间结构评价系数				评价结果
		混交度 $\bar{M}_S$	开敞度 $\bar{K}$	林层指数 $\bar{S}$	竞争指数 $\bar{CI}$	
—	CK	0.674	0.321	0.649	0.424	0.142
经营前	WT	0.675	0.302	0.703	0.507	0.137
	MT	0.586	0.255	0.599	0.500	0.118
	HT	0.564	0.270	0.624	0.492	0.120
	ST	0.657	0.269	0.693	0.424	0.139
经营后	WT	0.687	0.387	0.658	0.389	0.155
	MT	0.599	0.333	0.526	0.342	0.135
	HT	0.573	0.409	0.557	0.263	0.152
	ST	0.524	0.466	0.408	0.232	0.142
W_j		0.261	0.247	0.228	0.264	—

7.3.2.3 评价结论

1）林分空间结构变化与评价

（1）林分空间结构变化分析

通过目标树经营，大幕山杉檫混交林试验地林木的平均混交度提高了约 7.30%，同时林木之间的隔离程度也增加了，林分结构更加稳定。弱度、中度和强度混交的比例均有不同程度的上升。试验地少量树种的数量较少，混交度提升幅度有限，但整体而言，目标树的经营提高了试验地林木的混交比例，增加了不同树种之间的隔离程度。WT、MT 和 HT 经营强度下的林层指数均值分别增长，ST 强度的均值下降。总体而言，目标树的经营优化了试验地杉檫针阔混交林的林层结构，改善了林木树冠构成，优化了光照环境，有利于林木在垂直空间上更有效地利用资源。经过目标树经营，林分开敞度得到有效提高，特别是在 MT 和 HT 强度范围内，经营后开敞度上升比例最大。HT 强度下，经营前后平均开敞度变化率为 51.82%，改善效果最为显著。经过目标树经营，林木间的竞争指数均值得以显著下降。随着间伐强度的增大，整体上竞争指数降低幅度越大。目标树经营优化了林分竞争状况，使不同样方内的林木竞争指数值均得以降低，有利于提高林分生产力和生态环境，促进林分健康和可持续发展。

（2）林分空间结构评价

经过目标树经营后，不同经营强度下林分的空间结构评分发生了变化。评分排序为 ST > MT > WT > HT，表明 ST 经营强度下林分的空间结构评价得分最高，HT 经营强度下林分的空间结构评价得分最低。通过对比目标树经营前后的空间结构评价结果，不同经营强度的变化率按照 MT（421.22%）> HT（375.73%）> ST（311.95%）> WT（296.79%）排序。

这表明，MT 经营强度对林分空间结构改善的综合效果最好，其次为 HT，WT 经营强度对林分空间结构改善的效果最弱。通过乘除法评价不同经营强度下林分空间结构的得分，得出的结果与熵权综合评价的结果完全一致。

总的来说，目标树经营对林分空间结构产生了显著的影响。通过不同的评价方法，可以得到相似的结果，表明这些方法具有可靠性和稳定性，可用于评估林分空间结构的变化。

2）目标树空间结构变化与评价

（1）目标树空间结构变化分析

经营强度大，伐除林木多，导致目标树混交度降低。大幕山林场共有 17 种树种，优势树种为杉木和檫木，其他 15 种树种被保留但数量少。MT 强度对提高杉檫混林混交度有相对优势。随着间伐强度增加，经营后林层指数降低概率增大，目标树经营强度越大，对林层指数降低幅度越剧烈，但也为未来林层丰富度提供潜力。目标树开敞度变化率排序为 ST > HT > MT > WT，开敞空间改善效果优于整个林分。平均竞争指数 0.168 ～ 0.561，均值为 0.307，下降率与经营强度呈递减趋势：ST > HT > MT > WT。经营对缓解目标树竞争的作用积极，杉檫混交林目标树竞争状况得到极大改善。

（2）目标树空间结构评价

经过目标树经营后，综合评分在 0.538 ～ 0.789，均值为 0.682，表明不同经营强度均对目标树空间结构产生了积极影响，使得其整体达到了大部分林木空间结构理想的状态。经过评价指数变化率分析，我们发现目标树空间结构的改变按照 HT（183.64%）> MT（131.90%）> ST（79.32%）> WT（73.10%）的顺序进行，表明 HT 经营强度对目标树空间结构的提升最为显著。

经营前后评价指数变化率分析结果表明，目标树空间结构的改变与乘除法和熵权法综合评价结果完全一致，证明了这两种方法的有效性。最后，需要指出的是，目标树空间结构已经达到了全林空间结构理想的状态，也证明了经营策略的成功实施。

7.3.3 针叶纯林经营前后林木空间结构分析评价

选择湖北省钟祥市盘石岭林场火炬松林样地进行目标树经营试验，试验地和林分基本情况见 6.2.3。2022 年 3 月对林分不同样地设置不同经营强度进行目标树经营。

7.3.3.1 经营设计

根据目标树经营法林木分类原则，选择盘石岭林场火炬松样地目标树、干扰木和一般林木。在德国 GFA 林业咨询公司林业专家 Hubert Forster 的指导下，参见 7.1 分类原则，结合火炬松人工林生长特征，对 25 个标准地所有单木进行了分类。

试验地各样方林木分类情况见表 7-31。采伐前后林木分布格局的示意参见图 7-3。在进行目标树的选定过程中尽量使林分内林木的分布适当均匀。选择干扰木时，注重目标树结构单元树种的组成，合理选择干扰木，以确保经过目标树经营可提高树种隔离程度。对林分各层已有的或未来可能进界的珍贵乡土树种、国家或地方保护植物均给予保留并注意保护。

表 7-31 盘石岭试验地林木分类信息

处理	样方	林木分类	株数	平均胸径（cm）	平均树高（m）	处理	样方	林木分类	株数	平均胸径（cm）	平均树高（m）
CK	1	一般林木	136.00	12.2	9.2	CK	13	一般林木	95.00	11.5	9.2
		目标树	13.00	18.3	10.6			目标树	18.00	19.2	10.4
	7	一般林木	64.00	15.6	9.0		19	一般林木	91.00	15.2	9.7
		目标树	18.00	18.0	9.9			目标树	18.00	17.8	10.8
	25	一般林木	65.00	15.3	10.4		25	目标树	18.00	19.1	11.9
WT	3	干扰木	18.00	16.7	10.1	HT	1	干扰木	36.00	15.6	9.8
		一般林木	68.00	14.0	9.3			一般林木	56.00	13.6	9.3
		目标树	18.00	19.5	10.6			目标树	18.00	18.7	10.8
	6	干扰木	18.00	16.9	9.8		9	干扰木	36.00	15.1	9.6
		一般林木	89.00	12.7	8.9			一般林木	46.00	14.8	9.4
		目标树	18.00	17.5	10.3			目标树	18.00	19.2	10.5
	10	干扰木	18.00	19.2	10.5		16	干扰木	36.00	16.3	9.7
		一般林木	18.00	17.5	10.0			一般林木	41.00	14.0	8.8
		目标树	66.00	13.0	8.9			目标树	18.00	19.0	10.8
	18	干扰木	18.00	16.8	10.1		23	干扰木	36.00	16.1	9.8
		一般林木	61.00	14.8	9.7			一般林木	41.00	15.9	9.7
		目标树	18.00	18.4	11.1			目标树	18.00	19.5	11.2
	21	干扰木	18.00	16.2	10.1		26	干扰木	36.00	14.7	10.2
		一般林木	71.00	14.8	9.9			一般林木	49.00	14.0	9.7
		目标树	18.00	17.6	11.2			目标树	18.00	18.2	11.5
MT	2	干扰木	54.00	14.3	9.5	ST	11	干扰木	72.00	14.9	9.5
		一般林木	39.00	13.7	9.2			一般林木	39.00	13.0	9.0
		目标树	18.00	18.2	10.9			目标树	18.00	17.9	10.6
	7	干扰木	54.00	14.8	9.1		15	干扰木	54.00	14.5	9.4
		一般林木	39.00	13.0	8.4			一般林木	47.00	13.4	9.1
		目标树	18.00	19.6	10.3			目标树	18.00	17.6	10.7
	12	干扰木	54.00	14.3	9.4		17	干扰木	72.00	14.9	9.5
		一般林木	47.00	14.8	9.2			一般林木	12.00	14.8	9.3
		目标树	18.00	17.9	10.7			目标树	18.00	18.5	10.8
	22	干扰木	54.00	14.2	9.2		19	干扰木	72.00	15.1	9.7
		一般林木	44.00	14.5	9.5			一般林木	19.00	17.7	10.7
		目标树	18.00	17.5	10.6			目标树	18.00	17.8	10.9
ST	4	干扰木	72.00	14.1	9.3		25	干扰木	72.00	14.3	9.2
		一般林木	39.00	14.4	9.2			一般林木	38.00	12.8	8.6
		目标树	18.00	17.5	10.3			目标树	18.00	17.6	10.5

目标树经营的重点对象是在林分中依据林木分类原则确立的目标树、干扰木、一般林木和特殊林木，围绕改善目标树的生长环境和林分空间结构而展开。应用目标树经营法对盘石岭林场试验地火炬松纯林进行经营设计。依据高质量、高价值和高活力原则，在每个 30m × 30m 的样方内均选择 18 株目标树（约 200 株 /hm^2），目标树平均间距为 8.0m（约 200 株 /hm^2）。采用机械排列的方式布设四种经营强度，即每株目标树采伐 1 ～ 4 株干扰木（包含林分中少量断梢、风折、病腐、虫害、弯曲的劣质木，以及影响目标树生长的藤蔓和影响天然更新幼树生长的林木）的方式控制采伐强度。2022 年 3 月，对试验地林木进行目标树经营，经营总面积 22500m^2。根据经营前后的林分蓄积量计算出平均间伐强度：1 株目标树伐除 1 株干扰木，得到弱度间伐 WT（17.0%）共 5 个样方；1 株目标树伐除 2 株干扰木即为中度间伐 MT（25.6%）共 5 个样方、1 株目标树伐除 3 株干扰木即为强度间伐 HT（30.0%）共 4 个样方，1 株目标树伐除 4 株干扰木即为超强度间伐 ST（37.3%）共 6 个样方。同时设置 5 个 30m × 30m 对照样方 CK（0），对照组内选择并标记目标树，但不经营。乔木样方布局及缓冲示意参见彩图 7–3。

7.3.3.2 经营前后林分空间结构变化与评价

火炬松纯林的林分空间结构研究也包括混交、竞争和林木空间分布格局 3 方面。选用角尺度 $\bar{W}$ 、混交度 $\bar{M}_s$ 、大小比数 $\bar{U}$ 、开敞度 $\bar{K}$ 、林层指数 $\bar{S}$ 、竞争指数 $\bar{CI}$ 等 6 个结构指数，评价目标树经营前后林分空间结构的变化，揭示 2 个方面的科学问题：目标树经营是否改善了经营林分的空间结构？哪一种经营强度对火炬松纯林空间结构的改善具有最佳促进作用？从而为实现目标树经营有效促进退化火炬松林分向理想结构演变提供理论依据。

1）经营前后林分空间结构变化

（1）分布格局变化

火炬松人工林不同间伐强度目标树经营前后各样方角尺度的平均值和分布频率见表 7–32。经营前，4 种间伐强度下各样地角尺度平均值多分布在 0.339 ～ 0.482，20 个样方的均值为 0.421，仅 18 号和 21 号样方林木的平均角尺度 $\bar{W}$ 落入 [0.475，0.517] 区间，为随机分布。其余样方林木以均匀分布为主要分布特征。实施目标树经营后，不同经营强度下林木分布整体由均匀分布向随机分布转化，虽然大部分样方内林木角尺度值未落入随机分布区间，分布格局仍得到优化。

表 7–32　目标树经营前后林木分布特征

处理	样方	角尺度 $\bar{W}$		分布频数（%）									
				0.00		0.25		0.50		0.75		1.00	
		经营前	经营后	经营前	经营后	经营前	经营后	经营前	经营后	经营前	经营后	经营前	经营后
CK	5	0.456		7.29		21.88		54.17		14.58		2.08	
	8	0.490		1.96		21.57		54.90		21.57		0.00	
	14	0.476		2.41		28.92		50.60		12.05		6.02	
	20	0.377		1.54		49.23		46.15		3.08		0.00	
	24	0.466		1.72		29.31		51.72		15.52		1.72	

（续）

处理	样方	角尺度$\bar{W}$		分布频数（%）									
				0.00		0.25		0.50		0.75		1.00	
		经营前	经营后	经营前	经营后	经营前	经营后	经营前	经营后	经营前	经营后	经营前	经营后
WT	3	0.380	0.432	5.80	0.00	39.13	40.00	52.17	47.27	2.90	12.73	0.00	0.00
	6	0.455	0.473	0.00	0.00	35.06	31.25	50.65	53.13	11.69	10.94	2.60	4.69
	10	0.435	0.472	3.08	3.70	33.85	27.78	49.23	44.44	13.85	24.07	0.00	0.00
	18	0.480	0.459	1.59	0.00	26.98	30.61	49.21	55.10	22.22	14.29	0.00	0.00
	21	0.482	0.509	0.00	0.00	26.76	23.73	53.52	50.85	19.72	23.73	0.00	1.69
	均值	0.446	0.469	2.09	0.74	32.36	30.67	50.96	50.16	14.07	17.15	0.52	1.28
MT	1	0.430	0.460	2.94	0.00	38.24	29.55	42.65	56.82	16.18	13.64	0.00	0.00
	9	0.444	0.457	1.59	0.00	34.92	26.83	47.62	63.41	15.87	9.76	0.00	0.00
	16	0.431	0.494	1.54	0.00	38.46	25.64	46.15	51.28	13.85	23.08	0.00	0.00
	23	0.397	0.417	5.36	5.56	37.50	36.11	50.00	44.44	7.14	13.89	0.00	0.00
	26	0.470	0.435	1.49	7.14	23.88	21.43	59.70	61.90	14.93	9.52	0.00	0.00
	均值	0.435	0.452	2.58	2.54	34.60	27.91	49.22	55.57	13.59	13.98	0.000	0.000
HT	2	0.383	0.391	1.30	5.13	51.95	43.59	38.96	41.03	7.79	10.26	0.00	0.00
	7	0.361	0.463	8.57	0.00	41.43	38.24	47.14	38.24	2.86	23.53	0.00	0.00
	12	0.430	0.396	5.13	6.25	37.18	35.42	38.46	52.08	19.23	6.25	0.00	0.00
	22	0.379	0.415	5.56	0.00	45.83	42.11	40.28	50.00	8.33	7.89	0.00	0.00
	均值	0.388	0.416	5.14	2.84	44.10	39.84	41.21	45.34	9.55	11.98	0.00	0.00
ST	4	0.339	0.419	10.13	5.88	48.10	35.29	37.97	44.12	3.80	14.71	0.00	0.00
	11	0.406	0.469	6.67	0.00	33.33	30.00	51.11	52.50	8.89	17.50	0.00	0.00
	15	0.431	0.478	1.32	2.22	40.79	31.11	42.11	40.00	15.79	26.67	0.00	0.00
	17	0.413	0.500	2.90	0.00	37.68	20.00	50.72	60.00	8.70	20.00	0.00	0.00
	19	0.437	0.432	1.49	0.00	38.81	40.91	43.28	45.45	16.42	13.64	0.00	0.00
	25	0.443	0.460	0.00	3.23	40.00	29.03	42.67	48.39	17.33	19.35	0.00	0.00
	均值	0.411	0.460	3.75	1.89	39.79	31.06	44.64	48.41	11.82	18.64	0.00	0.00

从分布频率上看，目标树WT强度下，经营前林木$\bar{W}$在不同分布频数区间变化并不明显；MT强度下，经营前林木$\bar{W}$=0.50分布频数在49.22%，经营后$\bar{W}$=0.5分布频数上升到55.57%；HT经营强度下，林木$\bar{W}$=0.50分布频数由经营前的41.21%变化到经营后的45.34%；且MT强度下，林木$\bar{W}$=0.25分布频数由经营前的34.60%变化到经营后的27.91%，降低了均匀分布的比例。ST经营强度下，林木$\bar{W}$=0.25分布频数由经营前的39.79%变化到经营后的31.06%，降低了均匀分布的比例；林木$\bar{W}$=0.50分布频数由经营前的44.64%变化到经营后的48.41%；且ST经营强度下，林木$\bar{W}$=0.75分布频数由经营前的11.82%变化到经营后的18.64%。目标树经营后林分整体很均匀（$\bar{W}$=0.0）和很不均匀（$\bar{W}$=1.0）分布的

林木比例整体呈现下降趋势，目标树经营使火炬松人工林林木分布向随机分布方向发展，林木空间分布比经营前合理。

（2）大小比数变化

目标树经营前后各样方火炬松林木大小比数的平均值和分布频率如表 7–33 所示。目标树经营前，试验地 20 个经营样方的平均大小比数 $\bar{U}$ 在 0.451 ～ 0.508，均值为 0.486，林木整体上均呈中庸；WT、MT、HT 和 ST 经营强度对应样方林木的平均大小比数 $\bar{U}$ 分别为 0.479、0.492、0.481 和 0.491，说明不同样方林木整体上均呈中庸，林木胸径差异较为明显。目标树经营后，WT、MT 和 ST 经营强度对应样方林木的平均大小比数 $\bar{U}$ 分别变化为 0.473、0.478、0.477，HT 经营强度林木整体大小比数略有升高。整体而言，各经营强度下，林木均有中庸态向亚优势态转化趋势。从分布频率上看，中庸（ $\bar{U}$ =0.50）状态、劣态（ $\bar{U}$ =0.75）和绝对劣态（ $\bar{U}$ =1.0）林木的比例变化不大。这一方面可能由于火炬松林分内林木的胸径分化不显著，另一方面与干扰木选择中，侧重选择胸径偏小的竞争木和不健康林木有直接的关系，因而经营结果在统计学上并未表现出理想的大小比例关系。目标树经营后，亚优势（ $\bar{U}$ =0.25）林木比例减少相对最大，优势状态（ $\bar{U}$ =0.0）林木的比例整体相对最大，说明目标树经营促进了试验地火炬松林木由亚优势态向优势态转化，一定程度上改善了林木间的竞争关系。

表 7–33　火炬松林经营前后大小比数特征

处理	样方	大小比数 $\bar{U}$		分布频数（%）									
				0.00		0.25		0.50		0.75		1.00	
		经营前	经营后	经营前	经营后	经营前	经营后	经营前	经营后	经营前	经营后	经营前	经营后
CK	5	0.497		21.88		23.96		12.50		16.67		25.00	
	8	0.495		23.53		15.69		23.53		13.73		23.53	
	14	0.497		21.69		19.28		20.48		15.66		22.89	
	20	0.485		24.62		15.38		23.08		15.38		21.54	
	24	0.526		17.24		20.69		18.97		20.69		22.41	
WT	3	0.493	0.491	20.29	21.82	21.74	21.82	18.84	16.36	18.84	18.18	20.29	21.82
	6	0.464	0.453	20.78	28.13	23.38	15.63	18.18	17.19	24.68	25.00	12.99	14.06
	10	0.500	0.486	20.00	20.37	16.92	18.52	23.08	22.22	23.08	24.07	16.92	14.81
	18	0.488	0.500	23.81	22.45	15.87	16.33	22.22	22.45	17.46	16.33	20.63	22.45
	21	0.451	0.436	19.72	23.73	28.17	23.73	22.54	23.73	11.27	11.86	18.31	16.95
	均值	0.479	0.473	20.92	23.30	21.22	19.20	20.97	20.39	19.06	19.09	17.83	18.02
MT	1	0.496	0.483	19.12	18.18	23.53	22.73	14.71	20.45	25.00	25.00	17.65	13.64
	9	0.480	0.457	28.57	21.95	9.52	29.27	25.40	12.20	14.29	17.07	22.22	19.51
	16	0.496	0.462	24.62	25.64	18.46	20.51	13.85	23.08	20.00	5.13	23.08	25.64
	23	0.478	0.472	21.43	25.00	23.21	19.44	14.29	19.44	25.00	13.89	16.07	22.22
	26	0.508	0.518	20.90	19.05	17.91	11.90	17.91	30.95	23.88	19.05	19.40	19.05
	均值	0.492	0.478	22.93	21.96	18.53	20.77	17.23	21.22	21.63	16.03	19.68	20.01

（续）

处理	样方	大小比数 $\bar{U}$		分布频数（%）									
				0.00		0.25		0.50		0.75		1.00	
		经营前	经营后	经营前	经营后	经营前	经营后	经营前	经营后	经营前	经营后	经营前	经营后
HT	2	0.487	0.468	22.08	25.64	18.18	17.95	22.08	17.95	18.18	20.51	19.48	17.95
	7	0.468	0.441	22.86	26.47	24.29	23.53	14.29	14.71	20.00	17.65	18.57	17.65
	12	0.494	0.516	19.23	22.92	20.51	14.58	23.08	18.75	17.95	20.83	19.23	22.92
	22	0.476	0.513	20.83	21.05	23.61	10.53	18.06	26.32	19.44	26.32	18.06	15.79
	均值	0.481	0.484	21.25	24.02	21.65	16.65	19.37	19.43	18.89	21.33	18.83	18.58
ST	4	0.503	0.537	18.99	17.65	21.52	20.59	17.72	17.65	22.78	17.65	18.99	26.47
	11	0.500	0.463	16.67	30.00	21.11	17.50	24.44	17.50	21.11	7.50	16.67	27.50
	15	0.477	0.456	19.74	22.22	21.05	24.44	22.37	22.22	22.37	11.11	14.47	20.00
	17	0.496	0.438	23.19	25.00	20.29	30.00	10.14	10.00	27.54	15.00	18.84	20.00
	19	0.504	0.489	20.90	22.73	20.90	22.73	17.91	18.18	16.42	9.09	23.88	27.27
	25	0.463	0.484	22.67	22.58	21.33	19.35	18.67	19.35	22.67	19.35	14.67	19.35
	均值	0.491	0.477	20.36	23.36	21.03	22.44	18.54	17.48	22.15	13.28	17.92	23.43

（3）树种隔离变化

目标树经营前后各样方林木混交度的平均值和分布频率如表 7–34 所示。目标树经营前，试验地 20 个经营样方的平均混交度 $\bar{M}_S$ 在 0.000 ～ 0.208，均值为 0.096。试验地内林木以火炬松为单优，极少混交阔叶乔木树种，整体上林木为弱度或零度混交。经过目标树经营，林木平均混交度 $\bar{M}_S$ 在 0.000 ～ 0.250，均值为 0.133，混交提升率约 13.3%；WT、MT、HT 和 ST 经营强度对应样方林木的混交提升率分别为 22.7%、14.3%、11.5% 和 6.3%，林木种间的隔离程度以 WT 强度提升最快，林分的树种结构相对更稳定。目标树经营后，WT、MT、HT 和 ST 经营强度对应各样方林木的平均混交度 $\bar{M}_S$ 分布频率变化特征为：零度混交（$\bar{M}_S$ = 0.00）比例减少，弱度混交（$\bar{M}_S$ =0.25）、中度混交（$\bar{M}_S$ =0.25）、强度混交（$\bar{M}_S$ =0.75）和极强度混交（$\bar{M}_S$ =1.00）比例增大。盘石岭火炬松目标树经营旨在促进林分混交，保留了林分所有的阔叶树种，虽然经营后样地林分仍然为火炬松单优，但经营促进了试验地火炬松纯林的针阔叶混交比例，对于林木树种隔离和林分未来针阔叶混交化具有关键作用。

（4）林层多样性变化

目标树经营前后各样方林木林层指数的平均值和分布频率如表 7–35 所示。林层指数 S_i 表示林分垂直方向上林层结构的复杂程度，林层指数 $\bar{S}$ ∈（0，1]，其值越接近 1，表明林分在垂直方向上的成层性越复杂。林层结构越复杂，林木利用空间资源的能力越突出。目标树经营前，试验地 20 个经营样方林木的平均林层指数 $\bar{S}$ 在 0.053 ～ 0.258，均值为 0.142，林层的复杂性处于较低水平，林分垂直空间结构较差，林木对林分的垂直方向上的空间利用不足。WT、MT、HT 和 ST 经营前林层指数均值分别为 0.130、0.171、0.142 和 0.129。目标树

表 7-34 火炬松林经营前后混交度特征

处理	样方	混交度 $\bar{M}_S$		分布频数（%）									
				0.00		0.25		0.50		0.75		1.00	
		经营前	经营后	经营前	经营后	经营前	经营后	经营前	经营后	经营前	经营后	经营前	经营后
CK	5	0.180		66.67		13.54		6.25		8.33		5.21	
	8	0.083		86.27		1.96		7.84		0.00		3.92	
	14	0.467		18.07		19.28		33.73		15.66		13.25	
	20	0.035		90.77		7.69		0.00		0.00		1.54	
	24	0.138		79.31		3.45		6.90		3.45		6.90	
WT	3	0.185	0.241	65.22	56.36	10.14	9.09	11.59	18.18	11.59	14.55	1.45	1.82
	6	0.185	0.219	68.83	64.06	9.09	10.94	6.49	4.69	10.39	14.06	5.19	6.25
	10	0.208	0.250	60.00	55.56	20.00	18.52	6.15	7.41	4.62	7.41	9.23	11.11
	18	0.202	0.255	55.56	46.94	25.40	26.53	7.94	12.24	4.76	6.12	6.35	8.16
	21	0.134	0.170	74.65	66.10	9.86	13.56	7.04	11.86	4.23	3.39	4.23	5.08
	均值	0.183	0.227	64.85	57.80	14.90	15.73	7.84	10.88	7.12	9.11	5.29	6.49
MT	1	0.077	0.114	79.41	75.00	16.18	15.91	1.47	2.27	0.00	2.27	2.94	4.55
	9	0.087	0.140	80.95	65.85	9.52	21.95	4.76	4.88	3.17	4.88	1.59	2.44
	16	0.150	0.276	70.77	51.28	15.38	17.95	4.62	12.82	1.54	5.13	7.69	12.82
	23	0.045	0.042	87.50	91.67	10.71	5.56	0.00	0.00	0.00	0.00	1.79	2.78
	26	0.097	0.143	74.63	71.43	20.90	23.81	0.00	0.00	0.00	0.00	4.48	4.76
	均值	0.091	0.143	78.65	71.05	14.54	17.03	2.17	3.99	0.94	2.46	3.70	5.47
HT	2	0.075	0.109	84.42	82.05	7.79	2.56	2.60	7.69	3.90	5.13	1.30	2.56
	7	0.061	0.132	85.71	76.47	7.14	0.00	4.29	17.65	2.86	5.88	0.00	0.00
	12	0.000	0.000	100.00	100.00	0.00	0.00	0.00	0.00	0.00	0.00	0.00	0.00
	22	0.111	0.191	73.61	55.26	15.28	23.68	6.94	15.79	1.39	0.00	2.78	5.26
	均值	0.068	0.115	84.48	76.97	8.95	8.66	3.20	9.02	1.82	2.69	1.55	2.66
ST	4	0.022	0.052	94.94	88.24	3.80	8.82	0.00	0.00	0.00	0.00	1.27	2.94
	11	0.078	0.181	78.89	57.50	17.78	27.50	0.00	7.50	0.00	0.00	3.33	7.50
	15	0.036	0.067	93.42	88.89	1.32	0.00	2.63	6.67	2.63	4.44	0.00	0.00
	17	0.058	0.000	86.96	100.00	8.70	0.00	1.45	0.00	0.00	0.00	2.90	0.00
	19	0.034	0.000	94.03	100.00	1.49	0.00	1.49	0.00	2.99	0.00	0.00	0.00
	25	0.073	0.081	78.67	77.42	18.67	19.35	0.00	0.00	0.00	0.00	2.67	3.23
	均值	0.050	0.063	87.82	85.34	8.62	9.28	0.93	2.36	0.94	0.74	1.69	2.28

经营后，4 种经营强度下林层指数均值 $\bar{S}$ 分别为到 0.134、0.205、0.109 和 0.106，WT 和 MT 经营强度林木垂直方向的空间利用能力小幅提高，但 HT 和 ST 经营强度林层指数 $\bar{S}$ 降低，林木垂直多样性减弱。从分布频率上看，目标树经营后，不同经营强度对应各样方林木的平均林层指数 $\bar{S}$ 在各分布区间的变化无明显变化规律。MT 经营强度下林层结构改善效果较为明显，林木可更好地利用林分空间资源。

表 7–35　火炬松林经营前后林层指数特征

处理	样方	林层指数 $\bar{S}$		分布频数（%）									
				0.00		0.25		0.50		0.75		1.00	
		经营前	经营后	经营前	经营后	经营前	经营后	经营前	经营后	经营前	经营后	经营前	经营后
CK	5	0.177		59.38		23.96		8.33		3.13		5.21	
	8	0.000		100.00		0.00		0.00		0.00		0.00	
	14	0.169		57.83		33.73		0.00		0.00		8.43	
	20	0.092		75.38		20.00		0.00		1.54		3.08	
	24	0.112		79.31		5.17		8.62		5.17		1.72	
WT	3	0.152	0.182	66.67	61.82	20.29	21.82	4.35	5.45	2.90	3.64	5.80	7.27
	6	0.198	0.188	54.55	57.81	29.87	28.13	5.19	3.13	2.60	3.13	7.79	7.81
	10	0.189	0.208	55.38	50.00	24.62	29.63	13.85	12.96	1.54	1.85	4.62	5.56
	18	0.060	0.061	85.71	87.76	11.11	8.16	0.00	0.00	0.00	0.00	3.17	4.08
	21	0.053	0.030	87.32	93.22	9.86	5.08	0.00	0.00	0.00	0.00	2.82	1.69
	均值	0.130	0.134	69.93	70.12	19.15	18.56	4.68	4.31	1.41	1.72	4.84	5.28
MT	1	0.195	0.227	58.82	45.45	22.06	38.64	5.88	4.55	8.82	2.27	4.41	9.09
	9	0.068	0.085	84.13	82.93	11.11	9.76	1.59	2.44	0.00	0.00	3.17	4.88
	23	0.121	0.118	67.86	69.44	26.79	25.00	0.00	0.00	0.00	0.00	5.36	5.56
	26	0.213	0.268	52.24	42.86	22.39	28.57	17.91	14.29	2.99	7.14	4.48	7.14
	16	0.258	0.327	44.62	23.08	30.77	51.28	10.77	10.26	4.62	2.56	9.23	12.82
	均值	0.171	0.205	61.53	52.75	22.62	30.65	7.23	6.31	3.28	2.40	5.33	7.90
HT	2	0.101	0.083	77.92	82.05	14.29	10.26	2.60	2.56	0.00	2.56	5.19	2.56
	7	0.111	0.125	72.86	70.59	20.00	20.59	1.43	2.94	1.43	0.00	4.29	5.88
	12	0.135	0.115	66.67	72.92	25.64	16.67	1.28	4.17	0.00	4.17	6.41	2.08
	22	0.222	0.112	45.83	71.05	38.89	23.68	4.17	0.00	2.78	0.00	8.33	5.26
	均值	0.142	0.109	65.82	74.15	24.70	17.80	2.37	2.42	1.05	1.68	6.06	3.95
ST	4	0.142	0.096	70.89	79.41	16.46	14.71	5.06	0.00	0.00	0.00	7.59	5.88
	11	0.108	0.144	74.44	65.00	17.78	27.50	2.22	0.00	1.11	0.00	4.44	7.50
	15	0.151	0.156	65.79	64.44	18.42	20.00	7.89	8.89	5.26	2.22	2.63	4.44
	17	0.073	0.000	81.16	100.00	14.49	0.00	0.00	0.00	2.90	0.00	1.45	0.00
	19	0.086	0.000	79.10	100.00	16.42	0.00	0.00	0.00	0.00	0.00	4.48	0.00
	25	0.213	0.242	49.33	38.71	34.67	45.16	4.00	6.45	5.33	0.00	6.67	9.68
	均值	0.129	0.106	70.12	74.59	19.71	17.89	3.20	2.56	2.43	0.37	4.54	4.58

（5）开敞度变化

目标树经营前后各样方林木开敞度的平均值和分布频率如表 7–36 所示。经营前，试验地 20 个样方的平均开敞度在 0.247 ～ 0.303，均值为 0.280，林分的生长空间不足，林分密度较大。目标树经营前 WT、MT、HT 和 ST 强度对应空间开敞度 $\bar{K}$ 分别为 0.269、0.290、0.288

和 0.276；目标树经营后，WT、MT 和 HT 经营强度，平均开敞度 $\bar{K}$ 分别增长到 0.300、0.360、0.384，林木开敞度有较大提升，林木生长空间基本充足；ST 经营强度下平均开敞度 $\bar{K}$ 增长到 0.419，林木生长空间充足。从分布频率上看，不同经营强度下：经营后林木生长空间不足，$\bar{K}$ 在（0.2，0.3] 时的比例下降最为显著；生长空间充足，$\bar{K}$ 在（0.4，0.5]）范围内时的比例也有大幅提升；MT、HT 和 ST 经营强度下，林木生长空间非常充足，$\bar{K}$ 在（0.5，+∞] 的比例随着经营强度增大也有显著提升。林木生长空间总体得到很大改善。本研究中，火炬松人工林经营前后的垂直分层改善效果并不明显，但随着经营强度增大，林木的开敞度也随之增大，生长空间的改善效果更佳。因此，更大的经营强度为林木生长提供了充足的生长空间，弥补垂直分层的不足，为林层分化和多样性提供了空间基础。

表 7–36　火炬松林经营前后空间开敞度特征

处理	样方	开敞度 $\bar{K}$		分布频数（%）									
				（0, 0.2]		（0.2, 0.3]		（0.3, 0.4]		（0.4, 0.5]		（0.5, +∞]	
		经营前	经营后	经营前	经营后	经营前	经营后	经营前	经营后	经营前	经营后	经营前	经营后
CK	5	0.242		17.45		61.07		18.12		3.36		0.00	
	8	0.336		0.00		21.95		56.10		19.51		2.44	
	14	0.245		28.32		33.63		27.43		5.31		5.31	
	20	0.285		0.00		62.39		31.19		6.42		0.00	
	24	0.274		7.23		45.78		39.76		6.02		1.20	
WT	3	0.278	0.308	3.85	4.65	53.85	32.56	37.50	43.02	3.85	16.28	0.96	3.49
	6	0.266	0.288	17.60	20.56	46.40	29.91	32.00	40.19	4.00	7.48	0.00	1.87
	10	0.279	0.313	9.80	8.33	47.06	32.14	37.25	38.10	2.94	15.48	2.94	5.95
	18	0.277	0.317	4.12	3.80	46.39	26.58	40.21	43.04	8.25	22.78	1.03	3.80
	21	0.247	0.274	19.63	12.36	46.73	40.45	28.04	34.83	4.67	8.99	0.93	3.37
	均值	0.269	0.300	11.00	9.94	48.09	32.33	35.00	39.83	4.74	14.20	1.17	3.70
MT	1	0.287	0.341	0.91	0.00	52.73	27.03	41.82	44.59	3.64	25.68	0.91	2.70
	9	0.295	0.355	1.00	0.00	45.00	23.44	44.00	43.75	8.00	20.31	2.00	12.50
	16	0.296	0.392	0.00	0.00	51.58	16.95	32.63	37.29	12.63	23.73	3.16	22.03
	23	0.300	0.374	0.00	0.00	43.16	6.78	46.32	55.93	9.47	23.73	1.05	13.56
	26	0.274	0.336	3.88	0.00	65.05	32.84	25.24	43.28	4.85	14.93	0.97	8.96
	均值	0.290	0.360	1.16	0.00	51.50	21.41	38.00	44.97	7.72	21.67	1.62	11.95
HT	2	0.277	0.369	3.60	0.00	58.56	17.54	32.43	26.32	4.50	38.60	0.90	17.54
	7	0.303	0.420	5.41	10.53	34.23	8.77	51.35	19.30	8.11	33.33	0.90	28.07
	12	0.280	0.359	0.00	0.00	69.75	13.85	29.41	49.23	0.84	23.08	0.00	13.85
	22	0.292	0.388	0.00	0.00	53.45	9.68	42.24	35.48	4.31	40.32	0.00	14.52
	均值	0.288	0.384	2.25	2.63	54.00	12.46	38.86	32.58	4.44	33.83	0.45	18.49

（续）

处理	样方	开敞度 $\bar{K}$		分布频数（%）									
				(0, 0.2]		(0.2, 0.3]		(0.3, 0.4]		(0.4, 0.5]		(0.5, +∞]	
		经营前	经营后	经营前	经营后	经营前	经营后	经营前	经营后	经营前	经营后	经营前	经营后
ST	4	0.279	0.395	5.43	0.00	59.69	10.53	33.33	33.33	1.55	33.33	0.00	22.81
	11	0.256	0.375	3.88	0.00	68.22	17.54	24.03	33.33	3.10	26.32	0.78	22.81
	15	0.269	0.355	4.20	4.62	63.87	10.77	30.25	43.08	0.84	29.23	0.84	12.31
	17	0.290	0.543	0.00	0.00	59.80	0.00	36.27	16.67	3.92	16.67	0.00	66.67
	19	0.271	0.424	0.00	0.00	70.64	5.41	23.85	21.62	5.50	37.84	0.00	35.14
	25	0.290	0.421	6.25	0.00	44.53	7.14	45.31	39.29	3.13	21.43	0.78	32.14
	均值	0.276	0.419	3.29	0.77	61.12	8.56	32.18	31.22	3.01	27.47	0.40	31.98

（6）竞争状况变化

由于盘石岭林场火炬松人工林内林木分布较为均匀，我们采用 Hegyi 竞争指数公式计算对象木所受其他林木的竞争“压力”，竞争指数可以客观反映林木的竞争状况。由表 7–37 可知，目标树经营前林木的 Hegyi 竞争指数均值在 0.360 ～ 0.647，均值为 0.447，林木间竞争程度较高；目标树经营后，Hegyi 竞争指数均值在 0.214 ～ 0.615，均值为 0.371。经过目标树经营，林木间的竞争压力得到了较大释放。随间伐强度增大林木竞争压力释放的效率分别为 WT（4.8%）、MT（13.1%）、HT（18.7%）和 ST（30.5%），说明林分整体压力得到一定程度释放，且随间伐强度增大，竞争指数降低幅度越大。

表 7–37　火炬松林目标树经营前后 Hegyi 竞争指数变化

处理	样方	竞争指数 $\bar{CI}$		分布频数（%）									
				(0, 2]		(0.2, 0.8]		(0.8, 1.4]		(1.4, 2.0]		(2.0, +∞)	
		经营前	经营后	经营前	经营后	经营前	经营后	经营前	经营后	经营前	经营后	经营前	经营后
CK	5	0.699		2.01		79.87		8.72		1.34		8.05	
	8	0.365		2.44		95.12		2.44		0.00		0.00	
	14	0.742		7.96		61.95		15.04		7.96		7.08	
	20	0.406		0.92		95.41		2.75		0.92		0.00	
	24	0.416		4.82		90.36		3.61		0.00		1.20	
WT	3	0.472	0.459	0.96	8.14	87.50	79.07	9.62	10.47	0.96	1.16	0.96	1.16
	6	0.647	0.615	0.80	2.80	78.40	74.77	12.00	12.15	5.60	6.54	3.20	3.74
	10	0.510	0.497	5.88	11.90	82.35	73.81	6.86	8.33	3.92	4.76	0.98	1.19
	18	0.420	0.385	4.12	12.66	87.63	79.75	8.25	7.59	0.00	0.00	0.00	0.00
	21	0.453	0.425	0.93	1.12	92.52	92.13	5.61	5.62	0.93	1.12	0.00	0.00
	均值	0.500	0.476	2.54	7.33	85.68	79.91	8.47	8.83	2.28	2.72	1.03	1.22

（续）

处理	样方	竞争指数 $\bar{CI}$		分布频数（%）									
				(0, 2]		(0.2, 0.8]		(0.8, 1.4]		(1.4, 2.0]		(2.0, +∞)	
		经营前	经营后	经营前	经营后	经营前	经营后	经营前	经营后	经营前	经营后	经营前	经营后
MT	1	0.436	0.404	1.82	14.86	89.09	75.68	9.09	9.46	0.00	0.00	0.00	0.00
	9	0.398	0.342	2.00	15.63	96.00	81.25	1.00	1.56	1.00	1.56	0.00	0.00
	16	0.420	0.373	5.26	23.73	89.47	67.80	3.16	5.08	2.11	3.39	0.00	0.00
	23	0.360	0.294	2.59	23.73	91.38	76.27	3.45	0.00	2.59	0.00	0.00	0.00
	26	0.407	0.340	0.97	17.91	96.12	79.10	2.91	2.99	0.00	0.00	0.00	0.00
	均值	0.404	0.351	2.53	19.17	92.41	76.02	3.92	3.82	1.14	0.99	0.00	0.00
HT	2	0.460	0.361	1.80	24.56	91.89	71.93	2.70	0.00	1.80	1.75	1.80	1.75
	7	0.472	0.442	2.70	29.82	88.29	56.14	5.41	8.77	2.70	3.51	0.90	1.75
	12	0.413	0.316	2.52	18.46	95.80	80.00	1.68	1.54	0.00	0.00	0.00	0.00
	22	0.431	0.323	2.59	22.58	91.38	72.58	3.45	1.61	2.59	3.23	0.00	0.00
	均值	0.444	0.361	2.40	23.86	91.84	70.16	3.31	2.98	1.77	2.12	0.68	0.88
ST	4	0.475	0.345	0.78	21.05	93.02	75.44	3.10	1.75	1.55	0.00	1.55	1.75
	11	0.462	0.358	2.33	29.82	93.02	64.91	3.10	3.51	0.78	1.75	0.78	0.00
	15	0.454	0.366	0.84	16.92	94.12	78.46	3.36	1.54	1.68	3.08	0.00	0.00
	17	0.399	0.214	1.96	56.67	95.10	43.33	2.94	0.00	0.00	0.00	0.00	0.00
	19	0.398	0.229	0.00	40.54	98.17	59.46	1.83	0.00	0.00	0.00	0.00	0.00
	25	0.454	0.325	0.00	32.14	93.75	64.29	5.47	3.57	0.78	0.00	0.00	0.00
	均值	0.440	0.306	0.98	32.86	94.53	64.32	3.30	1.73	0.80	0.81	0.39	0.29

2）经营前后林分空间结构评价

（1）熵权法综合评价

通过熵权法确定试验地林木角尺度 $\bar{W}$ 、混交度 $\bar{M}_s$ 、大小比数 $\bar{U}$ 、开敞度 $\bar{K}$ 、林层指数 $\bar{S}$ 、全林竞争指数 $\bar{CI}$ 共 6 个空间参数的熵值和权重。其权重分别为 0.171、0.256、0.000、0.029、0.053、0.491。其中全林竞争指数 $\bar{CI}$ 的权重最大（0.491），混交度 $\bar{M}_s$ 次之（0.256），第三为角尺度（0.171）。由于火炬松人工林的林木大小分化不十分显著，大小比数的权重仅为 0.0003。竞争指数、混交度和角尺度将对经营前后林木空间结构评价影响最大（表 7–38）。

表 7–38 火炬松林经营前后林分空间结构标准化值及权重

指标	CK	经营前				经营后				信息熵 E_i	权重 W_i
		WT	MT	HT	ST	WT	MT	HT	ST		
角尺度 $\bar{W}$	0.453	0.446	0.435	0.388	0.411	0.469	0.452	0.416	0.460	0.966	0.171
混交度 $\bar{M}_S$	0.180	0.183	0.091	0.068	0.050	0.227	0.143	0.115	0.063	0.949	0.256

（续）

指标	CK	经营前				经营后				信息熵 E_i	权重 W_i
		WT	MT	HT	ST	WT	MT	HT	ST		
大小比数 $\bar{U}$	0.500	0.479	0.492	0.481	0.491	0.473	0.478	0.484	0.477	1.000	0.000
开敞度 $\bar{K}$	0.276	0.269	0.290	0.288	0.276	0.300	0.360	0.384	0.419	0.994	0.029
林层指数 $\bar{S}$	0.110	0.130	0.171	0.142	0.129	0.134	0.205	0.109	0.106	0.989	0.053
竞争指数 $\bar{CI}$	0.526	0.500	0.404	1.776	0.440	0.486	0.351	1.442	0.306	0.902	0.491

根据上述林分空间结构权重结果，计算得到林分经营前后不同强度下的林木空间结构综合评价结果（表 7–39）。目标树经营前，不同经营强度的综合评分在 0.143 ～ 0.779，均值为 0.542（不包含对照组）。根据表 7–1 林分空间结构评价参数特征，HT 经营强度，林木空间结构评分为 0.143，空间结构等级为 I 级，林分空间结构差；ST 经营强度，林木空间结构评分为 III 级，近 50% 林木空间结构理想；WT 和 ST 经营强度，林木空间结构评分为 IV 级，表明大部分林木空间结构理想。目标树经营后，不同经营强度的综合评分在 0.360 ～ 0.891，均值为 0.702。HT 经营强度，林木空间结构评级由 I 级转变为 II 级；ST 经营强度，林木空间结构评级由 III 级转变为 IV 级，大部分林木空间结构理想；WT 和 MT 经营强度，林木空间结构评级由 IV 级转变为 V 级，理论上表明林木空间结构已达到理想状态。本研究中，由于竞争指数 $\bar{CI}$ 和混交度 $\bar{M}_s$ 所占权重很大，而实际经营中开敞度的改善程度较大，其权重却很低。因此，理论上的林分评价与经营实践中的林分空间结构状态存在一定偏差。但整体上，经过目标树经营，林分的空间结构得到较大改善，表明熵权法对不同经营强度在经营前后评价的整体规律性是符合林分经营前后的变化规律的。目标树经营后，不同经营强度林分空间结构评分排序为 WT ＞ MT ＞ ST ＞ HT。综合各空间结构指数评价表明，MT 经营强度对目标树空间结构改善效果最为明显，HT 经营强度对林分空间结构改善的效果最弱。

表 7–39 火炬松经营前后林分空间结构综合评价

经营阶段	处理	角尺度 $\bar{W}$	混交度 $\bar{M}_s$	大小比数 $\bar{U}$	开敞度 $\bar{K}$	林层指数 $\bar{S}$	竞争指数 $\bar{CI}$	评价结果
	CK	0.453	0.180	0.500	0.276	0.110	0.526	0.772
经营前	WT	0.446	0.183	0.479	0.269	0.130	0.500	0.779
	MT	0.435	0.091	0.492	0.290	0.171	0.404	0.689
	HT	0.388	0.068	0.481	0.288	0.142	1.776	0.143
	ST	0.411	0.050	0.491	0.276	0.129	0.440	0.558
经营后	WT	0.469	0.227	0.473	0.300	0.134	0.486	0.891
	MT	0.452	0.143	0.478	0.360	0.205	0.351	0.835
	HT	0.416	0.115	0.484	0.384	0.109	1.442	0.360
	ST	0.460	0.063	0.477	0.419	0.106	0.306	0.722

（2）乘除法评价

应用乘除法对不同空间结构参数进行多目标评价，充分利用总体目标的重要程度，能体现经营决策者对参数在总体目标中重要性的理解。研究采用乘除法对目标树经营前后不同间伐强度对林木空间结构的改善进行评价，旨在辅助检验熵权法综合评价结果的可靠性。由表7–40 可知：目标树经营后，林分空间结构均有不同程度的提高。目标树经营后，不同经营强度林分空间结构评分为 MT（1.091）＞ ST（1.014）＞ WT（0.977）＞ HT（0.531）。虽然乘除法与熵权法综合评价存在一定差异，但乘除法评价与熵权法综合评价均反映了：随间伐强度增大，经营对提升林分空间结构和减缓林木竞争效果更好，以 MT 经营强度的综合效益最佳。

表 7–40　火炬松林经营前后林分空间结构综合评价

经营阶段	处理	角尺度 $\bar{W}$	混交度 $\bar{M}_S$	大小比数 $\bar{U}$	开敞度 $\bar{K}$	林层指数 $\bar{S}$	竞争指数 $\bar{CI}$	评价结果
	CK	0.453	0.180	0.500	0.276	0.110	0.526	0.851
经营前	WT	0.446	0.183	0.479	0.269	0.130	0.500	0.885
	MT	0.435	0.091	0.492	0.290	0.171	0.404	0.901
	HT	0.388	0.068	0.481	0.288	0.142	1.776	0.419
	ST	0.411	0.050	0.491	0.276	0.129	0.440	0.789
经营后	WT	0.469	0.227	0.473	0.300	0.134	0.486	0.977
	MT	0.452	0.143	0.478	0.360	0.205	0.351	1.091
	HT	0.416	0.115	0.484	0.384	0.109	1.442	0.531
	ST	0.460	0.063	0.477	0.419	0.106	0.306	1.014
W_j		0.157	0.183	0.153	0.177	0.157	0.173	1.000

7.3.3.3 经营前后目标树空间结构变化与评价

1）经营前后目标树空间结构变化

（1）角尺度、大小比数、混交度变化

在选择目标树时，参照优树选择标准，通常会注重林木的高活力和高质量。工程实践中，被选目标树的胸径均高于林分内林木的平均胸径，而干扰木的胸径通常也会小于目标树胸径。因此，经营前后目标树空间结构均会优于林分中林木整体的空间结构。

由表 7–41 第 4 列和 5 列可知：1 株目标树采伐 1 株干扰木，即 WT 经营强度，林木由均匀分布（$\bar{W}$ =0.466）转化为随机分布（$\bar{W}$ =0.478）；1 株目标树采伐 2 株干扰木，即 MT 经营强度，林木分布格局由均匀分布（$\bar{W}$ =0.387）转化为随机分布（$\bar{W}$ =0.516）。1 株目标树采伐 3 株干扰木，即 HT 经营强度，林木分布格局由均匀分布（$\bar{W}$ =0.357）向随机分布（$\bar{W}$ =0.473）转化。1 株目标树采伐 4 株干扰木，即 ST 经营强度，林木分布格局由均匀分布（$\bar{W}$ =0.419）转化为随机分布（$\bar{W}$ =0.476）。由此可见，经过不同经营强度的目标树经营，均优化了火炬松林木的分布格局，使目标树的分布转化或趋向随机分布。

表 7-41　经营前后目标树空间结构指数

处理	样方	采伐比	角尺度 $\bar{W}$		大小比数 $\bar{U}$		混交度 $\bar{M}_s$	
			经营前	经营后	经营前	经营后	经营前	经营后
CK	5	0	0.409		0.114		0.023	
	8	0	0.475		0.275		0.075	
	14	0	0.409		0.091		0.341	
	20	0	0.432		0.318		0.000	
	24	0	0.386		0.182		0.068	
WT	3	1 : 1	0.409	0.452	0.114	0.068	0.091	0.114
	6	1 : 1	0.523	0.545	0.227	0.091	0.045	0.114
	10	1 : 1	0.417	0.500	0.167	0.208	0.063	0.083
	18	1 : 1	0.521	0.375	0.271	0.250	0.125	0.125
	21	1 : 1	0.462	0.519	0.231	0.231	0.115	0.154
	均值		0.466	0.478	0.202	0.170	0.088	0.118
MT	1	1 : 2	0.318	0.523	0.091	0.205	0.091	0.136
	9	1 : 2	0.425	0.500	0.250	0.227	0.100	0.205
	16	1 : 2	0.341	0.513	0.182	0.205	0.045	0.182
	23	1 : 2	0.396	0.500	0.167	0.136	0.042	0.045
	26	1 : 2	0.455	0.545	0.182	0.227	0.091	0.068
	均值		0.387	0.516	0.174	0.200	0.074	0.127
HT	2	1 : 3	0.409	0.452	0.068	0.136	0.068	0.159
	7	1 : 3	0.308	0.519	0.058	0.154	0.077	0.192
	12	1 : 3	0.295	0.465	0.136	0.205	0.000	0.000
	22	1 : 3	0.417	0.458	0.208	0.438	0.063	0.104
	均值		0.357	0.473	0.118	0.233	0.052	0.114
ST	4	1 : 4	0.271	0.438	0.250	0.417	0.000	0.042
	11	1 : 4	0.341	0.475	0.227	0.100	0.091	0.200
	15	1 : 3	0.538	0.538	0.212	0.212	0.019	0.038
	17	1 : 4	0.446	0.536	0.214	0.321	0.054	0.000
	19	1 : 4	0.458	0.417	0.208	0.438	0.000	0.000
	25	1 : 4	0.458	0.455	0.229	0.227	0.000	0.068
	均值		0.419	0.476	0.223	0.286	0.027	0.058

由表 7-41 第 6 和 7 列可知：由于人工林的径级结构相对均匀，不同经营强度下，目标树经营前后林木大小比数 $\bar{U}$，即对象木与相邻木的相对大小关系改善并不理想。仅 WT 经营强度下，目标树存在由亚优势（$\bar{U}$ =0.202）向优势（$\bar{U}$ =0.170）转化的趋势；应用其他经营强度采伐干扰木后，目标树的大小比数均出现偏大趋势。这可能是缘于在选择干扰木时，主观采取“选弱留优”措施，使得目标树相邻木的竞争优势未得到充分释放，对目标树竞争

优势产生了负面影响。值得一提的是，生产实践中，干扰木采伐可应用“伐大留小”的经营措施以优化大小比数。

由表 7–41 第 8 和 9 列可知：通过目标树经营，试验地各样方目标树的平均混交度 $\bar{M}_S$ 得到了不同程度的提升。由于样地内火炬松为单优树种，经营中也保留了全部阔叶树种，经营后混交度的提高仍受到局限。其中，HT 经营强度经营前后混交度均值从 0.052 提升到 0.114，提升效果最为明显（54.4%）；其他经营强度下，经营前后林木平均混交度也有很大提高，但林木混交度水平仍然很低。

（2）林层指数和开敞度变化

由表 7–42 第 3 列和第 4 列可知：林分经营前各样方目标树平均林层指数均值在 0.021 ～ 0.159，其均值为 0.074。林分经营后各样方目标树平均林层指数均值在 0.000 ～ 0.205，其均值为 0.078。经目标树经营后，试验地各样方不同间伐强度目标树林层指数得到小幅提升。其中值得注意的是，ST 经营强度对应的 17 和 19 号样方，经营后林层指数均为 0.000，林层指数低于经营前的林层指数。17 号样方被伐木高度在 5.6 ～ 11.4m，目标树的平均树高为 10.85m；19 号样方被伐木高度在 7.38 ～ 12.6m，目标树的平均树高为 10.95m；除干扰木外，两个样方内断梢、风折、病腐、虫害、弯曲的劣质木较多，采伐这类林木降低了林木的树高多样性，其结果为经营后树高均一，林层指数降低。不同经营强度下，林层指数改善效率为 MT（34.5%）＞ WT（5.0%）＞ ST（–17.1%）＞ HT（–28.6%）。显然，MT 间伐强度，目标树林层垂直结构的优化较为明显。由于试验地林分的目标树均为上层林木，HT 和 ST 经营强度下，中层不健康林木数量较多，对间伐后林层高度的多样性有较大影响。然而，目标树经营后，垂直空间被大量释放，对目标树、中下层木和天然更新有积极的影响，对林分树高较为均一的人工林而言是有利的，也为未来林层丰度构建奠定了环境基础。

表 7–42　火炬松林经营前后目标树林层指数和开敞度

处理	样方	林层指数 $\bar{S}$		开敞度 $\bar{K}$	
		经营前	经营后	经营前	经营后
CK	5	0.000		0.258	
	8	0.000		0.364	
	14	0.114		0.292	
	20	0.023		0.275	
	24	0.104		0.301	
WT	3	0.068	0.091	0.305	0.357
	6	0.075	0.068	0.312	0.372
	10	0.021	0.063	0.311	0.383
	18	0.042	0.042	0.299	0.373
	21	0.077	0.038	0.271	0.310
	均值	0.057	0.060	0.300	0.359

（续）

处理	样方	林层指数 $\bar{S}$		开敞度 $\bar{K}$	
		经营前	经营后	经营前	经营后
MT	1	0.068	0.114	0.281	0.397
	9	0.025	0.050	0.299	0.422
	16	0.159	0.205	0.310	0.512
	23	0.045	0.114	0.306	0.410
	26	0.091	0.114	0.298	0.396
	均值	0.078	0.119	0.299	0.427
HT	2	0.068	0.025	0.285	0.429
	7	0.058	0.096	0.324	0.500
	12	0.114	0.068	0.279	0.403
	22	0.083	0.063	0.293	0.442
	均值	0.081	0.063	0.295	0.444
ST	4	0.063	0.021	0.284	0.482
	11	0.100	0.091	0.253	0.437
	15	0.115	0.125	0.286	0.420
	17	0.036	0.000	0.312	0.597
	19	0.063	0.000	0.293	0.484
	25	0.114	0.182	0.312	0.548
	均值	0.082	0.070	0.290	0.495

由表 7–41 第 5 列和第 6 列可知：经营前后各样方目标树开敞度均得到较大程度的提升。经营前平均开敞度在 0.253 ～ 0.324，其均值为 0.296，林分开敞空间不足。目标树经营后，平均开敞度在 0.310 ～ 0.597，其均值为 0.434，整体空间充足。经营前，不同间伐强度对应的开敞度指数均≤ 3，表明林木的生长空间不足。目标树经营后，WT 经营对应的平均开敞度 $\bar{K}$=0.359，林木生长空间基本充足；其他强度对应的平均开敞度 $\bar{K}$ ＞ 0.4，林木生长空间充足。随间伐强度逐渐增大，空间开敞度改善效率逐步提高，分别为：WT强度（19.7%）、WT 强度（42.8%）、WT 强度（50.5%）和 WT 强度（70.7%），林内透光条件得到很大改善。按目标树经营必须满足“中龄林”（DBH ≥ 10cm），试验区火炬松林的林木均为中龄林，林分结构相对稳定，且经营前林分郁闭度偏高。目标树经营后，林木生长空间得到了较大程度的释放。

（3）经营前后竞争指数变化

由表 7–43 可知：目标树经营前，试验地设置的 4 种经营性强度对应的竞争指数基本相同，即 WT（0.314）、MT（0.300）、HT（0.315）和 ST（0.333），低于对应经营强度的全部林木的平均竞争指数 WT（0.500）、MT（0.404）、HT（0.444）和 ST（0.440），说明目标树具有较强生长势，在与相邻木的竞争中具有相对优势，目标树的选择是合理的。

表 7-43　火炬松林经营前后目标树竞争指数变化

处理	样方	经营前	经营后	变化率（%）	处理	样方	经营前	经营后	变化率（%）
WT	3	0.280	0.232	17.40	HT	2	0.303	0.190	37.20
	6	0.331	0.269	18.63		7	0.284	0.170	40.07
	10	0.296	0.230	22.20		12	0.337	0.213	36.89
	18	0.311	0.223	28.34		22	0.335	0.227	32.13
	21	0.353	0.285	19.26		均值	0.315	0.200	36.42
	均值	0.314	0.248	21.15	ST	4	0.343	0.200	41.54
MT	1	0.307	0.208	32.19		11	0.374	0.186	50.21
	9	0.298	0.199	33.12		15	0.325	0.207	36.29
	16	0.310	0.179	42.32		17	0.302	0.167	44.55
	23	0.286	0.215	24.79		19	0.331	0.192	41.95
	26	0.298	0.227	23.76		25	0.324	0.179	44.81
	均值	0.300	0.206	31.39		均值	0.333	0.189	43.36

目标树经营后，各经营强度下目标树的竞争压力得到较大释放，即：WT（0.248）、MT（0.206）、HT（0.200）和 ST（0.189）。竞争指数整体下降非常明显，且竞争指数下降率与经营强度间存在明显规律性，即随间伐强度增大，竞争指数的平均变化率逐渐增大 ST（43.36%）＞ HT（36.42%）＞ MT（31.39%）＞ MT（21.15%）。目标树经营为目标树释放了充足的生长空间，竞争压力被极大释放。

2）经营前后目标树空间结构评价

（1）熵权法综合评价

通过熵权法确定试验地目标树角尺度 $\bar{W}$ 、混交度 $\bar{M}_s$ 、大小比数 $\bar{U}$ 、开敞度 $\bar{K}$ 、林层指数 $\bar{S}$ 、竞争指数 $\overline{CI}$ 共6个空间参数的熵值和权重。其权重分别为0.588、0.183、0.057、0.052、0.072、0.048。其中角尺度 $\bar{W}$ 的信息熵最小，评价中的权重最大，其次为混交度 $\bar{M}_s$；大小比数 $\bar{U}$ 、开敞度 $\bar{K}$ 、林层指数 $\bar{S}$ 和竞争指数 $\overline{CI}$ 权重很小。各空间结构指数权重大小分布极不均匀，角尺度和混交度权重决定了目标树经营的成效。

表 7-44　火炬松林经营前后目标树空间结构标准化值

指标	CK	经营前				经营后				信息熵	权重
		WT	MT	HT	ST	WT	MT	HT	ST	E_i	W_i
角尺度 $\bar{W}$	0.422	0.034	0.113	0.143	0.081	0.022	0.016	0.027	0.024	0.884	0.588
混交度 $\bar{M}_s$	0.101	0.088	0.074	0.052	0.027	0.118	0.127	0.114	0.058	0.964	0.183
大小比数 $\bar{U}$	0.196	0.202	0.174	0.118	0.223	0.170	0.200	0.233	0.286	0.989	0.057
开敞度 $\bar{K}$	0.276	0.300	0.299	0.295	0.290	0.359	0.427	0.444	0.495	0.990	0.052
林层指数 $\bar{S}$	0.110	0.057	0.078	0.081	0.082	0.060	0.119	0.063	0.070	0.986	0.072
竞争指数 $\overline{CI}$	0.306	0.314	0.300	0.315	0.333	0.248	0.206	0.200	0.189	0.990	0.048

林分经营前后不同间伐强度目标树空间结构评价见表 7–45。目标树经营前，不同经营强度的综合评分在 0.224 ～ 0.687，均值为 0.421。根据表 7–1 林分空间结构评价参数特征，对应 HT 经营强度和 MT 经营强度样地，空间结构评分为 0.224 和 0.368，林木空间结构等级为Ⅱ级，结合实地调查数据分析，林木分布为非偏均匀分布，树种混交低，林层简单，林分空间结较差，竞争较强。ST 经营强度样方，林木评分为 0.392，空间结构评分为Ⅲ级，仅 50% 目标树的空间结构理想；WT 经营强度，林木空间结构评分为 0.687，等级达到Ⅳ级，表明大部分目标树的空间结构理想。目标树经营后，不同经营强度的综合评分在 0.749 ～ 0.955，均值为 0.840，目标树空间结构整体达到大部分林木空间结构理想状态。不同经营强度对目标树空间结构改善均十分明显，尤其是 HT 和 MT 经营强度下，林分空间结构评分分别上升 59.90% 和 58.70%，说明以 HT 和 MT 经营强度实施目标树经营，可极大改善目标树空间结构，使目标树空间结构达到理想状态，为目标树生长创造了优良环境。不同经营强度目标树空间结构评分排序为 MT ＞ WT ≈ HT ＞ ST，表明 MT 经营强度对火炬松林目标树空间结构的提质最为显著。

（2）乘除法评价

由表 7–46 可知：利用乘除法对目标树空间结构进行评价，其结果与熵权法的评价结果基本一致。目标树经营后，不同经营强度林分空间结构评分均有较大提升，以 MT 的经营评分效果最佳，经营前后评分差值最大（0.374），其次为 ST 经营强度（0.294），WT 经营强度对经营前后林木空间结构改善的评分差值最小。经过乘除法检验，说明了熵权综合评价法对于目标树空间结构单元评价具有客观性，也证明了以 MT 经营强度对火炬松人工林实施经营，对火炬松人工林的空间结构改善效果最佳。

7.3.3.4 评价结论

1）林分空间结构变化与评价

（1）林分空间结构变化分析

目标树经营后，尽管大部分样方内的林木角尺度值未落入随机分布区间，林木分布仍得

表 7–45　火炬松经营前后目标树空间结构评价结果

经营阶段	处理	角尺度 $\bar{W}$	混交度 $\bar{M}_S$	大小比数 $\bar{U}$	开敞度 $\bar{K}$	林层指数 $\bar{S}$	竞争指数 $\bar{CI}$	评价
	CK	0.422	0.101	0.196	0.276	0.110	0.306	0.584
经营前	WT	0.466	0.088	0.202	0.300	0.057	0.314	0.687
	MT	0.387	0.074	0.174	0.299	0.078	0.300	0.368
	HT	0.357	0.052	0.118	0.295	0.081	0.315	0.224
	ST	0.419	0.027	0.223	0.290	0.082	0.333	0.403
经营后	WT	0.478	0.118	0.170	0.359	0.060	0.248	0.834
	MT	0.516	0.127	0.200	0.427	0.119	0.206	0.955
	HT	0.473	0.114	0.233	0.444	0.063	0.200	0.823
	ST	0.476	0.058	0.286	0.495	0.070	0.189	0.749

表 7-46　火炬松经营前后目标树空间结构综合评价

经营阶段	处理	角尺度 $\bar{W}$	混交度 $\bar{M}_S$	大小比数 $\bar{U}$	开敞度 $\bar{K}$	林层指数 $\bar{S}$	竞争指数 $\bar{CI}$	评价结果
	CK	0.422	0.101	0.196	0.276	0.110	0.306	1.017
经营前	WT	0.466	0.088	0.202	0.300	0.057	0.314	1.004
	MT	0.387	0.074	0.174	0.299	0.078	0.300	0.971
	HT	0.357	0.052	0.118	0.295	0.081	0.315	0.963
	ST	0.419	0.027	0.223	0.290	0.082	0.333	0.893
经营后	WT	0.478	0.118	0.170	0.359	0.060	0.248	1.186
	MT	0.516	0.127	0.200	0.427	0.119	0.206	1.345
	HT	0.473	0.114	0.233	0.444	0.063	0.200	1.235
	ST	0.476	0.058	0.286	0.495	0.070	0.189	1.187
W_j		0.173	0.162	0.132	0.177	0.166	0.189	1.000

到了一定优化，从均匀分布向随机分布转变，林木的分布格局得到了改善。火炬松林木生长空间基本充足，试验地火炬松林木由亚优势态向优势态转化，林木间的竞争关系得到了改善，其中相对最大的比例变化出现在亚优势林木比例的减少上，而整体相对最大的比例则是优势状态林木的比例。此外，间伐强度增大，林木的开敞度增大，也有助于改善林木生长空间。

盘石岭火炬松目标树经营的主要目标是促进林分混交，并保留了林分所有的阔叶树种。尽管经营后样地林分仍然为火炬松单优，但经营促进了火炬松纯林的针阔叶混交比例，对于林木树种隔离和未来林分针阔叶混交化具有关键作用。

林层多样性在不同经营强度下表现出不同的变化趋势。但 HT 和 ST 经营强度的林层指数降低，导致林木垂直多样性减弱，WT 和 MT 强度的林木垂直方向的空间利用能力略有提高，MT 强度林层结构改善效果相对较为明显，林木可以更好地利用林分空间资源。随着间伐强度增大，林木的开敞度增大，生长空间的改善效果更佳。在目标树经营前，火炬松人工林中 Hegyi 竞争指数均值为 0.447，表明林木间竞争程度较高。而经营后，该均值下降到了 0.371，竞争压力得到了缓解；随间伐强度增大，竞争指数降低的幅度也随之增大。

综上所述，目标树经营在促进火炬松人工林生长、优化林分结构、改善林层多样性、缓解林木竞争压力等方面取得了良好的效果。不同经营强度对应不同空间结构变化，需要根据具体情况进行合理选择和调整。此外，增大间伐强度可以更好地改善林木生长空间和竞争关系，但也需注意控制间伐强度的过度和不当对人工纯林空间结构的不利影响。

（2）林分空间结构评价

在目标树经营前，不同经营强度的综合评分均值为 0.542（不包含对照组）。而在经营后，不同经营强度的综合评分均值为 0.702。经营后，不同经营强度的林分空间结构评分排序为：WT ＞ MT ＞ ST ＞ HT。综合各空间结构指数评价，结合国家对商品林和公益林的采伐额度定，生产实践中选择 MT 和 WT 经营强度以改善林分空间结构综合效益最佳。HT 经营强度对林分空间结构改善的效果最弱。

2）目标树空间结构变化与评价

（1）目标树空间结构变化分析

根据经营的不同采伐强度，可以优化火炬松目标树的分布格局，使目标树的分布趋向于随机分布。然而，在人工林的径级结构相对均匀的情况下，不同采伐强度下，目标树经营前后林木大小比数并未得到理想的改善。只有在 WT 经营强度下，目标树的优势程度得以提升，其他强度下，目标树的大小比数均呈现偏大的趋势。这可能是由于主观采取了选弱留优措施，导致目标树周围相邻木的竞争优势未得到充分释放，进而对目标树的竞争优势产生了负面影响。

在不同经营强度下，目标树林层指数的改善效率表现出差异。MT 强度下的经营能够使垂直空间得到最大程度的释放，对目标树、中下层木和天然更新有积极的影响。WT 强度次之，其次是 ST 强度，最后是 HT 强度。因此，对于树高比较均一的人工林，经营对未来林层丰度的构建具有积极的环境基础。

在经营前，目标树平均开敞度均值为 0.296，林分的开敞空间不足。然而，经营后平均开敞度均值为 0.434，整体空间充足。开敞度的改善排序为 WT 强度（70.7%）> WT 强度（50.5%）> WT 强度（42.8%）> WT 强度（19.7%）。同时，林内透光条件也得到了很大的改善。这些改善对于提高林分的生长质量和生物多样性有着重要的作用。

在试验地设置的 4 种经营性强度下，目标树的竞争指数与相邻木基本相同，但目标树具有较强的生长势，因此在与相邻木的竞争中具有相对优势。这表明目标树的选择是合理的。经营后，目标树的生长空间得到了充分释放，竞争压力大大减轻。此时，整体竞争指数明显下降，而且不同经营强度对应的竞争指数下降率存在规律性：ST > HT > MT > LT。目标树经营后释放了充足的生长空间，经营强度越大，对竞争压力释放作用越显著。

（2）目标树空间结构评价

目标树经营前，综合评分均值为 0.421。在目标树经营后，评分均值提高到了 0.840，这意味着目标树的空间结构整体已经达到了大部分林木空间结构理想的状态。此外，不同的经营强度对于目标树空间结构改善效果的影响非常明显。根据对不同经营强度目标树空间结构评分的排序结果，MT 经营强度对火炬松林的目标树空间结构改善效果最为显著，其次是 WT 和 HT，而 ST 的效果则相对较差。

经过研究，解决了提出的两个科学问题：目标树经营可以极大程度地改善林分经营，特别是目标树的空间结构。此外，研究得出：MT 经营强度对火炬松纯林的空间结构改善效果最好；MT 强度接近国家对商品林的限制采伐强度，对促进火炬松纯林向针阔混交林转化具有最佳的综合效果。这些研究结果为促进森林可持续发展提供了重要的科学依据。

森林功能与森林结构紧密关联，即结构决定功能，功能影响结构发育（张喜，2007）。确定林分空间结构评价指数和评价标准，能够发现林分空间结构特征中存在的不合理性，从而为明确森林经营可量化的目标结构及确定合适的经营措施提供理论依据（曹小玉 等，

2015）。从林分空间结构出发，将目标树经营与空间结构的多目标评价相结合，评价森林经营成效，从结构指标的取值追溯到需要调整结构的特征因子，可有针对性地改进目标树经营措施（尹茜 等，2022）。

目标树经营不同经营强度林分空间结构评价指数的选取和评价系统的建立，为湖北及中南地区战略储备林最佳空间结构的建立及其评价探索了一条新途径，也为优化低质量林分空间结构提供了理论依据。从目标树经营前后，不同林分类型在不同经营强度下，林分和目标树空间结构评价结果来看，本评价模式客观反映了林分和目标树空间结构的现状。本评价模式可在湖北及中南地区目标树经营实践中加以推广应用。

第 8 章

目标树经营对杉檫混交林的初期影响

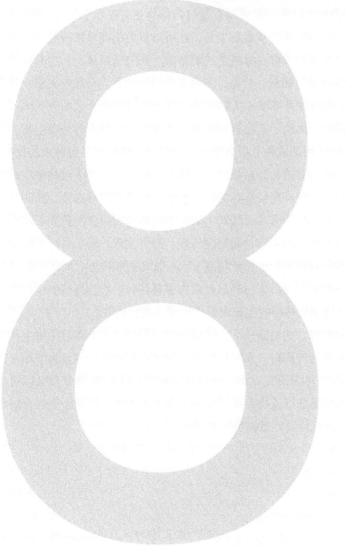

基于单木的目标树经营是实现近自然森林经营的重要途径（陆元昌，2006），其核心技术在于选择目标树、伐除干扰木、释放生长空间。国内外研究表明：目标树抚育间伐能在短期内改变林分密度、结构和物种组成，显著提高单株目标树的直径、树冠和蓄积平均生长量，且目标树直径生长量与树冠释放程度呈线性正相关，但对树高生长量的影响尚未有统一结论（Lamson，1983）。

目标树经营已在我国天然林抚育中得到了较为广泛和深入的研究和应用，并被证明是一种实现森林多功能经营的有效模式。张晓红等人（2020）研究了目标树抚育间伐对蒙古栎天然次生林的林分和单株生长的影响。研究结果表明，经过目标树抚育间伐 3a 后，明确目标树的抚育间伐不仅可以促进林分胸高断面积和蓄积生长，还可以显著提高单株胸径和材积生长。王懿祥等（2014）研究了干扰木间伐对目标树生长的影响。研究结果显示，在间伐后的 3a 后，目标树的生长速度明显快于非目标树。然而，王科等的研究对象为马尾松天然次生纯林，从经营后短期效果看来，间伐强度并非唯一关键因素，还应注意选择合适的干扰木，以促进目标树的生长。王科等（2019）比较了实施近自然森林经营间伐与对照林分在生长因子上的差异，并评估了间伐实施 4a 的初期效果。研究发现，间伐可以提高大径级林木的比例，增加林木的胸径和材积生长量，同时促进林分蓄积的生长率。然而，间伐并未对林分树高生长和林下植被生长产生显著影响，说明马尾松纯林的近自然森林经营具有特殊性，针阔叶经营转化的效应在短期内并不十分明显。胡雪凡（2020）采取不同抚育间伐方案研究了蒙古栎次生林生长和结构的影响，并研究了其短期和长期响应机理。研究发现，基于目标树经营的抚育间伐对目标树单木平均年胸径和材积年生长量均高于无干扰的对照样方，对年生长量的促进作用明显优于传统抚育间伐和对照。目标树经营对蒙古栎林各林层的胸高断面积和蓄积生长率促进作用最明显，对下林层和上林层的生长率促进也优于其他措施。

但是，不同树种组成、林分类型、立地条件下，目标树抚育间伐后林分和目标树生长有何差异，引起这种差异的因素等还有待探讨。我们以湖北省国家战略储备林项目为依托，选择通山县大幕山林场杉木檫木混交林为研究对象，探讨目标树抚育间伐对林分和目标树生长、直径分布、空间点格局、天然更新以及物种多样性等多方面的影响，以期为更加合理地开展森林经营活动、为促进人工林可持续经营提供科学依据。

8.1 材料与方法

8.1.1 林分因子

2019 年 12 月，在通山县大幕山林场杉檫人工混交林建立 100m × 100m 试验样地。样地内调查记录了 17 个乔木树种（DBH ≥ 5cm），共计 2232 株林木。其中檫木 793 株，占样地全部林木株数的 35.35%；平均胸径 15.73cm，平均树高 12.75m；檫木蓄积量 112.384m^3，占样地调查林木蓄积量的 65.71%。杉木 1335 株，占样地全木林木株数的 59.81%；平均胸径 10.47cm，平均树高 7.00m；杉木蓄积量 53.482m^3，占样地调查林木蓄积量的 31.27%。灯台树 55 株，占样地全木林木株数的 2.46%；平均胸径 10.03cm，平均树高 6.94m；蓄积量 2.187m^3，占样地调查林木蓄积量的 1.28%。南酸枣等 14 个少量树种共计 49 株，占样地全木林木株数的 2.17%；平均胸径 10.79cm，平均树高 7.34m；蓄积量 2.980m^3，占样地调查林木蓄积量的 1.74%（表 8–1）。

表 8–1　经营林分树种情况

树种	株数	株数比例（%）	平均胸径（cm）	平均高（m）	蓄积量（m^3）	蓄积比（%）
檫木	793	35.53	15.73	12.75	112.384	65.71
杉木	1335	59.81	10.47	7.00	53.482	31.27
灯台树	55	2.46	10.03	6.94	2.187	1.28
南酸枣	6	0.27	18.42	11.25	1.327	0.78
大叶栎	2	0.09	18.80	10.70	0.463	0.27
华中樱桃	7	0.31	8.96	6.20	0.189	0.11
梓	4	0.18	11.23	5.70	0.178	0.10
黄檀	7	0.31	8.14	5.44	0.155	0.09
枫香树	4	0.18	9.43	7.90	0.123	0.07
化香树	2	0.09	12.90	6.20	0.109	0.06
青檀	1	0.04	15.10	11.50	0.104	0.06
合欢	7	0.31	7.17	5.60	0.101	0.06
刺槐	4	0.18	8.68	6.73	0.099	0.06
麻栎	2	0.09	10.95	9.15	0.093	0.05
柳杉	1	0.04	9.20	4.80	0.021	0.01
栾树	1	0.04	6.40	5.00	0.010	0.01
青冈	1	0.04	5.70	6.60	0.010	0.01

目标树经营前，单株目标树的平均胸径、平均高度、蓄积量在不同经营强度与对照组间无显著差异。WT 处理下的林木平均胸径和平均高度较其他处理更高，且蓄积量也较高；ST 经营强度与对照间胸高断面积存在显著差异。树木蓄积量与胸高断面积呈正相关关系，即不同经营处理的各对应样方，在经营之前林木的蓄积量高，其相应胸高断面积也较大。檫木的平均胸径、平均高度和蓄积量均高于杉木和其他树种；同一处理下，不同树种的蓄积量有明显差异，且檫木的差异最大，不同树种蓄积量比例为 65.7%（檫木）: 31.3%（杉木）: 3.0%（其他树种）。经营前林分因子见表 8–2。

表 8-2 经营前不同经营处理下林分因子

处理	数量（株/hm^2）	平均胸径（cm）	平均高（m）	胸高断面积（m^2/hm^2）	蓄积量（m^3/hm^2）	树种蓄积（m^3/hm^2）		
						檫木	杉木	其他树种
CK	2355 ± 937a	11.9 ± 0.59a	8.99 ± 0.59a	24.42 ± 6.37a	152.8 ± 51.71a	108.44 ± 49.73a	36.96 ± 14.45a	7.41 ± 10.78a
WT	2165 ± 598a	12.72 ± 1.4a	9.35 ± 1.12a	22.9 ± 2.75a	165.29 ± 22.46a	111.34 ± 18.12a	49.23 ± 10.89a	4.73 ± 7.18a
MT	2240 ± 746a	12.78 ± 0.7a	9.29 ± 0.32a	21.52 ± 4.48a	181.71 ± 41.46a	116.14 ± 23.39a	60.98 ± 24.47a	4.59 ± 8.73a
HT	2135 ± 709a	13.24 ± 1.68a	9.34 ± 0.6a	18.77 ± 3.71ab	184.27 ± 28.47a	110.82 ± 20.52a	66.21 ± 20.88a	7.23 ± 13.93a
ST	2265 ± 712a	12.52 ± 0.64a	9.05 ± 0.42a	14.43 ± 3.35b	171.09 ± 38.6a	115.19 ± 25.32a	54.03 ± 28.24a	1.87 ± 1.99a

注：表中数字为“平均值 ± 标准差”，同列不同字母表示差异性显著（$P < 0.05$）。下同。

8.1.2 经营设计

大幕山杉檫混交林 10000m^2 试验样地共划分为 25 块面积为 0.04hm^2（20m × 20m）的样方，其中经营样方 20 块、对照样方 5 块。按照目标树经营作业体系，在主林层中选择并标记目标树和干扰木。选择林分中具有高价值、高质量、高活力的树木作为目标树，在达到目标胸径后才可进行收获性择伐，包括檫木、杉木、枫香树等；每个样方按林木生长实际情况选择 6 ～ 8 株目标树。干扰木为目标树同林层或其树冠位于目标树的上方且影响到目标树生长的林木。乡土树种或珍稀树种对森林生态系统具有生物多样性保护等重要生态意义，大幕山杉檫混交林样地中的乡土树种或珍稀树种包括青檀、梓、灯台树等，根据“伐同留异”原则，干扰木选择时应尽量避免选择这类树种。经营强度按照 1 株目标树采伐 0 ～ 4 株干扰木的比例进行设计，分为对照（CK）、弱度经营（WT）、中度经营（MT）、强度经营（HT）和超强经营（ST）共 5 级，每种经营强度各 5 次重复。在不同样方按不同株数比例控制干扰木的采伐数量。2020 年 2 月进行间伐作业。对照样方内只选择并标记目标树和干扰木，不进行间伐作业。试验地不同经营处理样方林木基本情况见表 8-3。

采伐木的平均胸径在 4 种经营处理间无显著差异；不同处理下采伐木胸高断面积间存在显著差异（$P < 0.05$），呈 ST（14.77m^2/hm^2）> HT（11.89m^2/hm^2）> MT（8.80m^2/hm^2）> WT（4.69m^2/hm^2）排序。不同经营处理间采伐木蓄积量存在显著差异，呈 ST（72.34m^3/hm^2）> HT（59.79m^3/hm^2）> MT（43.07m^3/hm^2）> WT（20.84m^3/hm^2）排序；檫木和杉木在不同处理间也存在显著差异，但其他树种的采伐蓄积量间无显著差异；不同树种采伐蓄积量的比例为：55.5%（檫木）：41.3%（杉木）：3.2%（其他树种）。根据各样方采伐蓄积量计算得到平均经营强度，分别为 WT（12.42%）、MT（23.25%）、HT（32.31%）和 ST（41.96%）（表 8-4）。

表 8-3 大幕山杉木檫木人工林不同处理林分因子概况

处理	样方号	数量（株/hm²）	平均胸径（cm）	平均高（m）	胸高断面积（m²/hm²）	蓄积量（m³/hm²）	目标树（株/hm²）
CK	1	3250	10.96	8.15	23.06	139.07	175
	7	1725	12.44	9.29	23.86	150.40	225
	13	2125	11.93	8.72	25.02	147.04	200
	19	3400	11.80	9.68	33.98	235.26	200
	25	1275	12.36	9.11	16.15	92.25	150
WT	2	2550	11.45	8.20	20.75	135.37	225
	8	2300	12.25	9.14	24.67	177.07	225
	14	2275	12.79	10.10	25.17	189.06	200
	20	2575	12.05	8.45	24.75	176.69	175
	21	1125	15.08	10.88	19.17	148.28	175
MT	3	2950	11.93	8.84	24.75	197.21	200
	9	1750	13.56	9.71	20.05	167.59	225
	15	1375	13.07	9.19	14.87	125.27	150
	16	3075	12.16	9.47	26.36	238.69	200
	22	2050	13.18	9.26	21.58	179.78	225
HT	4	1925	12.68	9.78	15.01	152.46	200
	10	1100	15.97	9.97	15.35	154.04	200
	11	2750	12.14	8.92	21.35	204.90	175
	17	2050	13.67	9.50	18.63	200.80	225
	23	2850	11.75	8.55	23.50	209.13	225
ST	5	2000	13.33	9.63	15.07	184.01	225
	6	2625	12.03	8.56	13.24	172.70	200
	12	1225	12.95	9.08	9.33	110.73	200
	18	3125	11.78	9.23	17.97	217.44	200
	24	2350	12.51	8.73	16.54	170.58	200

表 8-4 杉木檫木人工林采伐林分因子

处理	平均胸径（cm）	胸高断面积（m²/hm²）	蓄积量（m³/hm²）	采伐树种蓄积量（m³/hm²）			采伐蓄积强度（%）
				檫木	杉木	其他树种	
WT	10.18 ± 0.68a	4.69 ± 1.28c	20.84 ± 5.64c	11.21 ± 4.17c	8.33 ± 4.66b	1.30 ± 1.91a	12.42
MT	10.48 ± 0.51a	8.80 ± 2.83b	43.07 ± 15.27b	26.15 ± 9.19b	14.37 ± 9.79b	2.55 ± 4.48a	23.25
HT	11.38 ± 1.71a	11.89 ± 2.72ab	59.79 ± 13.23ab	31.39 ± 7.99ab	27.00 ± 6.88a	1.41 ± 1.62a	32.31
ST	10.98 ± 0.63a	14.77 ± 3.97a	72.34 ± 20.32a	40.13 ± 12.82a	31.25 ± 13.14a	0.96 ± 1.15a	41.96

8.2 数据分析

8.2.1 林分生长

采用孟宪宇（2006）提出的材积计算公式进行林木单株材积、林分蓄积量的测定：

$$V = g_{1.3}(h+3)f_3 \tag{8-1}$$

式中，V 为林木材积，单位为 m^3；$g_{1.3}$ 为树干在相对高 1.3m 处的横断面积，单位为 m^2；h 为全树高，单位为 m；f_3 为实验形数（林昌庚，1974）。

林分年均生长量（胸径、树高、单株材积、蓄积量、胸高断面积）的计算公式为：

$$Y(t) = \frac{y_t - y_{t-n}}{n} \tag{8-2}$$

林分定期生长率采用普雷斯勒生长率公式：

$$Z(t) = \frac{y_t - y_{t-n}}{y_t + y_{t-n}} \times \frac{200}{n} \tag{8-3}$$

式中：$Y(t)$ 为林分平均生长量；$Z(t)$ 为林分定期生长率；y_t 为调查指标末期值；y_{t-n} 为调查指标初期值；n 为调查间隔年数。

8.2.2 林木径阶分布

1）偏度和峰度

采用偏度（SK）和峰度（KT）描述各林层直径分布特征。偏度（SK）是反映非对称曲线的偏斜方向和偏斜程度的指标，SK 的绝对值越小，数据分布图形与正态分布图形越接近，偏斜越小。$SK > 0$ 表示左偏，$SK < 0$ 表示右偏，$SK=0$ 表示对称分布；SK 的绝对值越大，表示偏斜程度越大。峰度（KT）是反映分布曲线在平均值处峰值高低的指标，$KT > 0$ 表示曲线呈尖峰态，$KT < 0$ 表示曲线平坦，$KT=0$ 表示正态分布；标准差（SD）为方差的算术平方根，可以反映组内个体间的离散程度。

$$SK = \frac{n}{(n-1)(n-2)}\sum_{i=1}^{n}\left[\frac{x_i - \overline{x}}{SD}\right]^3 \tag{8-4}$$

$$ST = \frac{n}{(n-1)(n-2)(n-3)}\sum_{i=1}^{n}\left[\frac{x_i - \overline{x}}{SD}\right]^4 - \frac{3(n-1)^2}{(n-2)(n-3)} \tag{8-5}$$

$$SD = \sqrt{\frac{\sum_{i=1}^{n}(x_i - \overline{x})^2}{n-1}} \tag{8-6}$$

式中，n 为林木株数；x_i 为林木直径；$\overline{x}$ 为林分算术平均直径；SD 为标准差。

2）直径分布参数估计及检验

利用正态分布、对数正态分布、Weibull 分布、Gamma 分布以及 Logistic 分布共 5 种分布函数拟合目标树经营前和经营 3a 后林分的直径分布规律，并采用 χ^2 检验法对拟合结果进行检验。

（1）正态分布函数

正态分布的概率密度函数为：

$$f(x)=\frac{1}{\sqrt{2\pi\sigma}}\exp\left[\frac{-(x-\bar{x})^2}{2\sigma^2}\right] \tag{8-7}$$

式中，$\bar{x}$ 为随机变量 x 的数学期望；σ 为随机变量 x 的标准差。

（2）对数正态分布

对数正态分布的概率密度函数为：

$$f(x)=\frac{1}{xc\sqrt{2\pi}}\exp\left[-\frac{(\ln x-b)^2}{2c^2}\right],\ x>a。 \tag{8-8}$$

式中，b 为 log (x) 的平均数；c 为 log (x) 的标准差。

（3）威布尔分布函数

Weibull 分布已成为林分结构模型研究中一种重要的分布，它对直径分布能进行很好的拟合。三参数：a，b 和 c 威布尔分布的概率密度函数为：

$$f(x)=\frac{c}{b}\left(\frac{x-a}{b}\right)^{c-1}\cdot\exp\left[-\left(\frac{x-a}{b}\right)^{c}\right] \tag{8-9}$$

式中，参数 a 为位置参数，在研究林木直径分布时一般取最小径阶的下限，b 为尺度参数；参数 c 是形状参数，在 Weibull 分布中具有实质意义的参数。当 $c<1$ 时，为反 J 型分布函数；当 $1<c<3.6$ 时，为单峰左偏山状分布；当 c=1 时，为指数分布；当 c=3.6 时，为近正态分布。

（4）伽玛分布（Gamma）函数

伽玛分布的概率密度函数为：

$$f(x)=\frac{b^{-c}}{\Gamma(c)}(x-a)^{c-1}\exp\left(-\frac{x-a}{b}\right),\ x>a。 \tag{8-10}$$

式中，a 为最小值；b 为尺度参数；c 为形状参数。

（5）Logistic 分布函数

Logistic 累积分布函数为：

$$f(x)=\frac{1}{1+\exp\left(-\frac{x-a}{b}\right)} \tag{8-11}$$

式中，x 为径阶中值；a 为累积分布概率为 1/2 时所对应的林木直径；b 为尺度参数。Logistic 分布应用于林分直径分布拟合时，上限参数 c=1。

（6）χ^2 检验

利用直径分布函数估计出的各径阶理论株数与实际株数在 a=0.05 的显著水平下作 $\chi^2_{0.05}$ 检验；公式为：

$$\chi^2=\sum_{i=1}^{n}\frac{\left(M_i-N_i\right)^2}{M_i} \tag{8-12}$$

式中，M_i 为第 i 径阶的理论株数；N_i 为第 i 径阶的实际株数；n 表示径阶数。

选择最优模型拟合各林层直径分布，分析各林层直径分布及其变化规律。

8.2.3 林分稳定性

林分结构的稳定性指生态系统功能对空间和时间干扰的抵抗能力，是林分结构的关键特征，实现林分可持续经营的基本要素之一就是追求林分的稳定性（齐静 等，2022）。采用林分树干高径比反应林分稳定性的强弱（Mattheck，2002），其公式如下：

$$S=\frac{H}{DBH}\times 100\ \% \tag{8-13}$$

式中，S 为林分高径比，大于 0.8 表示为危木；H 为树高；DBH 为胸径。

8.2.4 林木空间分布格局

利用成对相关函数 g（r）进行点格局分析。g（r）函数是基于由 Ripley K 函数的推导。Ripley K（d）分析可以观测不同距离尺度下林木空间分布格局，用于检验林木空间分布格局。Ripley K（d）估计公式为：

$$\hat{k}(d)=A\sum_{i=1}^{N}\sum_{j=1}^{N}\frac{w_{ij}(d)}{N^2} \tag{8-14}$$

式中，N 是样地（样方）内林木总数；d 距离尺度变量；A 是样地（样方）面积；w_{ij}（d）是林木 i、j 之间距离 d_{ij} 的权重，在 Ripley 的原始算法中，不考虑样地边界效应，定义：

$$w_{ij}(d)=\begin{cases}1, & d_{ij}\leqslant d,\\ 0, & d_{ij}>d.\end{cases} \tag{8-15}$$

g（r）函数能较为敏感地判断某一尺度上点的实际分布偏差期望值的程度，排除计算过程产生的累积效应。利用单变量 g（r）函数分析物种的空间聚集程度，函数表达式为：

$$g(r)=\frac{1}{2\pi r}\frac{dK(r)}{d(r)} \tag{8-16}$$

式中，r 为空间尺度距离。g（r）函数采用完全空间随机模型和异质泊松分布模型（零模型）；通过 99 次 Monte Carlo 随机模拟，分别利用模拟的最大值和最小值生成上下两条包迹线，计算 99% 的置信区间。当 g（r）值在包迹线上方时，呈聚集分布或正关联；在包迹线之间时，呈随机分布或无关联；在包迹线下方时，呈均匀分布或负关联。通过分析不同处理目标树经营前后林木随机分布的最小尺度，以及经营前后随机分布、均匀分布和聚集分布变化频度，以揭示目标树经营提升随机分布转化效率的最佳经营强度。

8.2.5 林分密度结构

林分密度是林木对所占有空间利用程度的指标，林分密度的大小对林分林木的径材大小、收获量等有明显的影响。样地或样方水平的林分密度（stand density，简称 StaD，单位：m^2/hm^2）和株数密度（stems density，简称 SteD，单位：株 $/hm^2$）分别用个体的胸高断面积和与数量表示（李建 等，2020）。计算公式为：

$$StaD = \frac{\sum_{i}^{n} BA_i}{S} \times 10000 \tag{8-17}$$

$$SteD = \frac{N}{S} \times 10000 \tag{8-18}$$

式中，BA_i 表示某植株的胸高断面积；N 表示某一尺度下所有个体数量；S 表示样地或样方面积，单位为 m^2。

8.2.6 物种多样性

（1）物种多样性指数

采用重要值（I_V）、物种丰富度指数（S）、Shannon–Wiener 指数（H）、Simpson 指数（D）和 Pielou 均匀度指数（J_{sw}）分析林下灌木和草本物种组成和多样性水平。

$$I_V = （相对多度 + 相对盖度 + 相对频度）/3 \tag{8-19}$$

$$HR = -\sum_{i=1}^{S} P_i \ln P_i \tag{8-20}$$

$$DR = 1 - \sum_{i=1}^{S} P_i^2 \tag{8-21}$$

$$JR = -\sum_{i=1}^{S} P_i \ln P_i / \ln S \tag{8-22}$$

式中，S 为种 i 所在样方中物种丰富度；P_i 为第 i 个种株数占林分总株数的比例。

（2）灰色关联分析

将试验地不同处理下的林分因子如蓄积量、胸径、树高、林分密度指数、林分株数密度视为 1 个灰色系统，每个因子都是系统中的 1 个因素，系统中各因素之间的关联度值越大，因素的相似度就越高。设样方天然更新密度、更新频度、地径、树高、更新物种多样性指数和灌草层物种多样性指标为参考数列 x_0，上述因素作为比较数列 x_i（张晓娜，2020）。计算灰色关联度并比较分析各因素对天然更新以及林下物种多样性的影响程度，公式如下：

$$\varepsilon_i(k)=\frac{\min(\min|x_0(k)-x_i(k)|+\rho\max\left(\max|x_0(k)-x_i(k)|\right)}{|x_0(k)-x_i(k)|+\rho\max(\max|x_0(k)-x_i(k)|}\tag{8-23}$$

$$r_i=\frac{1}{n}\sum_{i=1}^{n}\varepsilon_i\left(k\right)\tag{8-24}$$

式中，ε_i（k）为第 x_0 与 x_i 在第 k 个指标的关联系数；ρ 为分辨率系数（ρ=0.5）；r_i 为第 k 个指标的关联度；n 为林分指标数。

8.3 研究结果分析

8.3.1 目标树经营对林分生长的影响

（1）林分胸高断面积和蓄积量

2020 年 2 月对大幕山林场杉檫混交林实施目标树经营，其后未采取任何经营或抚育措施。2022 年 12 月对试验地林分进行复查。目标树经营 3a 后，不同经营强度下，林木平均胸径年生长量、胸径年生长率之间差异显著，且经营样方显著高于对照样方，呈超强（ST）>强度（HT）>中度（MT）= 弱度（WT）>对照（CK）排序。不同经营强度下胸高断面积年生长量差异不显著，但胸高断面积年生长率存在显著差异；ST 和 HT 经营强度下胸高断面积年生长率与 MT、WT 和 CK 之间差异显著，呈超强（ST）>强度（HT）>中度（MT）>弱度（WT）>对照（CK）的排序。不同经营强度下林分蓄积年生长量差异不显著，但林分蓄积年生长率存在显著差异；ST 经营强度的蓄积年生长率与 HT、MT、WT 和对照之间差异显著，HT、MT、WT 经营强度下和 CK 之间差异显著，蓄积年生长率呈超强（ST）>强度（HT）= 中度（MT）= 弱度（WT）>对照（CK）的排序，目标树经营显著高于对照（表 8-5）。

表 8-5 经营 3a 后林分年均生长差异

处理	平均胸径年生长量（cm/a）	胸径年生长率（%）	胸高断面积年生长量（$m^2/hm^2/a$）	胸高断面积年生长率（%）	蓄积年生长量（$m^3/hm^2/a$）	蓄积年生长率（%）
CK	0.46 ± 0.05d	3.59 ± 0.26b	1.93 ± 0.66a	7.15 ± 0.51b	19.14 ± 7.5a	11.28 ± 0.71c
WT	0.57 ± 0.06c	3.99 ± 0.49b	2.02 ± 0.45a	7.94 ± 0.96b	21.2 ± 4.35a	12.45 ± 1.13b
MT	0.62 ± 0.07c	4.04 ± 0.4b	1.9 ± 0.47a	8.04 ± 0.78b	20.17 ± 4.74a	12.51 ± 0.9b
HT	0.75 ± 0.09b	4.57 ± 0.34a	1.87 ± 0.39a	9.09 ± 0.67a	19.62 ± 3.85a	13.5 ± 0.47b
ST	0.84 ± 0.05a	4.88 ± 0.34a	1.63 ± 0.48a	9.69 ± 0.66a	17.65 ± 4.69a	14.58 ± 0.51a

（2）经营 3a 后一般林木生长情况

目标树经营 3a 后，各经营样方一般林木的平均胸径年生长量、胸径年生长率、胸高断面积年生长量、胸高断面积年生长率、蓄积年生长量和蓄积年生长率与对照间呈不同形式的显著差异（表 8-6）。在林分平均胸径年生长量方面，经营样方均高于对照，ST、HT 与 MT、WT 和对照差异显著，MT 与对照差异显著，呈 ST > HT > MT > WT > CK 排序。胸径年生长率方面，各经营处理显著高于对照，且差异显著，ST 和 MT 差异显著、WT 和对照差异显著，HT 与 MT 差异显著，胸径年生长率呈 ST > HT > MT > WT > CK 排序。胸高断面积年生长量方面，ST 和对照差异显著，其他经营强度与对照差异不显著；胸高断面积年生长量按 CK > WT > MT > HT > ST 排序。胸高断面积年生长率与胸径年生长率在不同处理间差异性排序一致，呈 ST > HT > MT > WT > CK 排序。蓄积年生长量方面，ST 和对照差异显著，其他经营强度与对照差异不显著；蓄积年生长量按 CK > WT > MT > HT > ST 排序，与胸高断面积年生长量的差异性排序一致。蓄积年生长率方面，间伐样方均高于对照，且随间伐强度增大而逐渐增大，ST 和 MT 差异显著、WT 和对照差异显著，HT 与对照差异显著，蓄积年生长率呈 ST > HT > MT > WT > CK 排序。

表 8-6　经营 3a 后一般林木年均生长差异

处理	平均胸径年生长量（cm/a）	胸径年生长率（%）	胸高断面积年生长量（$m^2/hm^2/a$）	胸高断面积年生长率（%）	蓄积年生长量（$m^3/hm^2/a$）	蓄积年生长率（%）
CK	0.45 ± 0.05c	3.63 ± 0.29c	1.58 ± 0.62a	7.22 ± 0.57c	14.85 ± 6.60a	11.39 ± 0.78c
WT	0.53 ± 0.05bc	3.96 ± 0.48bc	1.53 ± 0.41a	7.88 ± 0.94bc	15.18 ± 4.06a	12.36 ± 1.00bc
MT	0.57 ± 0.06b	4.01 ± 0.44bc	1.34 ± 0.45ab	7.98 ± 0.87bc	13.39 ± 4.23ab	12.43 ± 1.01bc
HT	0.67 ± 0.09a	4.54 ± 0.56ab	1.16 ± 0.35ab	9.01 ± 1.09ab	11.38 ± 3.68ab	13.32 ± 0.97ab
ST	0.68 ± 0.06a	4.72 ± 0.50a	0.78 ± 0.42b	9.38 ± 0.98a	8.09 ± 4.25b	14.52 ± 1.51a

（3）经营 3a 后目标树生长情况

目标树经营 3a 后，各经营样方目标树的年平均胸径生长量、胸径年生长率、胸高断面积年生长量、胸高断面积年生长率、蓄积年生长量和蓄积年生长率与对照间呈不同形式的显著性差异（表 8-7）。经营样方林分平均胸径年生长量与对照差异显著，且随经营强度增大，平均胸径年生长量逐渐增大；ST、HT、MT、WT 和对照差异显著，HT 与 MT 和 WT 差异显著，平均胸径年生长量呈 ST > HT > MT > WT > CK 排序。胸径年生长率方面，ST 与 MT、WT 和对照差异显著，HT 与对照差异显著，胸径年生长率呈 ST > HT > WT > MT > CK 排序。胸高断面积年生长量方面，各经营处理与对照间差异显著，ST 和 HT 与 MT 差异显著、WT 和对照差异显著，MT 和 WT 与对照差异显著；胸高断面积年生长量按 ST > HT > MT > WT > CK 排序。不同处理胸高断面积年生长率与胸径年生长率差异性排序一致，ST 与 MT 差异显著、WT 和 HT 与对照差异显著，胸高断面积生长率呈 ST > HT > WT > MT > CK 排序。蓄积年生长量方面，不同经营处理与对照差异显著，ST 与 MT、WT 和对照差异显著，HT 与 WT 和对照差异显著，蓄积年生长量按 ST > HT > MT > WT > CK 排序。蓄积年生长率方面，经营样方均显著高于对照，ST 和 MT 差异显著、WT 和 HT 与对照差异显著，蓄积年生长率呈 ST > HT > WT > MT > CK 排序。纵向比较可知，目标树在平均胸径年生长量、胸径年生长率、胸高断面积年生长量、胸高断面积年生长率、蓄积年生长量和蓄积年生长率等方面均远优于一般林木，证明了目标树选择和经营作业的正确性。

表 8-7　经营 3a 后目标树年均生长差异

处理	平均胸径年生长量（cm/a）	胸径年生长率（%）	胸高断面积年生长量（$m^2/hm^2/a$）	胸高断面积年生长率（%）	蓄积年生长量（$m^3/hm^2/a$）	蓄积年生长率（%）
CK	0.60 ± 0.04d	3.28 ± 0.47c	0.35 ± 0.07c	6.53 ± 0.92c	4.29 ± 1.35d	10.36 ± 0.64c
WT	0.81 ± 0.15c	4.24 ± 1.01bc	0.49 ± 0.05b	8.42 ± 1.98bc	6.02 ± 0.42c	13.19 ± 2.82b
MT	0.85 ± 0.11c	4.16 ± 0.66bc	0.56 ± 0.07b	8.28 ± 1.29bc	6.78 ± 1.31bc	12.79 ± 1.45bc
HT	1.02 ± 0.15b	4.93 ± 0.8ab	0.71 ± 0.17a	9.79 ± 1.56ab	8.24 ± 1.69ab	14.80 ± 2.00ab
ST	1.21 ± 0.16a	5.64 ± 1.02a	0.84 ± 0.11a	11.18 ± 2a	9.56 ± 1.25a	16.02 ± 2.37a

（4）经营 3a 后檫木和杉木生长情况

不同处理下不同树种目标树生长也存在显著差异。目标树经营 3a 后，各经营样方檫木的目标树的平均胸径年生长量、胸径年生长率、胸高断面积年生长量、胸高断面积年生长率、蓄积年生长量和蓄积生长率与对照间呈不同形式的显著差异（表 8-8）。经营样方林分胸径年平均生长量与对照差异显著，且随间伐强度增大，平均胸径年生长量逐渐增大；ST 与 HT、MT、WT 和对照差异显著，HT 与 MT、WT 和对照差异显著，平均胸径年生长量呈 ST > HT > MT > WT > CK 排序。胸径年生长率方面，ST 与 MT、WT 和对照差异显著，HT 与 CK 差异显著，胸径年生长率呈 ST > HT > WT > MT > CK 排序，檫木的目标树胸径年生长率与林分全部目标树差异性一致。胸高断面积年生长量方面，ST 与 MT 差异显著、WT 和对照差异显著，HT 和 WT 均与对照差异显著；胸高断面积年生长量按 ST > HT > MT > WT > CK 排序。不同处理檫木的目标树胸高断面积年生长率与胸径年生长率差异性一致，ST 与 MT、WT 和对照差异显著，HT 与对照差异显著，胸高断面积年生长率呈 ST > HT > WT > MT > CK 排序。蓄积年生长量方面，ST 与 MT、WT 和 HT 均与对照差异显著，蓄积年生长量呈 ST > HT > WT > MT > CK 排序。蓄积生长率方面，经营样方均显著高于 CK，ST 和 MT、WT 和对照差异显著，HT、MT 和 WT 与对照差异显著，蓄积年生长率呈 ST > HT > MT > WT > CK 排序。

表 8-8　经营 3a 后檫木目标树平均生长差异

处理	平均胸径年生长量（cm/a^1）	胸径年生长率（%）	胸高断面积年生长量（$m^2/hm^2/a^1$）	胸高断面积年生长率（%）	蓄积生长量（$m^3/hm^2/a^1$）	蓄积年生长率（%）
CK	0.61 ± 0.03d	3.16 ± 0.35c	0.32 ± 0.10c	6.29 ± 0.69c	4.07 ± 1.63c	9.94 ± 0.89c
WT	0.8 ± 0.13c	4.05 ± 0.75bc	0.42 ± 0.07c	8.06 ± 1.47bc	5.14 ± 1.05bc	11.87 ± 1.16b
MT	0.85 ± 0.08c	3.9 ± 0.37bc	0.46 ± 0.13bc	7.77 ± 0.74bc	5.86 ± 1.54bc	12.18 ± 0.96b
HT	1.01 ± 0.13b	4.55 ± 0.59ab	0.57 ± 0.1ab	9.06 ± 1.16ab	6.88 ± 1.27ab	13.46 ± 1.21b
ST	1.18 ± 0.15a	5.45 ± 1.08a	0.69 ± 0.12a	10.82 ± 2.12a	8.03 ± 1.7a	15.27 ± 2.02a

目标树经营 3a 后，各经营样方杉木的目标树的年平均胸径、胸径年生长率、胸高断面积年生长量、胸高断面积年生长率、年蓄积和蓄积生长率与对照间呈不同形式的显著差异

（表 8–9）。ST 和 HT 处理平均胸径年生长量与对照差异显著，HT 与 MT、WT 和对照差异显著，胸径年平均生长量呈 ST > HT > WT > MT > CK 排序。胸径年生长率方面，ST 与对照差异显著，其他处理与对照间差异不显著，胸径年生长率呈 ST > HT > WT > MT > CK 排序。胸高断面积年生长量方面，ST 和 WT 与对照差异显著，胸高断面积年生长量按 ST > HT > MT > WT > CK 排序。不同处理杉木目标树的胸高断面积年生长率与胸径年生长率差异性排序一致，ST 与对照差异显著，HT 与对照差异显著，胸高断面积生长率呈 ST > HT > WT > MT > CK 排序。蓄积年生长方面，ST 与对照差异显著，蓄积年生长量呈 ST > WT > HT > MT > CK 排序。蓄积年生长率方面，各经营样方均高于对照，但差异不显著，蓄积年生长率呈 ST > WT > HT > MT > CK 排序。纵向比较，杉木目标树平均胸径年生长量、胸径年生长率、胸高断面积年生长率和蓄积年生长率高于檫木目标树，但胸高断面积年生长量和蓄积年生长量低于檫木目标树。

表 8–9　经营 3a 后杉木目标树平均生长差异

处理	平均胸径年生长量（cm/a^1）	胸径年生长率（%）	胸高断面积年生长量（$m^2/hm^2/a^1$）	胸高断面积年生长率（%）	蓄积年生长量（$m^3/hm^2/a^1$）	蓄积年生长率（%）
CK	0.58 ± 0.18c	3.43 ± 0.26b	0.05 ± 0.01b	6.84 ± 0.51b	0.47 ± 0.11b	10.97 ± 0.64a
WT	0.91 ± 0.38bc	5.41 ± 2.41ab	0.11 ± 0.07b	10.72 ± 4.72ab	1.47 ± 1.04ab	20.08 ± 9.14a
MT	0.84 ± 0.19bc	4.75 ± 1.18ab	0.12 ± 0.07ab	9.43 ± 2.32ab	1.14 ± 0.33ab	14.44 ± 2.29a
HT	1.04 ± 0.24ab	6.13 ± 1.76ab	0.14 ± 0.1ab	12.13 ± 3.44ab	1.36 ± 0.91ab	20.00 ± 7.71a
ST	1.42 ± 0.16a	7.18 ± 0.83a	0.25 ± 0.03a	14.17 ± 1.59a	2.56 ± 0.71a	20.67 ± 1.2a

（5）经营 3a 后单木生长情况

目标树经营的林分，目标树和一般林木的单木胸径定期生长量、胸高断面积定期生长量和材积定期生长量显著高于对照，且随间伐强度增加而增大（表 8–10）。目标树和一般林木的胸径生长量对目标树经营强度的响应一致。不同经营强度下，目标树胸径定期生长量是一般林木的 1.59 倍；目标树胸高断面积定期生长量是一般林木的 2.14 倍；目标树材积定期生长量是一般林木的 2.50 倍。

表 8–10　经营 3a 后不同处理单木定期生长差异

处理	胸径定期生长量（cm）		胸高断面积定期生长量（m^2）		材积定期生长量（m^3）	
	目标树	一般林木	目标树	一般林木	目标树	一般林木
CK	1.81 ± 0.11d	1.34 ± 0.16c	0.0054 ± 0.0006d	0.0028 ± 0.0004c	0.0667 ± 0.0150d	0.0264 ± 0.0051c
WT	2.43 ± 0.46c	1.59 ± 0.16bc	0.0074 ± 0.0012c	0.0037 ± 0.0006b	0.0916 ± 0.0141c	0.0375 ± 0.0095b
MT	2.56 ± 0.32c	1.71 ± 0.19b	0.0084 ± 0.0008c	0.0041 ± 0.0005b	0.1013 ± 0.0073c	0.0414 ± 0.0066b
HT	3.07 ± 0.44b	2.00 ± 0.26a	0.0102 ± 0.0016b	0.0051 ± 0.0009a	0.1197 ± 0.0154b	0.0492 ± 0.0086a
ST	3.62 ± 0.47a	2.04 ± 0.17a	0.0123 ± 0.0011a	0.0050 ± 0.0005a	0.1396 ± 0.0121a	0.0530 ± 0.0088a

（6）经营 3a 后目标树单木生长情况

抚育间伐可显著提高不同树种目标树的胸径定期生长量、断面积定期生长量和材积定期生长量。檫木的目标树胸径定期生长量、胸高断面积定期生长量，超强（ST）显著高于强度（HT），强度（HT）显著高于中度（MT）和弱度（WT），以上指标在各经营样方数据均显著高于 CK。杉木目标树的胸径定期生长量变化与经营强度变化基本一致，HT 经营强度胸径定期生长量最为显著，HT 和 ST、MT、WT 三个经营强度间无显著差异，但与对照差异显著。杉木单木的胸高断面积生长量在 ST 经营强度下略低于 HT，其他经营强度下整体随经营强度增大而增大，但不同处理间无显著差异。

不同经营处理间檫木的材积定期生长量存在显著差异（$P < 0.05$），由小到大依次为 CK < WT < MT < HT < ST；杉木的材积生长量也在不同经营处理间存在显著差异（$P < 0.05$），由小到大依次为：CK < MT < HT < WT < ST。这说明不同的经营处理可以显著影响檫木和杉木的材积生长，均以 ST 处理为最优。

对比不同经营处理下檫木和杉木的材积生长数据可以发现，同一处理下，檫木的材积生长量均明显高于杉木；而不同处理下，檫木和杉木的材积生长都存在显著差异（$P < 0.05$）；说明不同经营处理对檫木和杉木的材积生长影响不同，檫木的材积生长相对于杉木更容易受到经营处理的影响（表 8-11）。

表 8-11　经营 3a 后不同处理檫木和杉木单木目标树定期生长差异

处理	胸径定期生长量（cm）		胸高断面积定期生长量（m^2）		材积定期生长量（m^3）	
	檫木	杉木	檫木	杉木	檫木	杉木
CK	1.83 ± 0.10d	0.69 ± 0.98b	0.0056 ± 0.0002d	0.0020 ± 0.0031a	0.0707 ± 0.0094d	0.0446 ± 0.0295b
WT	2.39 ± 0.38c	1.63 ± 1.70ab	0.0075 ± 0.0012c	0.0043 ± 0.0004a	0.0901 ± 0.0147c	0.0947 ± 0.0516ab
MT	2.54 ± 0.25c	2.03 ± 1.24ab	0.0088 ± 0.0010c	0.0058 ± 0.0037a	0.1131 ± 0.0148b	0.0735 ± 0.0203b
HT	3.02 ± 0.40b	3.13 ± 0.73a	0.0107 ± 0.0016b	0.0086 ± 0.0021a	0.1285 ± 0.0168ab	0.0871 ± 0.0182ab
ST	3.55 ± 0.46a	2.56 ± 2.36ab	0.0123 ± 0.0010a	0.0080 ± 0.0074a	0.1417 ± 0.0154a	0.1332 ± 0.0351a

（7）经营 3a 后林分枯损进界

经营 3a 后，枯损林木和进界林木信息见表 8-12。经目标树抚育间伐的林分，枯损林木的株树显著少于对照。经营样方的林木胸径之间无显著差异；各样方林木的平均胸径之间差异不显著；各样方枯损林木胸高断面积和蓄积量之间差异不显著，枯损林木蓄积量按呈 CK > WT > HT > ST > MT 的排序，目标树经营显著低于对照，说明经营减少了林木的枯损，对维系林分健康有积极意义。经营 3a 后进界林木全部为萌生的杉木，不同经营强度与对照间差异不显著，但进界林木株树呈 CK > WT > ST > MT > HT 排序，目标树经营样方的林分少于对照。具体来说，WT 和 MT 处理下枯损木的数量显著减少，而进界木的数量没有明显变化。此外，WT 和 MT 处理下的进界木平均胸径较小，胸高断面积和蓄积量也较少。统计结果表明：枯损株数、枯损木胸高断面积和蓄积量的显著性差异最为明显，而平均胸径的显著性差异相对较小。

不同经营强度会对林分年均生长产生显著影响。其中 ST 处理下的平均胸径、胸径年生长率、平均胸高断面积、胸高断面积年生长率和蓄积年生长率均最高，而对照处理下的各项指标均为最低。胸径年生长率与胸高断面积年生长率之间具有较强的相关性；即胸径年生长率高的处理，胸高断面积年生长率也相应较高。不同处理下的蓄积年生长率变化不大：相对于其他指标，不同处理下的蓄积年生长率变化幅度较小。其中，MT 和 WT 处理下的蓄积年生长率略高于对照处理，而 HT 和 ST 处理下的蓄积年生长率略低于 WT 处理。研究表明不同经营处理会对不同林分因子年均生长产生显著影响。同时，胸径年生长率与胸高断面积年生长率之间具有高相关性。不同经营处理对檫木和杉木目标树材积的生长影响不同，檫木目标树的材积生长高于杉木目标树。

表 8–12 经营 3a 后枯损林木与进界林木的差异

处理	枯损林木				进界林木（株/hm^2）
	数量（株/hm^2）	平均胸径（cm）	胸高断面积（m^2/hm^2）	蓄积量（m^3/hm^2）	
CK	345.00 ± 305.88a	8.92 ± 0.34a	2.41 ± 2.28b	11.39 ± 12.53a	165.00 ± 301.87a
WT	55.00 ± 44.72b	8.74 ± 5.21a	0.64 ± 0.66a	3.57 ± 3.98b	100.00 ± 134.63a
MT	40.00 ± 37.91b	9.23 ± 5.69a	0.46 ± 0.42a	2.78 ± 2.88a	70.00 ± 102.16a
HT	45.00 ± 37.08b	9.84 ± 6.82a	0.54 ± 0.47a	3.13 ± 2.68a	40.00 ± 76.24a
ST	45.00 ± 41.08b	9.11 ± 6.13a	0.47 ± 0.56a	2.87 ± 3.43a	95.00 ± 116.46a

目标树和一般林木的生长差异主要体现在 3 个方面：胸径定期生长量、胸高断面积定期生长量和材积定期生长量。在不同的经营强度下，目标树的生长量均比一般林木大。其中，目标树的胸径定期生长量是一般林木的 1.537 倍，胸高断面积定期生长量是一般林木的 2.087 倍，单木材积定期生长量是一般林木的 2.497 倍。目标树的生长量明显高于一般林木，证明了选择目标树和经营设计的正确性。不同经营处理对杉檫混交林不同林分因子的影响仅为经营 3a 后的数据，数据研究仅代表目标树经营对杉檫混交林的短期影响。其后还需要进一步研究不同经营措施对林分因子中长期影响及效益，为针阔混交林提供更科学的林分管理和经营依据。

8.3.2 目标树经营对林木径阶分布的影响

（1）偏度和峰度

目标树经营前后不同经营强度林木径阶分布不同（表 8–13，图 8–1）。目标树经营前，对照样方林木胸径分布在 6 ～ 24cm 径阶，峰值在 10cm 径阶处（19.86%），14cm 及以下径阶林木的株数百分比为 77.62%；经营 3a 后，对照样方林木胸径分布在 6 ～ 26cm 径阶，峰值仍停留在 10cm 径阶处（17.89%），自然生长状况下中小径阶林木株数百分比仍然偏多，14cm 及以下径阶株数量百分比为 63.96%。目标树经营前，WT 样方林木胸径分布在

6～28cm 径阶，峰值在 8cm 径阶处（18.16%），14cm 及以下径阶株数百分比为 73.85%；经营 3a 后，WT 样方林木胸径分布在 6～30cm 径阶，峰值在 14cm 径阶处（15.70%），中小径阶林木株数百分比稍多，14cm 及以下径阶株数百分比下降到 52.22%。经营前，MT 样方林木胸径分布在 6～26cm 径阶，峰值在 12cm 径阶处（16.36%），14cm 及以下径阶株数百分比为 68.44%；经营 3a 后，MT 样方林木胸径分布在 6～30cm 径阶，峰值在 16cm 径阶处（17.01%），14cm 及以下径阶株数百分比下降到 39.82%。经营前，HT 样方林木胸径分布在 6～30cm 径阶，峰值在 10cm 径阶处（15.04%），14cm 及以下径阶株数百分比为 68.50%；经营 3a 后，HT 样方林木胸径分布在 6～32cm 径阶，峰值在 16cm 径阶处（17.20%），14cm 及以下径阶株数百分比下降到 33.33%。经营前，ST 样方林木胸径分布在 6～26cm 径阶，峰值在 12cm 径阶处（18.43%），14cm 及以下径阶株数百分比为 72.58%；经营 3a 后，ST 样方林木胸径分布在 6～30cm 径阶，峰值在 22cm 径阶处（15.56%），14cm 及以下径阶株数百分比下降到 29.62%。

表 8-13　经营前后不同处理林木径阶分布

处理	经营阶段	不同径阶株数百分比（%）													
		6 cm	8 cm	10cm	12cm	14cm	16cm	18cm	20cm	22cm	24cm	26cm	28cm	30cm	32cm
CK	经营前	9.59	18.49	19.86	18.49	11.19	9.13	5.94	4.34	2.51	0.46	—	—	—	—
	经营 3a 后	2.98	11.92	17.89	15.72	15.45	12.74	7.59	6.50	6.23	2.44	0.54	—	—	—
WT	经营前	8.23	18.16	14.77	16.71	15.98	7.75	8.47	6.05	2.42	0.97	0.00	0.48	—	—
	经营 3a 后	3.41	7.17	10.92	15.02	15.70	13.99	9.90	9.56	7.51	4.78	1.02	0.34	0.68	—
MT	经营前	10.83	14.06	15.90	16.36	11.29	12.21	7.60	6.91	3.92	0.69	0.23	—	—	—
	经营 3a 后	3.73	4.15	7.88	11.20	12.86	17.01	12.86	11.62	8.71	7.05	2.07	0.41	0.41	—
HT	经营前	12.41	14.32	15.04	12.41	14.32	10.98	6.68	5.73	4.53	2.39	0.72	0.24	0.24	—
	经营 3a 后	1.08	4.84	5.91	10.75	10.75	17.20	13.44	8.60	8.60	8.06	5.91	3.23	1.08	0.54
ST	经营前	10.60	15.21	16.82	18.43	11.52	10.14	7.14	5.30	2.76	1.84	0.23	—	—	—
	经营 3a 后	1.48	2.96	4.44	8.89	11.85	8.89	14.07	11.11	15.56	11.11	5.93	2.96	0.74	—

经营前 25 个不同处理样方林木的胸径分布以 6～26cm 为主，14cm 及以下径阶株数百分比均值为 68.12%，林木以小径级为主。经营 3a 后，林木的胸径分布以 6～30cm 为主，14cm 及以下径阶株数百分比均值下降到 38.75%；小径阶株数百分比变小，较大径阶株数百分比变大，经营样方和对照的径阶分布峰值逐渐向右偏移，但经营样方林木径阶向右偏移幅度明显大于对照；随经营强度增大，峰值右偏越显著，分布曲线的宽度越大。

（2）直径分布拟合与检验

表 8-14 为不同经营处理下经营前后杉檫混交林林木径阶分布特征。经营前不同处理间偏度在 0.40～0.65，林木径阶分布以左偏为主，不同处理样方间差异性不十分明显；不同处理间峰度在 -0.68～-0.14，不同处理间林木径阶分布均以低于正态为主。目标树经营后，

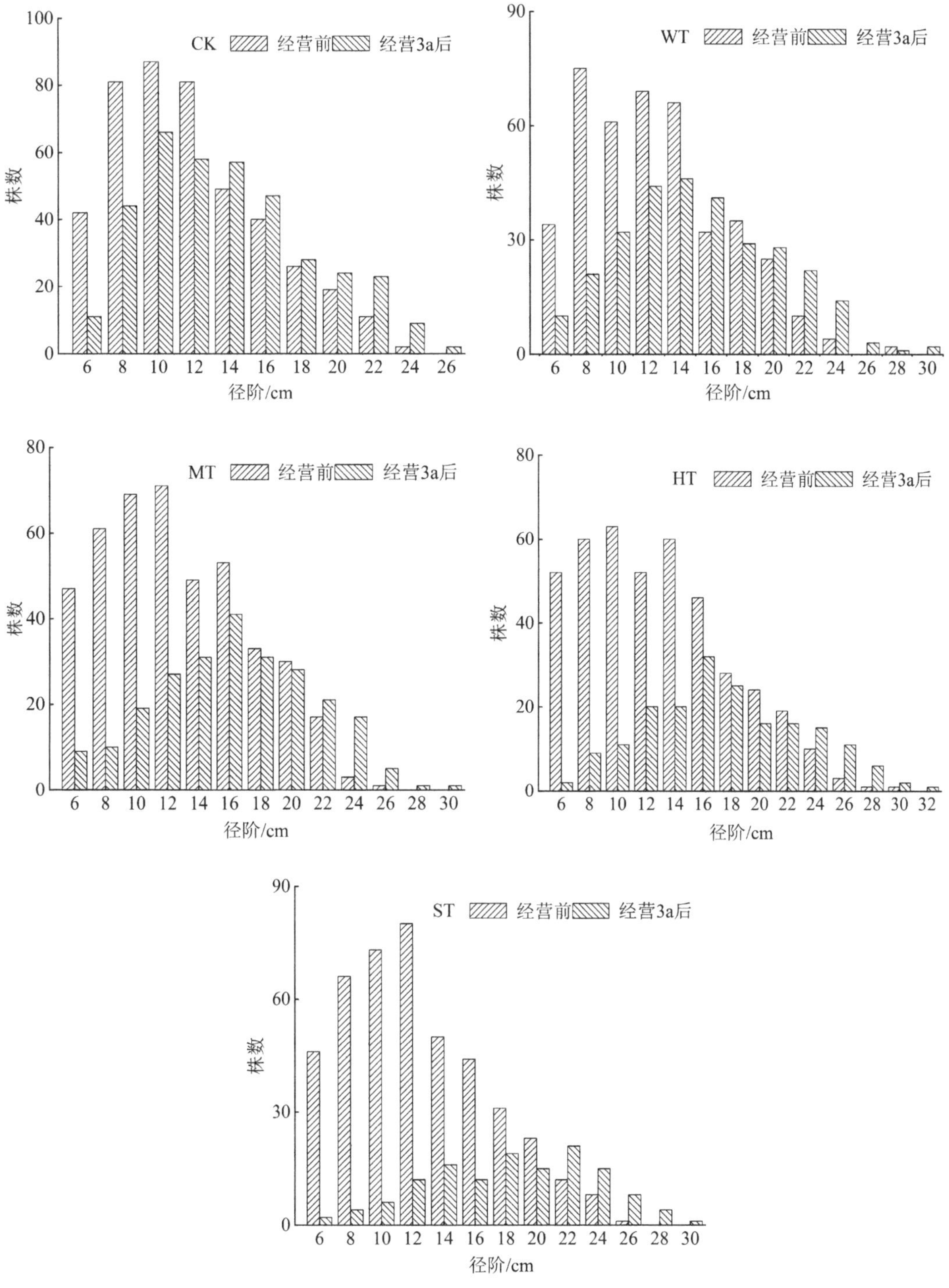

图 8-1　不同处理经营前与经营 3a 后林木径阶分布

林木径阶分布均向右偏接近正态，整体上随经营强度增大而越接近正态或略右偏；经营后，林木径阶分布的峰值整体更低于正态；随经营强度增大，径阶分布的峰度逐渐增大，说明中间径阶的林木分布更加均匀；随林分算术平均直径逐渐增大，直径正态分布曲线的偏度变化由大渐小，这与人工林直径分布规律相符。然而值得注意的是，人工林直径分布的峰度本应符合随年龄（胸高直径）增加由大变小（即由正值到负值），大幕山杉檫混交林经营 3a 后却与此规律不完全一致，说明目标树经营促使峰度值远离正态分布，偏度较大，形成宽而平的分布，林木分布更接近自然化林分特征。

表 8–14　经营前和经营 3a 后不同样方林木直径分布特征

处理	胸径（cm）		偏度		峰度	
	经营前	经营后	经营前	经营后	经营前	经营后
CK	11.89 ± 4.15	13.77 ± 4.57	0.65	0.48	–0.22	–0.54
WT	12.89 ± 5.07	15.17 ± 4.98	0.58	0.32	–0.29	–0.4
MT	12.54 ± 4.47	16.24 ± 5.00	0.59	0.01	–0.14	–0.51
HT	12.70 ± 4.61	17.49 ± 5.52	0.40	0.22	–0.68	–0.55
ST	12.44 ± 4.54	18.36 ± 5.29	0.58	–0.19	–0.32	–0.67

采用正态分布、对数正态分布、Weibull 分布、Gamma 分布和 Logistic 分布 5 种函数对经营前和经营 3a 后杉檫混交林的林木直径结构进行拟合并进行 χ^2 检验（表 8–15）。目标树经营前，对照样方直径分布仅只符合对数正态分布（χ^2=13.68，$P > 0.05$）；目标树经营 3a 后，对照（CK）样方直径分布拒绝 5 种分布函数（$P < 0.05$）。经营前，WT 强度样方林木直径分布均拒绝 5 种分布函数；经营 3a 后，直径分布分别服从正态分布（χ^2=14.65，$P >$ 0.05）、Weibull 分布（χ^2=13.65，$P > 0.05$）和 Gamma 分布（χ^2=12.17，$P > 0.05$），且拟合优度由高到低依次为 Gamma 分布＞正态分布＞ Weibull 分布。经营前，MT 强度对应林分的林木直径分布均拒绝 5 种分布函数；在经营 3a 后，直径分布分别服从正态分布（χ^2=5.52，$P > 0.05$）、Weibull 分布（χ^2=4.58，$P > 0.05$）和 Logistic 分布（χ^2=12.22，$P > 0.05$）；拟合优度由高到低依次为 Weibull 分布＞正态分布＞ Logistic 分布。经营前，HT 强度对应林分的林木直径分布仅服从 Weibull 分布（χ^2=12.64，$P > 0.05$）和 Gamma 分布（χ^2=13.99，$P > 0.05$）；经营 3a 后，直径分布服从 5 种分布函数，即正态分布（χ^2=10.94，$P > 0.05$）、对数正态分布（χ^2=17.37，$P > 0.05$）、Weibull 分布（χ^2=9.61，$P > 0.05$）、Gamma 分布（χ^2=11.64，$P > 0.05$）和 Logistic 分布（χ^2=18.04，$P > 0.05$）；拟合优度由高到低依次为 Weibull 分布＞正态分布＞ Gamma 分布＞对数正态分布＞ Logistic 分布。经营前，ST 强度对应林分的林木直径分布仅服从 Gamma 分布（χ^2=11.40，$P > 0.05$）；经营 3a 后，直径分布服从正态分布（χ^2=8.34，$P > 0.05$）、Weibull 分布（χ^2=6.29，$P > 0.05$）和 Logistic 分布（χ^2=14.08，$P > 0.05$）；拟合优度由高到低依次为 Weibull 分布＞正态分布＞ Logistic 分布。

表 8-15 经营前后不同强度的直径分布与 χ^2 检验

处理	分布型	经营前			经营 3a 后		
		χ^2	$\chi^2_{0.05}$	P	χ^2	$\chi^2_{0.05}$	P
CK	正态分布	41.22	14.067	0.00	42.25	15.507	0.00
	对数正态	13.68*	14.067	0.06	21.35	15.507	0.01
	Weibull	35.52	12.592	0.00	37.19	14.067	0.00
	Gamma	12.91	12.592	0.04	20.65	14.067	0.02
	Logistic	53.29	14.067	0.00	63.06	15.507	0.00
WT	正态分布	53.45	18.307	0.00	14.65*	18.307	0.20
	对数正态	25.88	18.307	0.00	20.69	18.307	0.04
	Weibull	46.21	16.919	0.00	13.65*	16.919	0.19
	Gamma	22.13	16.919	0.01	12.17*	16.919	0.27
	Logistic	59.17	18.307	0.00	23.51	18.307	0.01
MT	正态分布	23.83	15.507	0.01	5.52*	18.307	0.90
	对数正态	34.72	14.067	0.00	40.35	18.307	0.00
	Weibull	16.88	14.067	0.05	4.58*	16.919	0.92
	Gamma	23.82	15.507	0.00	28.59	16.919	0.00
	Logistic	47.53	15.507	0.00	12.22*	18.307	0.35
HT	正态分布	23.25	16.919	0.01	10.94*	19.675	0.45
	对数正态	24.49	16.919	0.01	17.37*	19.675	0.10
	Weibull	12.64*	15.507	0.18	9.61*	18.307	0.47
	Gamma	13.99*	15.507	0.12	11.64*	18.307	0.31
	Logistic	38.41	16.919	0.00	18.04*	19.675	0.08
ST	正态分布	28.51	15.507	0.00	8.34*	18.307	0.68
	对数正态	17.52	18.307	0.06	31.92	18.307	0.00
	Weibull	20.64	14.067	0.01	6.29*	16.919	0.79
	Gamma	11.40*	14.067	0.25	24.08	16.919	0.01
	Logistic	40.98	15.507	0.00	14.08*	18.307	0.23

注：* 表示服从假设分布。

目标树经营前，仅少数样方符合研究所选分布函数，林分直径分布特征基本一致。目标树经营 3a 后，不同间伐强度均服从 3 种不同分布函数，且 HT 强度林木直径分布服从 5 种分布函数。林分直径结构反映了各径级木的株数分布，是林分测量和开展森林经营活动最基础的信息。林木直径分布一般可以概括为两种主要的分布型，即单纯同龄林多呈正态或近正态分布（或单峰有偏分布），而大面积或异龄林分则多呈递减型或近似递减型分布，它们均反映了不同林分稳定的结构规律性。Weibull 分布函数和正态分布函数更适于拟合不同强度经营 3a 后杉檫混交林分的直径分布规律。研究区杉檫混交林的直径结构仍处于动态变化之中，其稳定性有待观察，以便在不同经营周期中发现分布规律，在理论上为促进复层异龄混交林林分直径结构提供支撑。

8.3.3 目标树经营对林分竞争与稳定性的影响

（1）竞争强度与竞争距离

不同经营处理下，杉木和檫木人工混交林的Hegyi竞争指数和林木间最近平均距离表明（图8–2），经营后的Hegyi空间竞争指数较对照（0.956）有显著降低，HT强度最低（0.502），ST强度次之（0.515）；WT、MT、HT和ST经营强度下，林木的Hegyi空间竞争指数分别是对照的76.05%、62.04%、52.28%和53.67%；竞争指数大小按照CK > WT > MT > ST > HT排序。

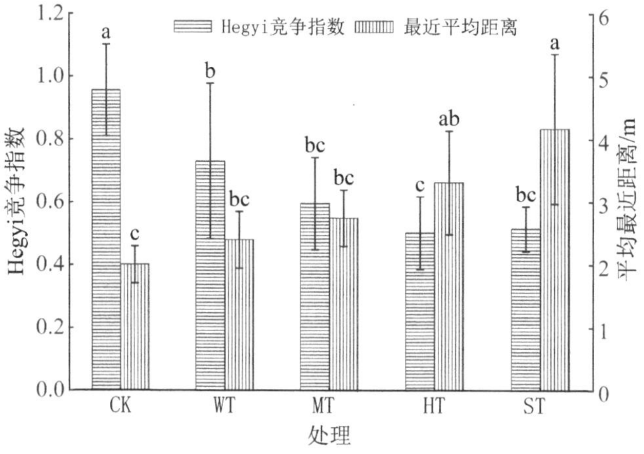

图8–2 不同处理杉檫人工林空间距离和竞争指数

经营3a后，不同处理林木的平均最近距离要显著大于对照（2.00m），ST（4.17m）与MT（2.74m）、WT（2.40m）和对照差异显著；HT（3.31m）与对照差异显著，但HT与MT和WT之间差异不显著；WT、MT、HT和ST强度下，林木平均最近距离分别是对照的1.20、1.37、1.66和2.08倍；平均最近距离按照ST > HT > MT > WT > CK排序。基于国家对商品林和生态公益林的采伐限定，综合目标树经营后Hegyi竞争指数和竞争木与对象木的平均最近距离，MT强度下林木具有最佳平均最近距离，对林木间竞争弱化的效果最佳。

（2）林分稳定性

由表8–16可知，对照和WT处理下，林分的平均稳定性变化率分别为–6.13%和–6.05%，变化率相对较小，林分稳定性变低。在MT、HT和ST处理下，各样方林分的平均稳定性从经营前到经营3a后的变化率分别为6.56%、3.85%和11.27%，说明间伐强度增大对林分稳定性有积极的影响。当然，林分生长中，其稳定性会受到不同因素影响，需要进一步分析各处理下的林分生长、林分结构和土壤等变化情况，找出关键相关因素，为提高林分稳定性提供参考。

表 8-16 经营前后林分稳定性

处理	样方	经营前	经营 3a 后	变化率（%）
CK	1	0.74	0.85	-14.15
	7	0.75	0.84	-11.95
	13	0.73	0.76	-4.56
	19	0.82	0.82	-0.01
	25	0.74	0.74	0.00
	均值	0.76	0.80	-6.13
WT	2	0.72	0.85	-18.28
	8	0.75	0.79	-6.19
	14	0.79	0.81	-2.97
	20	0.70	0.80	-13.48
	21	0.72	0.64	10.66
	均值	0.74	0.78	-6.05
MT	3	0.74	0.72	2.62
	9	0.72	0.62	14.05
	15	0.70	0.67	4.86
	16	0.78	0.69	11.35
	22	0.70	0.70	-0.09
	均值	0.73	0.68	6.56
HT	4	0.77	0.84	-8.44
	10	0.62	0.56	10.21
	11	0.73	0.77	-4.83
	17	0.69	0.66	5.11
	23	0.73	0.60	17.23
	均值	0.71	0.69	3.85
ST	5	0.72	0.63	12.76
	6	0.71	0.66	7.74
	12	0.70	0.60	14.64
	18	0.78	0.67	14.32
	24	0.70	0.65	6.88
	均值	0.72	0.64	11.27

由图 8-3 可知，目标树经营前，林木的稳定性指数在不同样方间无显著差异，其变化在 0.71 ～ 0.74，均值为 0.73，林木均已达到危木状态。经营 3a 后，对照的稳定性指数增大（0.80），对照的林分稳定性变化率为 -6.13%，林分稳定性的变弱，但样方内林木均达到危木状态；WT 林分稳定性指数值由经营前的 0.74 上升到 0.78，WT 的变化率为 -6.05%，样方内

林分稳定性下降；其他处理下林木的稳定性呈 ST（0.64）＞MT（0.68）＞HT（0.69）排序；林分稳定性变化率分别为 ST（11.27%）＞MT（6.56%）＞HT（3.86%），与林分稳定性一致，表明经营强度对林木胸径的生长促进大于对林木高生长的促进，有利于林分抵抗随空间和时间变化的外界干扰，有利于林分的可持续繁衍与发展。

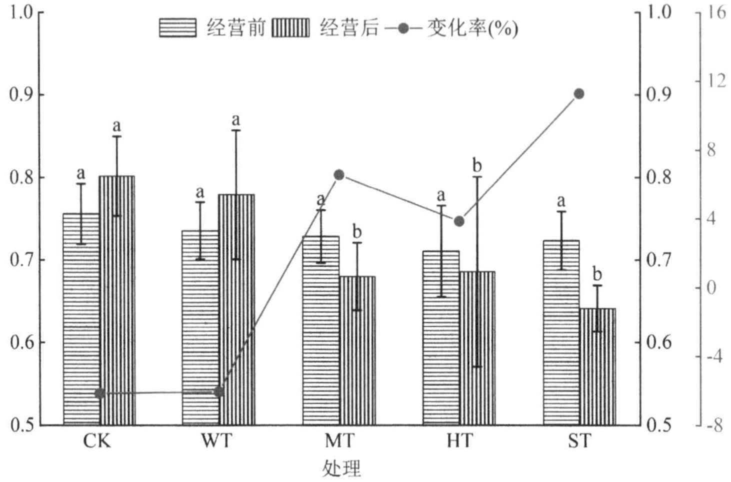

图 8-3　经营前后林分稳定性及其变化率

8.3.4　目标树经营对林分点格局分布影响

森林中种群空间分布格局是由种内竞争、种间竞争、不同的演替进程以及光照、降水、土壤等自然因素综合作用的结果（张金屯，2004）。林木的空间分布格局能够反映种群个体在水平方向的分布情况，是林木种群的重要特征，是揭示森林群落演替内在机制和变化趋势的基础（Wulder et al.，2004）。准确提取空间结构信息有利于更好地认识种群的特征及种群与环境的关系，有助于更好地了解森林潜在的演替进程，理解森林生长、死亡和更新等生态过程，对解决经营过程中植株配置、林木采伐等实际问题以及提高森林经营管理的空间分辨率和准确性具有重要现实意义（Liu et al.，2014）。

抚育间伐能够合理科学地优化林分结构，间伐促进人工林在大空间尺度上空间分布格局由聚集分布转为随机分布（闫东锋 等，2020），使林分更接近于天然林分布状态。目标树经营不同间伐强度对人工林空间分布格局会产生什么影响，林分经营前后其随机分布的转化效率如何是需要亟待解决的问题。

目前，关于间伐强度对人工林主林层木本植物空间分布格局相关研究主要采用角尺度方法，但 Ghalandarayeshi 等（2017）利用角尺度分析某处林分空间分布格局时，实际聚集分布的空间格局却被角尺度误判为随机分布，因此他们提出了角尺度可靠性可能不如双相关函数。Ghalandarayeshi 认为，角尺度计算依赖于狭小的空间邻域（由目标树及其相邻木构成），小尺度有效但应用于大样地中则可能出现有偏估计。经过实际样地和模拟样地林木空间分布格局分析结果均表明，双相关函数 $g(r)$ 的空间分布格局区分能力要优于 Ripley's K 函数，具有更强的空间分析能力（刘帅 等，2019）。因此，基于点格局的双相关函数 $g(r)$ 分析方法在林分空间结构研究中扮演着重要角色（惠刚盈 等，2020）。

大幕山林场杉檫人工混交林样地各样方经营前后林木空间分布格局如表 8–17、图 8–4 和图 8–5 所示。目标树经营前，WT 经营强度对应的随机分布的尺度范围在 0.5 ～ 2.5m 之间，平均为 1.1m；目标树经营后，5 个样方的最小尺度均为 0.5m；在 0 ～ 50m 空间尺度上，平均均匀分布频度由经营前的 16.86% 降到 11.37%，平均聚集分布频度由经营前的 13.33% 下降到 9.41%，平均随机分布频度由经营前的 69.80% 上升为 81.57%。MT 经营强度对应的

表 8–17 林分经营前后空间点格局分析

处理	样方编号	随机分布最小尺度（m）		频度分布（%）					
				随机分布		均匀分布		聚集分布	
		经营前	经营后	经营前	经营后	经营前	经营后	经营前	经营后
WT	2	2.5	0.5	64.71	72.55	19.61	17.65	15.69	9.80
	8	0.5	0.5	66.67	78.43	19.61	13.73	13.73	19.61
	14	0.5	0.5	70.59	86.27	13.73	7.84	15.69	5.88
	20	1.5	0.5	60.78	74.51	23.53	15.69	15.69	9.80
	21	0.5	0.5	86.27	96.08	7.84	1.96	5.88	1.96
	均值	1.1	0.5	69.80	81.57	16.86	11.37	13.33	9.41
MT	3	4.5	0.5	62.75	80.39	19.61	13.73	17.65	5.88
	9	0.5	0.5	84.31	98.04	11.76	0.00	3.92	1.96
	15	1.5	0.5	72.55	90.20	15.69	5.88	11.76	3.92
	16	0.5	0.5	62.75	80.39	21.57	13.73	15.69	5.88
	22	1.5	0.5	72.55	88.24	13.73	5.88	13.73	5.88
	均值	1.7	0.5	70.98	87.45	16.47	7.84	12.55	4.71
HT	4	0.5	0.5	80.39	90.20	9.80	5.88	9.80	3.92
	10	0.5	0.5	96.08	98.04	3.92	0.00	0.00	1.96
	11	3.5	0.5	64.71	80.39	19.61	13.73	15.69	5.88
	17	0.5	0.5	72.55	90.20	17.65	5.88	9.80	3.92
	23	1.5	0.5	58.82	90.20	23.53	5.88	17.65	3.92
	均值	1.3	0.5	74.51	89.80	14.90	6.27	10.59	3.92
ST	5	0.5	0.5	76.47	96.08	15.69	1.96	7.84	1.96
	6	0.5	0.5	60.78	100.00	23.53	0.00	15.69	0.00
	12	1.5	0.5	90.20	98.04	7.84	0.00	1.96	1.96
	18	1.5	0.5	62.75	92.16	19.61	5.88	17.65	1.96
	24	0.5	0.5	64.71	86.27	19.61	9.80	15.69	3.92
	均值	0.9	0.5	70.98	94.51	17.25	3.53	11.76	1.96

随机分布的尺度范围在 0.5 ～ 4.5m，平均为 1.7m；目标树经营后，MT 经营强度 5 个样方的最小尺度均为 0.5m；在 0 ～ 50m 空间尺度上，平均均匀分布频度由经营前的 16.47% 降到 7.84%，平均聚集分布频度由经营前的 12.55% 下降到 4.71%，平均随机分布频度由经营前的 70.98% 上升为 87.45%。HT 经营强度对应的随机分布的尺度范围在 0.5 ～ 3.5m，平均为 1.3m；目标树经营后，HT 经营强度 5 个样方的最小尺度均为 0.5m；在 0 ～ 50m 空间尺度上，平均均匀分布频度由经营前的 14.90% 降到 6.27%，平均聚集分布频度由经营前的 10.59% 下降到 3.92%，平均随机分布频度由经营前的 74.51% 上升为 89.80%。ST 经营强度对应的随机分布的尺度范围在 0.5 ～ 1.5m，平均为 0.9m；目标树经营后，ST 经营强度 5 个样方的最小尺度均为 0.5m；在 0 ～ 50m 空间尺度上，平均均匀分布频度由经营前的 17.25% 降到 3.53%，平均聚集分布频度由经营前的 11.76% 下降到 1.96%，平均随机分布频度由经营

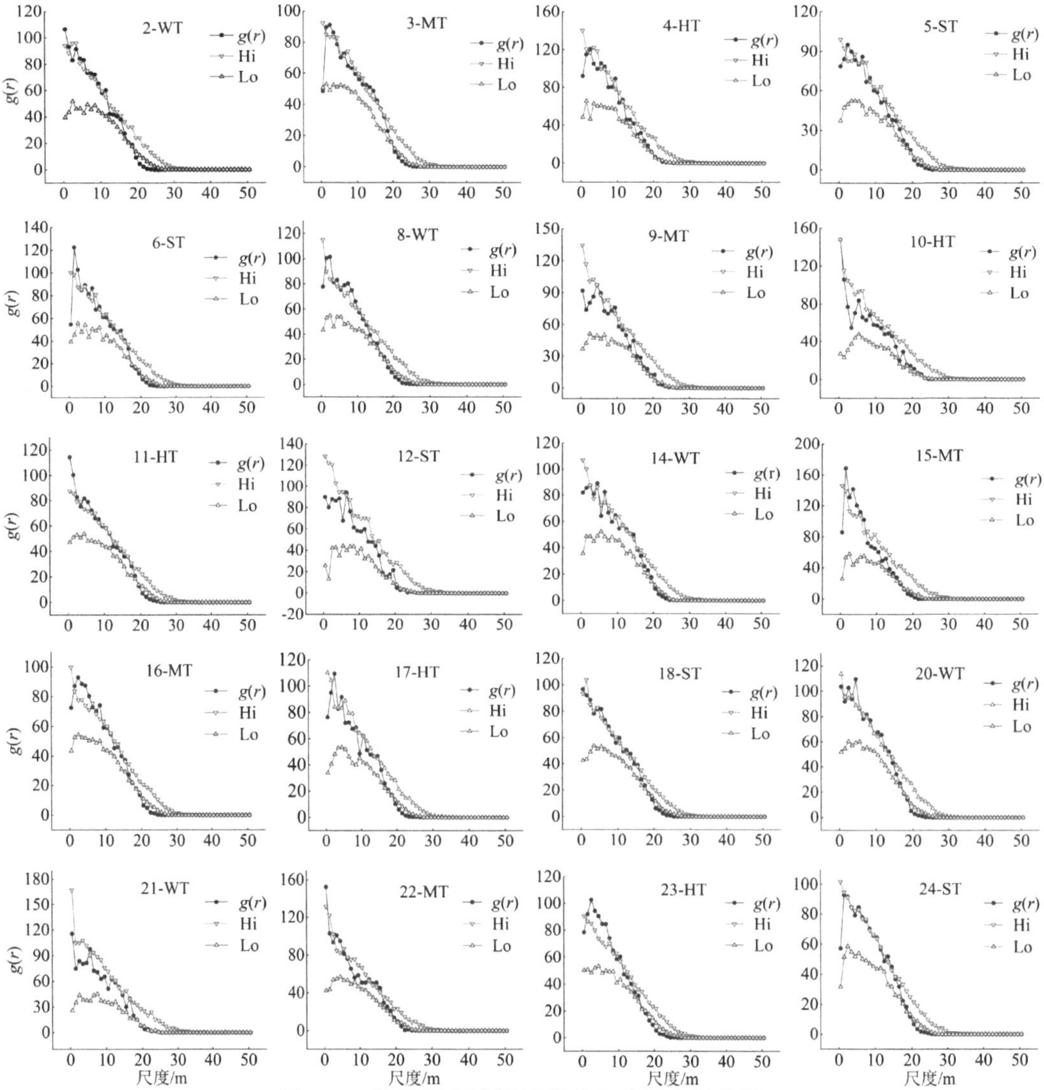

图 8-4　基于同质泊松过程的经营前空间格局

前的 70.98% 上升为 94.51%。综合不同经营处理对随机分布最小尺度的变化率效果，其排序为 MT（70.58%）> HT（61.54%）> WT（54.55%）> ST（44.44%）。因此，MT 经营强度对杉檫人工混交林林木空间分布随机化的效果最佳。

大幕山林场杉檫人工混交林样地经营前后的空间分布格局研究表明，经营后各经营强度处理样方林木点格局分布的最小尺度均为 0.5m，并且在 0 ~ 50m 空间尺度上，平均均匀分布频度降低，平均聚集分布频度降低，平均随机分布频度上升。随机分布正是林木在自然森林的分布格局，也是森林经营所最求的近自然森林点格局。综合不同经营强度对随机分布最小尺度的变化率大小，不同经营强度林木分布格局随机化效应从优到弱为 MT > HT > WT > ST，MT 经营强度对空间分布随机化效果最优。

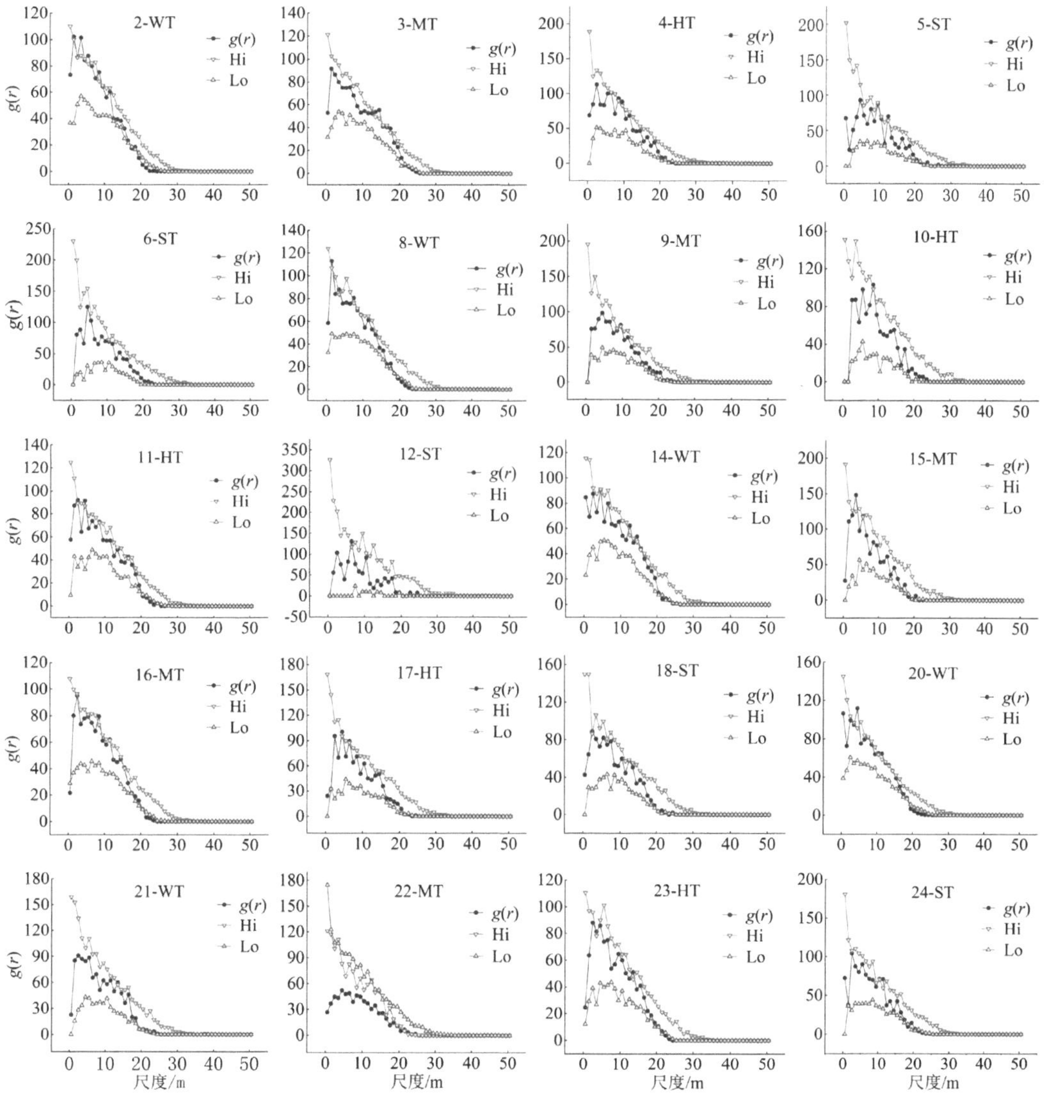

图 8-5 基于同质泊松过程的经营后空间格局

8.3.5 目标树经营对林分密度结构影响

目标树经营 3a 后，林分密度（单位面积林分胸高断面积）、株数密度和平均单木胸高断面积（林分密度 / 株数密度）如表 8–18。3 个指标均反映了经营 3a 后，去除各经营样方枯死木，同时增加进界木的统计数据。

表 8–18 不同样方林分密度、株数密度、平均单木胸高断面积

处理	样地号	林分密度（m^2/hm^2）	株数密度（株 $/hm^2$）	平均单木胸高断面积（m^2/ 株）
CK	1	31.09	2700	0.0115
	7	28.97	1625	0.0178
	13	31.57	1900	0.0166
	19	43.21	2625	0.0165
	25	19.78	1200	0.0165
WT	2	27.49	2025	0.0136
	8	31.70	1550	0.0205
	14	32.60	1650	0.0198
	20	31.80	1750	0.0182
	21	23.24	850	0.0273
MT	3	32.57	1975	0.0165
	9	25.62	1025	0.0250
	15	18.88	725	0.0260
	16	33.92	1525	0.0222
	22	26.62	1125	0.0237
HT	4	20.71	1000	0.0207
	10	19.66	550	0.0358
	11	27.29	1300	0.0210
	17	24.40	825	0.0296
	23	30.84	1175	0.0262
ST	5	20.62	725	0.0284
	6	19.00	925	0.0205
	12	12.16	350	0.0347
	18	24.62	900	0.0274
	24	22.44	950	0.0236

在目标树经营 3a 后，对林分密度、株数密度和平均单木胸高断面积进行了差异性分析，结果如表 8–19 所示。随着间伐强度的逐渐增加，林分密度和株数密度均呈现下降趋势，处理组的排序为 CK ＞ WT ＞ MT ＞ HT ＞ ST。同时，平均单木胸高断面积也略有增大，表明间伐强度的增加促进了个体树木的生长。方差分析结果显示不同处理组之间的林分密度、株

数密度和平均单木胸高断面积存在显著差异。这表明不同经营处理导致了林分结构的变化，林分密度和株数密度的减小意味着经营后树木个体数量有所减少；而平均单木胸高断面积的增大则表明随着经营强度的增加，树木个体得到了促进生长的条件。

表 8–19　林分密度、株数密度与平均单木胸高断面积差异分析

处理	林分密度（m^2/hm^2）	株数密度（株 /hm^2）	平均单木胸高断面积（m^2/ 株）
CK	30.92 ± 8.36a	2010.0 ± 646.3a	0.0158 ± 0.0025c
WT	29.37 ± 3.97a	1565.0 ± 437.2ab	0.0199 ± 0.005bc
MT	27.52 ± 6.03ab	1275.0 ± 484.8bc	0.0227 ± 0.0037ab
HT	24.58 ± 4.63ab	970.0 ± 295.5bc	0.0267 ± 0.0063a
ST	19.77 ± 4.74b	770.0 ± 250.9c	0.0269 ± 0.0054a

8.3.6　目标树经营对林下物种多样性的影响

目标树经营对人工林林下生态系统的物种多样性有着积极的影响。目标树经营可以促进草本和灌木的种类和数量增加，改善植物群落结构，提高物种多样性指数，并改善草本植物的优势地位。李艳茹等人（2020）的研究发现，目标树经营对北沟林场华北落叶松人工林林下生态系统的物种多样性有着显著影响。随着经营时间的增加，目标树经营的华北落叶松人工林下灌草物种数量呈增加趋势，而对照组则呈减少趋势。在经营 6a 后，华北落叶松林下物种多样性指数显著高于对照组（$P < 0.05$），草本和灌木多样性指数也有显著提高。王洋（2022）研究了目标树经营、基于株数强度和蓄积量强度的传统抚育间伐对马尾松人工林林下植物多样性和功能群的影响发现，草本植物功能群在目标树经营下表现更加均衡，而灌木植物功能群在各种抚育方式下都占优势。目标树经营方式主要通过改善草本功能群在群落内的优势地位来改善草本多样性。冯琦雅等（2018）研究目标树经营、综合抚育经营和对照 3 种经营模式对蒙古栎林下植物群落结构和多样性的影响发现：间伐 17a 后，综合抚育经营的灌木层物种多样性显著高于目标树经营和对照（$P < 0.05$），目标树经营和综合抚育经营的草本层物种丰富度指数显著高于对照。上述研究表明，目标树经营可以促进林下生态系统的物种多样性，对保护和促进生态系统的物种多样性具有重要意义，有望帮助实现可持续的森林经营和保护生态系统的目标。

（1）林下灌草层物种重要值

大幕山林场杉檫混交林目标树经营 3a 后，试验地内共发现维管植物 49 种，分属 28 科 40 属。其中灌木 19 科 25 属 33 种。蔷薇科为优势科（9 属），相对优势的科有樟科（3 属）、木樨科（2 属）、茜草科（2 属）、桑科（2 属）和山茶科（2 属）；悬钩子属为优势属，相对优势属有山胡椒属和女贞属；优势种为山胡椒、高粱藨、插田藨等。草本 12 科 16 属 16 种，禾本科和金星蕨科为相对优势的科，各包含 3 个属；优势种为狗脊、寒莓和中日金星蕨等。不同经营处理灌木层优势物种的重要值见表 8–20。

表 8–20　不同经营处理杉檫混交林灌木层优势物种重要值

处理	样方号	灌木优势种	重要值
CK	1	寒莓 *Rubus buergeri*，柃木 *Eurya japonica*，山橿 *Lindera reflexa*	0.193+0.147+0.121
	7	高粱藨 *Rubus lambertianus*，山胡椒 *Lindera glauca*，野鸦椿 *Euscaphis japonica*	0.113+0.105+0.101
	13	南酸枣 *Choerospondias axillaris*，山胡椒，柃木	0.247+0.206+0.185
	19	寒莓，山胡椒，海金沙 *Lygodium japonicum*	0.293+0.149+0.100
	25	茶 *Camellia sinensis*，中国旌节花 *Stachyurus chinensis*，构树 *Broussonetia papyrifera*	0.259+0.259+0.249
WT	2	寒莓，山胡椒，山橿	0.256+0.139+0.115
	8	寒莓，水竹 *Phyllostachys heteroclada*，山胡椒	0.219+0.104+0.102
	14	山胡椒，山橿，柃木	0.304+0.165+0.157
	20	茶，中国旌节花，构树	0.200+0.181+0.123
	21	高粱藨，插田藨 *Rubus coreanus*，野蔷薇 *Rosa multiflora*	0.363+0.213+0.113
MT	3	高粱藨，寒莓，中华猕猴桃 *Actinidia chinensis*	0.202+0.145+0.082
	9	山橿，山胡椒，野鸦椿	0.285+0.161+0.140
	15	山橿，构树，柃木	0.337+0.293+0.210
	16	钩藤 *Uncaria rhynchophylla*，茶，秋葡萄 *Vitis romanetii*	0.159+0.116+0.107
	22	插田藨，高粱藨，山胡椒	0.233+0.170+0.086
HT	4	山胡椒，高粱藨，鸡爪茶 *Rubus henryi*	0.177+0.134+0.108
	10	高粱藨，山胡椒，野鸦椿	0.250+0.249+0.199
	11	柃木，野鸦椿，钩藤	0.144+0.143+0.133
	17	蓬蘽 *Rubus hirsutus*，茶，构树	0.292+0.199+0.128
	23	插田藨，构树，白叶莓 *Rubus innominatus*	0.225+0.138+0.114
ST	5	插田藨，茶，寒莓，	0.219+0.105+0.094
	6	寒莓，山胡椒，高粱藨	0.228+0.143+0.128
	12	南酸枣，灯台树 *Cornus controversa*，构树	0.170+0.152+0.143
	18	薜荔 *Ficus pumila*，茶，山胡椒	0.167+0.145+0.113
	24	中国旌节花，柃木，山橿	0.225+0.195+0.178

表 8–20 数据显示：对照处理下样方 1 和 19 中寒莓是最重要的物种，它们的重要值分别为 0.193 和 0.293；样方 13 中的南酸枣重要值为 0.247；样方 25 中的茶、中国旌节花、构树的重要性相当，分别为 0.259，0.259 和 0.249。WT 处理：样方 14 中的山胡椒、山橿、柃木重要值分别为 0.304，0.165 和 0.157。MT 处理：样方 15 中，山橿、构、柃木是最重要的物种，其重要值分别为 0.337，0.293 和 0.210。HT 处理：样方 10 中高粱藨、山胡椒、野鸦椿重要性相当，重要值分别为 0.250，0.249 和 0.199；样方 11 中柃木、野鸦椿、钩藤重要值分别为 0.144，0.143 和 0.133，重要性相当。ST 处理：样方 5 中插田藨、茶、寒莓的重要值分别为 0.219，0.105 和 0.094。

总之，不同样方中灌木物种的重要值存在很大的差异，这反映了生态系统中不同物种在不同生境中的适应性和重要性。

不同经营处理草本层优势物种即重要值见表 8–21。根据表格数据可以看出，不同经营处理下，草本层的优势种类和重要值有所不同。对照处理：狗脊，寒莓，假粗毛鳞盖蕨是草本层的主要物种，分别占据了优势种的前三名。在样方 1 和样方 7 中，狗脊的重要值最高，而在其他样方中，寒莓的重要值最高。这表明狗脊和寒莓在不同样方上的生态适应性和竞争力存在差异。WT 处理：狗脊和寒莓也是该处理下草本层的主要物种，且它们的重要值比对照处理下的要高。另外，假粗毛鳞盖蕨和双盖蕨也出现在样方 8 中，其重要值为 0.24，排名第三。MT 处理：狗脊和寒莓仍然是该处理下草本层的主要物种，但它们的重要值比对照和 WT 处理下的要低。除了寒莓以外，样方 9 和 15 中只出现了一种物种，其重要值为 1，分别是寒莓和中日金星蕨。HT 处理：寒莓、假粗毛鳞盖蕨和阔鳞鳞毛蕨是草本层的主要物种。在样方 10 中，阔鳞鳞毛蕨的重要值为 1，成为该样方的优势物种。除此以外，样方 11 中的高粱藨和空心藨以及样方 17 中的假粗毛鳞盖蕨重要值较高。ST 处理：淡竹叶、寒莓和假粗毛鳞盖蕨是该处理下草本层的主要物种。在样方 6 和 12 中，中日金星蕨的重要值较高，而在样方 5 中，淡竹叶的重要值最高。总体来说，狗脊、寒莓和假粗毛鳞盖蕨是所有经营处理下草本层的主要物种。

表 8–21 不同经营处理杉檫混交林草本层优势物种重要值

处理	样方号	草本优势种	重要值
CK	1	狗脊 *Woodwardia japonica*，寒莓 *Rubus buergeri*，假粗毛鳞盖蕨 *Microlepia sinostrigosa*	0.356+0.385+0.26
	7	狗脊，寒莓，假粗毛鳞盖蕨	0.400+0.377+0.223
	13	寒莓，空心藨 *Rubus rosifolius*	0.417+0.583
	19	寒莓，求米草 *Oplismenus undulatifolius*	0.439+0.561
	25	寒莓，中日金星蕨 *Parathelypteris nipponica*	0.417+0.583
WT	2	狗脊，寒莓	0.433+0.567
	8	寒莓，假粗毛鳞盖蕨，双盖蕨 *Diplazium donianum*	0.374+0.386+0.24
	14	寒莓，中日金星蕨	0.500+0.500
	20	狗脊，中日金星蕨	0.500+0.500
	21	淡竹叶 *Lophatherum gracile*，灯笼果 *Physalis peruviana*，豆腐柴 *Premna microphylla*	0.263+0.297+0.211
MT	3	狗脊，寒莓，蕨 *Pteridium aquilinum*	0.259+0.213+0.234
	9	寒莓	1.000
	15	中日金星蕨	1.000
	16	淡竹叶，蒌蒿 *Artemisia selengensis*，蕨	0.308+0.296+0.218
	22	蒌蒿，沿阶草 *Ophiopogon bodinieri*，中日金星蕨	0.341+0.319+0.341

（续）

处理	样方号	草本优势种	重要值
HT	4	寒莓，阔鳞鳞毛蕨 *Dryopteris championii*，假粗毛鳞盖蕨	0.432+0.307+0.261
	10	阔鳞鳞毛蕨	1.000
	11	高粱藨 *Rubus lambertianus*，狗脊，空心藨	0.313+0.313+0.208
	17	寒莓，假粗毛鳞盖蕨	0.381+0.619
	23	芒 *Miscanthus sinensis*，求米草，星毛蕨 *Pteridium aquilinum*	0.417+0.250+0.333
ST	5	淡竹叶，寒莓，假粗毛鳞盖蕨	0.194+0.213+0.342
	6	寒莓，苎麻 *Boehmeria nivea*，假粗毛鳞盖蕨	0.191+0.259+0.191
	12	寒莓，空心藨，中日金星蕨	0.315+0.315+0.369
	18	蕨，假粗毛鳞盖蕨	0.550+0.450
	24	狗脊，寒莓，中日金星蕨	0.354+0.323+0.323

每种经营处理中所有优势草本的平均重要值：HT（0.511）> MT（0.423）> WT（0.412）CK（0.339）> ST（0.250）。因此，从平均重要值的角度来看，HT 处理中的草本层物种优势最明显，而 ST 处理中的草本层物种优势相对较弱。

（2）林下灌草层物种多样性

不同经营强度灌木层物种多样性见表 8-22 第 3 ～ 6 列。物种丰富度 *S*、Simpson 指数和 Shannon-Wiener 指数和 Pielou 均匀度都是衡量物种多样性的指标。其中，丰富度 *S* 越高，意味着样方中存在更多的物种；Simpson 指数和 Shannon-Wiener 指数越高，表示样方中物种的多样性越高，即物种之间的相对丰富度更为均衡。对比不同经营处理下的样方，可以发现在所有多样性指标中，中等强度（MT）经营下的样方表现最好，其丰富度 *S*、Simpson 指数和 Shannon-Wiener 指数均处于相对较高的水平。而超强度（ST）经营下的样方物种多样性最差，其丰富度和 Simpson 指数最低，Shannon-Wiener 指数和 Pielou 均匀度也相对较低。低强度经营（WT）和高强度经营（HT）下的样方物种多样性表现相对较差，但其丰富度和 Pielou 均匀度较高，意味着样方中的物种相对均匀分布。灌木层物种多样性分析表明：中等强度经营下（MT）的样方物种多样性表现最佳，而超强度（ST）经营则会对物种多样性产生负面影响。不同经营强度灌木物种多样性差异见图 8-6。

不同经营强度草本层物种多样性见表 8-22 第 7 ～ 10 列。不同经营处理下草本层的多样性存在不显著差异（图 8-7）。WT 处理下，如样方 8 和样方 21 具有更高的草本多样性，其 Simpson 指数、Shannon-Wiener 指数和 Pielou 均匀度均较高，表明 WT 处理下草本层物种多样性水平高、物种数量均衡且物种分布较为均匀。MT（如样方 3）和 HT 处理（如样方 11）草本多样性也较低，Simpson 指数和 Shannon-Wiener 指数较低，但 Pielou 均匀度较高，表明该处理下物种数量较少，但存在少量物种占据主导地位。ST 处理下，如样方 2 的草本多样性较低，Simpson 指数和 Shannon-Wiener 指数较低，但 Pielou 均匀度较高，说明该处理下物种数量不足但分布较为均匀。通过分析，草本层物种多样性最优的经营强度处理是 MT，具有相对最高的丰富度 *S*、Simpson 指数和 Shannon–Wiener 指数。而对照处理（样方 13）的 Pielou 均匀度最高，表明物种的相对均匀度最高。不同经营强度草本物种多样性差异见图 8–7。从数据中可以看出，经营强度适中的处理对草本层物种多样性最为有利。草本层物种多样性的变化和物种组成的差异还可能受到环境因子的影响，在森林经营中需要多方面权衡。

表 8–22 不同经营强度灌草层物种多样性

处理	样方	灌木多样性				草本多样性			
		丰富度 *S*	Simpson 指数	Shannon–Wiener 指数	Pielou 均匀度	丰富度 *S*	Simpson 指数	Shannon–Wiener 指数	Pielou 均匀度
CK	1	10.0	0.847	2.074	0.901	3.0	0.625	1.040	0.946
	7	13.0	0.907	2.467	0.962	3.0	0.625	1.040	0.946
	13	6.0	0.813	1.733	0.967	2.0	0.500	0.693	1.000
	19	11.0	0.871	2.246	0.937	2.0	0.444	0.637	0.918
	25	5.0	0.735	1.475	0.917	2.0	0.444	0.637	0.918
WT	2	11.0	0.860	2.177	0.908	2.0	0.444	0.637	0.918
	8	15.0	0.903	2.532	0.935	3.0	0.640	1.055	0.960
	14	6.0	0.813	1.733	0.967	2.0	0.500	0.693	1.000
	20	7.0	0.820	1.834	0.943	2.0	0.500	0.693	1.000
	21	6.0	0.833	1.792	1.000	4.0	0.750	1.386	1.000
MT	3	12.0	0.900	2.395	0.964	5.0	0.776	1.550	0.963
	9	7.0	0.762	1.646	0.846	1.0	0.000	0.000	1.000
	15	4.0	0.720	1.332	0.961	1.0	0.000	0.000	1.000
	16	10.0	0.876	2.205	0.958	4.0	0.720	1.332	0.961
	22	12.0	0.895	2.370	0.954	3.0	0.667	1.099	1.000
HT	4	12.0	0.847	2.196	0.884	3.0	0.625	1.040	0.946
	10	5.0	0.746	1.458	0.906	1.0	0.000	0.000	1.000
	11	9.0	0.876	2.146	0.977	4.0	0.750	1.386	1.000
	17	8.0	0.753	1.735	0.834	2.0	0.444	0.637	0.918
	23	10.0	0.886	2.232	0.969	3.0	0.667	1.099	1.000
ST	5	14.0	0.873	2.367	0.897	4.0	0.720	1.332	0.961
	6	8.0	0.859	2.014	0.969	5.0	0.800	1.609	1.000
	12	8.0	0.860	2.025	0.974	3.0	0.625	1.040	0.946
	18	10.0	0.870	2.168	0.942	2.0	0.500	0.693	1.000
	24	6.0	0.820	1.748	0.976	3.0	0.667	1.099	1.000

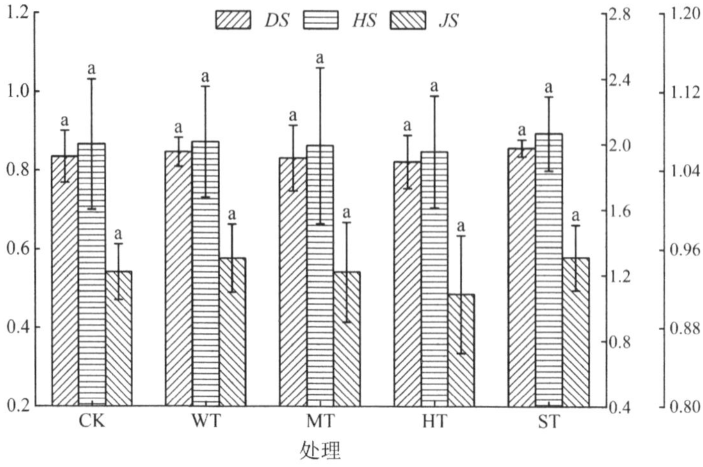

图 8-6　不同经营强度灌木物种多样性差异

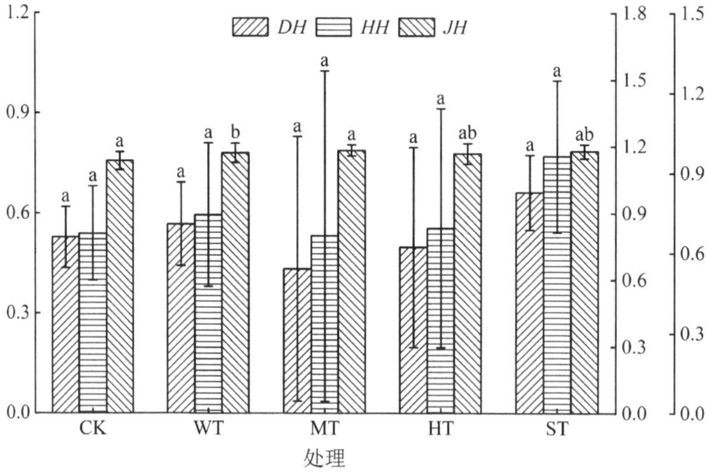

图 8-7　不同经营强度草本物种多样性差异

8.3.7　林分因子与林下灌木多样性的关联度分析

（1）林分因子与林下灌木物种多样性灰色关联

经营间伐 3a 后，不同林分因子与林下灌木层物种多样性之间的关联度存在差异（表 8-23），但 4 种物种多样性指数与不同林分因子的关联程度排序一致，即：林分密度＞平均树高＞平均冠幅＞平均胸径＞株树密度。灌木丰富度与林分密度的关联程度最大（0.7398），其次为平均树高（0.7072）；Simpson 指数与平均冠幅和平均树高的关联度分别为 0.7337 和 0.7154；Shannon-Wiener 指数与平均冠幅和平均树高的关联度分别为 0.7393 和 0.7136；而 Pielou 均匀度指数与平均冠幅和平均树高的关联度分别为 0.7238 和 0.7089，由此可知平均冠幅和平均树高是影响林下灌木物种多样性的主要林分因子。

表 8-23 林分因子与林下灌木物种多样性的灰色关联度及其排序

林分因子	灌木丰富度 S		Simpson 指数		Shannon-Wiener 指数		Pielou 指数	
	关联度	排序	关联度	排序	关联度	排序	关联度	排序
平均冠幅	0.6910	3	0.6976	3	0.6963	3	0.6925	3
平均胸径	0.6697	4	0.6772	4	0.6759	4	0.6715	4
平均树高	0.7072	2	0.7154	2	0.7136	2	0.7089	2
林分密度	0.7398	1	0.7337	1	0.7393	1	0.7328	1
株数密度	0.5565	5	0.5546	5	0.5579	5	0.5521	5

（2）林分因子与林下草本多样性的关联度分析

横向比较不同林分因子与林下灌木多样性平均关联程度，各林分因子关联度的排序为林分密度（0.7364）>平均树高（0.7113）>平均冠幅（0.6944）>平均胸径（0.6736）>株树密度（0.5553）；纵向比较不同多样性指数与不同林分因子的平均关联程度，各多样性指数的关联度变异幅度较小。综合分析，平均密度和平均树高是影响林下灌木物种多样性的主要因子。

经营间伐 3a 后，不同林分因子与林下草本层物种多样性之间的关联度存在差异（表 8-24），物种丰富度、Shannon-Wiener 多样性指数和 Pielou 均匀度指数与不同林分因子的关联程度排序一致，即平均树高>平均冠幅>平均胸径>林分密度>株树密度。Simpson 指数与平均树高和平均冠幅的关联程度较高，分别为 0.8162 和 0.7766。

表 8-24 林分因子与林下草本物种多样性的灰色关联度及其排序

林分因子	物种丰富度		Simpson 指数		Shannon-Wiener 指数		Pielou 指数	
	关联度	排序	关联度	排序	关联度	排序	关联度	排序
平均冠幅	0.8812	2	0.7766	2	0.852	1	0.7321	2
平均胸径	0.8742	3	0.7738	4	0.825	3	0.7062	3
平均树高	0.8982	1	0.8162	1	0.8417	2	0.7492	1
林分密度	0.6974	4	0.7601	3	0.7419	4	0.7035	4
株数密度	0.5835	5	0.6236	5	0.6075	5	0.5434	5

横向比较不同林分因子与林下草本多样性平均关联程度，各林分因子关联度的排序为平均树高（0.8263）>平均冠幅（0.8105）>平均胸径（0.7948）>林分密度（0.7257）>株树密度（0.5895）；纵向比较不同多样性指数与不同林分因子的平均关联程度，各多样性指数的关联度排序为丰富度（0.7869）> Shannon-Wiener 指数（0.7736）> Simpson 指数（0.7501）> Pielou 指数（0.6869）。综合分析，平均树高和平均冠幅与草本物种丰富度关联程度最高，是影响林下草本物种多样性的主要因子。

经营间伐 3a 后，林分密度、平均树高、平均冠幅等林分因子对林下植物物种多样性有影响，其中平均树高是影响林下草本层物种多样性的主要因子，对灌木层物种多样性的影响也较为显著。不同多样性指数与不同林分因子的灰色关联程度存在差异。总体而言，林分密度、平均树高等因子对灌木和草本层的多样性指数影响较大。

目标树经营 3a 后，不同经营处理下，不同样方中的重要值存在很大差异，反映了生态系统中不同物种在不同生境中的适应性和重要性。HT 经营强度下的草本层物种优势最明显，而 ST 经营强度下的草本层物种优势相对较弱。研究还发现，MT 经营强度对草本层物种多样性的保护效果最佳，而 ST 强度则对草本层产生负面影响。总体而言，目标树经营 3a 后，MT 经营强度对于草本层物种多样性最为有利，但环境因素也可能影响物种组成的变化和差异。

第9章

目标树经营对林下天然更新的影响

天然更新是指森林以完全依赖自然力重新形成森林的过程（Chazdon et al.，2016）。森林采伐是调节森林结构，促进森林生长和天然更新的重要措施（董喜斌 等，2003）。不同类型的森林群落、不同的植物种群、不同的立地条件，影响天然更新的因素也有所不同。因此，研究不同采伐方式对人工林天然更新的影响，探索人工林天然更新的促进措施，既是应对未来营林生产劳力紧缺的有效途径，也是降低和控制营林投资成本的有效手段，更是维持人工林物种多样性可持续经营的需要（唐继新 等，2020）。

近年来，许多研究探讨了不同采伐方式对天然更新的影响。例如，王宇超等（2022）提出中度间伐可稳定伐后杉木人工林林内小气候，弱化不良气候条件对经营林分产生的负效应，有利于林木生长。汪娅琴等（2021）发现光皮桦更新幼苗总密度随着间伐强度增大而逐渐升高。李萌等（2020）提出轻度和重度间伐对杉木人工林天然更新的影响最为显著；而轻度和中度间伐能增加侧柏林下更新物种多样性，重度间伐则降低其多样性（2010）。杨礼旦（2021）提出郁闭度≥ 0.6 的沟谷地块有利于闽楠幼树幼苗的天然更新；Pandey 等（2021）则认为中度干扰有益于木本物种丰富度和幼树数量增加，较高间伐强度会降低天然更新幼树密度。

需要指出的是，林分状况、树种组成以及林分环境因子也是影响天然更新的先决条件（Fischer et al.，2021）。因此，基于林地环境，以适林适树的森林经营模式促进天然更新并最终实现林分改造，是极其重要的，相关研究不可或缺（陈幸良 等，2014）。为此，我们选择钟祥市花山寨林场马尾松栎类混交林和通山县大幕山林场杉木檫木混交林为研究对象，基于目标树经营 3a 后林下天然更新情况，探究影响两种林分天然更新的最适间伐强度以及影响天然更新的主要环境因子，为提高森林管理的经济效益和生产力的可持续奠定基础。

9.1 数据处理方法

9.1.1 天然更新幼苗、幼树及成树的划分标准

幼苗、幼树相关的划分标准参考《森林资源连续清查技术规程》中有关更新质量的分级，结合 GB/T 15776—2006 和 DB35/T 88—1998 标准确定幼树和成树的划分界限。具体天然更新幼苗、幼树及成树的划分标准如表 9-1 所示，H 表示株高，单位为 m；DBH 表示胸高直径，单位为 cm，下同。

表 9-1 幼苗、幼树及成树划分标准

等级	I 级幼苗	II 级幼苗	III 级幼树	IV 级幼树	V 级成树
标准	$H < 0.30$	$0.30 \leqslant H < 0.50$	$H \geqslant 0.50$ 且 $DBH < 2.5$	$2.5 \leqslant DBH < 5.0$	$DBH \geqslant 5.0$

9.1.2　天然更新质量标准

采用国家林草局（现为国家林业和草原局）2020 年颁布的《森林资源连续清查技术规程》中的天然更新质量标准判断更新质量（表 9-2）。

表 9-2　天然更新等级评定标准　（单位：株/hm²）

自然更新等级	幼苗高度等级（m）		
	< 0.30	0.30 ~ 0.49	≥ 0.50
良好	≥ 5000	≥ 3000	≥ 2500
中等	3000 ~ 4999	1000 ~ 2999	500 ~ 2499
不良	< 3000	< 1000	< 500

9.1.3　生物多样性评价

（1）多样性指数

采用重要值（I_V）、物种丰富度指数（S）、Shannon-Wiener 指数（HR）、Simpson 指数（DR）和 Pielou 均匀度指数（JR）分析林下灌木和草本物种组成和多样性水平。

$$I_V=（相对多度+相对盖度+相对频度）/3 \tag{9-1}$$

$$HR=-\sum_{i=1}^{S}P_i\ln P_i \tag{9-2}$$

$$DR=1-\sum_{i=1}^{S}P_i^2 \tag{9-3}$$

$$JR=-\sum_{i=1}^{S}P_i\ln P_i/\ln S \tag{9-4}$$

式中，S 为种 i 所在样方中物种丰富度；P_i 为第 i 个种株数占林分总株数的比例。

（2）物种本质多样性及多重比较

采用右尾和曲线对不同间伐强度下更新的木本植物进行本质多样性排序（Patil et al.，1982；雷相东 等，2002）。对于降序排列的多度向量 $P=（P1\geqslant P2\geqslant\cdots\geqslant Pn）$，定义：

$$T_j=\sum_{i=j+1}^{S}P_i\in[0,1],\ j=1,2,\cdots,S \tag{9-5}$$

式中，T_j 为 P 的右尾和曲线或本质多样性曲线（Patil & Taillie，1982）。

如果群落 C' 的右尾和全大于群落 C 的右尾和，即：

$$T_k'=\sum_{i>k}P_k'\geqslant T_k\equiv\sum_{i>k}P_i,\ k=1,2,\cdots \tag{9-6}$$

则群落 C' 的本质多样性大于 C，即 $C'\geqslant C$（唐守正 等，2009）。

9.1.4　更新密度与更新频度

应用更新密度和更新频度描述不同间伐强度幼苗或幼树的天然更新特征。

$$R_d = \frac{R_t}{A_t} \times 10000 \tag{9-7}$$

式中，R_d 为物种更新密度，单位为株 /hm^2；R_t 为研究单元内某天然更新植物的总数，A_t 为研究单元面积（25m^2）。

$$Rf = \frac{Q_n}{Q_t} \times 100 \tag{9-8}$$

式中，Rf 为物种更新频度，单位为 %；Q_n 为某一间伐强度下某更新植物出现的小样方数；Q_t 为某一间伐强度下小样方总数。

9.1.5 苗高分级方法

对不同间伐强度下每年苗高的分布进行统计，以 5cm 步长对苗高进行分级并进行分布拟合。

对不同年份天然更新树种进行本质多样性分析。对不同年份天然更新密度、物种丰富度、间伐强度、林分密度以及地形等因子进行典型相关分析。

9.2 目标树经营对松栎混交林天然更新的影响

马尾松是中国中南部地区的重要用材树种。据国家林业和草原局（2019）公布的《中国森林资源报告（2014—2018）》，马尾松林是湖北省分布面积最广、蓄积量最大的森林类型，马尾松天然林面积为 9.25×10^5hm^2。截至 2019 年，湖北松材线虫病蔓延到全省 81 个县 415 个乡镇的 9.71×10^4hm^2 马尾松林，马尾松为主要受害松属植物（徐小文 等，2021）。此外，马尾松林立地衰退日益明显，层次结构简单，火灾频率增加，林分生产力下降，严重威胁着马尾松林的可持续经营（罗应华 等，2013）。通过森林经营人为干预植被林分密度，有利于林下物种的天然更新，可促进群落结构向“潜在自然植被”方向演化（何友均 等，2013）。实践证明，近自然森林经营可大幅提高针阔混交林的阔叶树比例，极大提升森林质量（郭诗宇 等，2021a）。

马尾松栎类针阔混交化或近自然化改造可促进生物多样性，增强林分抗逆性和生态系统稳定性（Meyer，2005），适当间伐是近自然森林经营的必要措施（蔡庆焰，2010），树种更新是实现林分改造的关键（Macolm et al.，2001）。天然更新是适宜气候、环境和生物多样性延续的造林方式，是森林生态系统依赖自然力修复森林的过程（Chazdon & Guariguata，2016），在维护生态系统多样性、稳定性及保持林分生产力等方面起着关键性作用（Maciel–Nájera et al.，2020）。以目标树经营促进林下天然更新、改善森林树种组成和林分结构，是马尾松林针阔混交化或近自然化改造的重要课题，而选择适宜经营强度促进林分天然更新是当前研究的热点。

本研究在中德财政合作森林可持续经营项目框架下，以马尾松纯林混交化或低阔混交林近自然化培育多功能森林为目标，在湖北省钟祥市花山寨国有林场对马尾松飞播林进行目标树经营，并设置固定样方调查不同经营强度下天然更新情况，探究影响马尾松栎类混交林天然更新的最适间伐强度以及影响天然更新的主要环境因子，为提高马尾松栎类针阔混交林的阔叶树比例，培育近自然多功能森林提供科学依据。

9.2.1 研究地概况

研究地位于湖北省钟祥市花山寨国有林场（112° 45′ 48″～112° 46′ 15″ E，31° 24′ 00″～31° 25′ 00″ N），海拔范围 150～300m，为低山丘陵地貌，坡度在 15°～25°。该地属亚热带季风气候，四季分明、雨热同期。年降水量 1100mm，降雨多集中在 4～8 月；年均气温 16.4℃，全年无霜期 240d。土壤多为石灰岩发育的黄壤土，土壤厚度分布均匀，一般在 30～50cm。林分为飞播林；森林植被主要为针阔混交林，优势种为马尾松，树龄在 32～36a。栓皮栎、冬青、黄连木和柏木为主要伴生树种；山胡椒、白背叶和牡荆为主要伴生大灌木或小乔木。

9.2.2 样地设置与调查

2018 年 2 月，在充分调查基础上，应用目标树经营法（郭诗宇 等，2021b）对花山寨林场 15 个德贷项目小班马尾松栓皮栎混交林进行经营。经营前设置 20m×20m 样地，测定林分因子、郁闭度等指标。目标树平均间距为 8.8m（165 株 /hm^2）。考虑到松材线虫病疫情的可能性，同等条件下优先选择阔叶树种；每株目标树采伐 1～3 株干扰木，同时伐除林分中少量的劣质木和影响林木生长的藤蔓。经营总面积 133.3hm^2。经营完成后，根据经营前后的林分蓄积量计算出平均间伐强度，即弱度间伐 WT（7.6%）、轻度间伐 LT（15.3%）和中度间伐 MT（24.3%）。依据不同间伐强度，在 20m×20m 样地内设置 1 个 5m×5m 的固定样方，其中 WT10 个、LT8 个、MT7 个，共 25 个。同时设置 3 个 5m×5m 对照样方 CK（0）。记录样方内树种组成、林分郁闭度及林分密度；实测坡度；将坡位从下到上依次分为 3 级，依次赋值 1～3；依据郑江坤等（郑江坤 等，2009）提出的坡向分级法，根据光照条件将坡向赋值 1～8，数值越大光照越好。2018 年 11 月、2019 年 11 月和 2020 年 11 月踏查样方内天然更新的木本植物并每木挂牌标记。2020 年 11 月调查记录样方内天然更新树种、数量和生长状况。经营林分及样方基本情况如表 9-3。

9.2.3 研究结果分析

（1）不同间伐强度更新物种的组成

2018—2020 年，林下出现更新木本植物 33 种，隶属 23 科 31 属（表 9-4），主要为阔叶树种。2018 年更新物种 24 种，不同间伐强度更新物种数量为 MT（22）＞LT（20）＞WT（15）＞CK（8）。2019 年更新物种 26 种，不同间伐强度更新物种数为 MT（19）＝LT（19）＞WT（13）＞CK（6）。2020 更新物种 21 种，不同间伐强度更新物种数为 MT（16）＞LT（15）＞WT（12）＞CK（5）。显然，经营促进了天然更新，增大间伐强度提高了更新物种的数量并优化了物种的组成。

表 9-3 样地基本情况

间伐强度	样方号	林分组成	坡向	坡度（°）	坡位	平均胸径（cm）	苗高（m）	伐后郁闭度	伐前密度（株/hm²）	伐后密度（株/hm²）
WT	1	Pm: Qv: Cf（7:2:1）	东	6	上	13.00 ± 3.72	10.67 ± 1.22	0.82	1664	1577
	2	Pm: Qv :Cf（6:3:1）	西北	7.5	中	13.36 ± 5.06	11.04 ± 1.21	0.84	1620	1535
	3	Pm: Qv: Cf: Ic（4: 4:1:1）	南	6.5	中	12.96 ± 5.18	10.54 ± 1.23	0.84	1482	1395
	4	Pm: Qv: Cf（6:3:1）	东南	5	下	15.14 ± 4.56	12.22 ± 1.24	0.85	1305	1231
	5	Pm: Qv（7:3）	西北	5	下	15.38 ± 4.75	12.56 ± 1.22	0.81	1479	1382
	6	Pm: Qv: Cf（7:2:1）	东	6	中	17.33 ± 6.98	12.86 ± 1.35	0.79	1598	1425
	7	Pm: Qv: Cf（7:2:1）	南	10	下	15.56 ± 4.59	12.66 ± 1.23	0.8	1783	1580
	8	Pm: Qv: Cf（7:2:1）	东	6	下	14.00 ± 4.12	11.49 ± 1.22	0.82	1829	1635
LT	9	Pm: Qv: Cf（7:2:1）	东北	9.5	下	14.67 ± 4.37	11.94 ± 1.23	0.72	1202	1055
	10	Pm: Qv: Cf: Ic（6:2:1:1）	东南	4.5	中	14.06 ± 4.83	11.82 ± 1.19	0.75	1479	1266
	11	Pm: Qv: Cf（6:2:2）	南	4.5	下	16.67 ± 7.59	13.23 ± 1.26	0.75	1549	1302
	12	Pm: Qv: Cf（7:2:1）	东南	5	下	15.45 ± 6.05	12.17 ± 1.27	0.65	1161	972
	13	Pm: Qv:（7:3）	南	4.5	中	14.91 ± 4.43	11.93 ± 1.25	0.75	1856	1569
	14	Pm: Qv（7:3）	西南	6.5	中	14.41 ± 4.97	12.02 ± 1.20	0.79	1548	1302
	15	Pm: Qv: Cf（8:1:1）	东	15.5	下	15.55 ± 4.52	12.08 ± 1.29	0.77	1401	1149
MT	16	Pm: Qv（8:2）	北	15.5	下	17.45 ± 4.29	13.22 ± 1.32	0.71	1182	935
	17	Pm: Qv: Cf（6:3:1）	北	11	下	14.26 ± 4.16	11.42 ± 1.25	0.8	1497	1181
	18	Pm: Qv（7:3）	北	15.5	下	14.92 ± 4.81	11.84 ± 1.26	0.7	1219	956
	19	Pm: Qv（8:2）	东	9.5	下	14.70 ± 4.54	11.77 ± 1.25	0.6	903	680
	20	Pm: Qv（9:1）	南	5	上	17.57 ± 5.56	13.11 ± 1.34	0.71	1305	971
	21	Pm: Qv: Cf（6:3:1）	西	10	下	15.92 ± 7.12	12.44 ± 1.28	0.68	1104	818
	22	Pm: Qv（9:1）	东	6.5	上	15.71 ± 3.39	12.60 ± 1.25	0.6	858	649
	23	Pm: Qv（8:2）	南	11	中	17.72 ± 6.36	13.32 ± 1.33	0.75	1200	894
	24	Pm: Qv: Cf（7:2:1）	西	9.5	上	15.43 ± 4.78	11.96 ± 1.29	0.65	984	726
	25	Pm: Qv（8:2）	东南	8.5	上	18.09 ± 7.64	13.11 ± 1.38	0.65	1080	793
CK	26	Pm: Qv: Cf（6:3:1）	东	10	中	12.65 ± 6.10	11.307 ± 1.12	0.92	2121	2121
	27	Pm: Qv: Cf: Pc（2:6:1:1）	东	12.5	中	11.31 ± 4.45	12.64 ± 1.06	0.9	1661	1661
	28	Pm: Qv: Cf（7:2:1）	东	13.5	下	12.84 ± 4.48	11.27 ± 1.14	0.9	2052	2052

注：“Pm”代表马尾松，“Qv”代表栓皮栎；“Cf”代表柏木；“Ic”代表青冬；“Pc”代表黄连木。

表 9-4　不同间伐强度林下天然更新物种状况

物种	2018 年				2019 年				2020 年			
	WT	LT	MT	CK	WT	LT	MT	CK	WT	LT	MT	CK
柏木	✓	✓	✓		✓	✓	✓	✓	✓	✓	✓	✓
冬青	✓	✓	✓		✓	✓	✓	✓	✓	✓	✓	✓
构树	✓	✓	✓		✓	✓	✓			✓	✓	
黄连木		✓	✓		✓		✓		✓	✓	✓	
马尾松	✓	✓	✓		✓	✓	✓		✓	✓	✓	
牛筋条	✓	✓	✓		✓	✓	✓		✓	✓	✓	
山矾	✓	✓	✓		✓		✓	✓	✓	✓	✓	
山胡椒	✓	✓	✓	✓	✓	✓	✓	✓	✓	✓	✓	✓
栓皮栎	✓	✓	✓	✓	✓	✓	✓	✓	✓	✓	✓	
盐麸木	✓	✓	✓	✓		✓	✓			✓	✓	
白背叶	✓	✓		✓	✓	✓	✓	✓	✓	✓	✓	✓
黄檀		✓	✓	✓		✓	✓			✓		
楝			✓				✓					
牡荆	✓	✓	✓		✓	✓	✓		✓			
算盘子		✓	✓				✓					
化香树							✓					
崖花子		✓	✓	✓		✓	✓		✓	✓	✓	
杜鹃											✓	
黄栌											✓	
乌桕		✓							✓		✓	
枣											✓	
君迁子	✓	✓	✓			✓						
山槐	✓		✓		✓							
山莓			✓									
柿	✓	✓	✓									
油桐			✓	✓								✓
杜仲						✓				✓		
枸骨						✓						
女贞						✓						
簕欓花椒							✓					
李						✓						
朴树	✓	✓	✓		✓	✓	✓					
野鸦椿		✓	✓			✓				✓		

（2）间伐强度对天然更新物种多样性的影响

由于 Shannon–Wiener 指数与 Simpson 指数在多样性比较上结果具有不一致性，研究采用 Patil 定义的本质多样性（Patil et al.，1982）对不同间伐强度下更新物种多样性进行比较。不同年份不同间伐强度更新物种多样性的右尾和概率见表 9–5。从 MT 到对照，对应更新物种丰富度出现的概率随间伐强度增大而增大。间伐后的 3a 中，不同间伐强度天然更新物种的本质多样性排序均为 MT ≥ LT > WT > CK，表明较高间伐强度促进了更新物种的多样性。

表 9–5　不同年份不同间伐强度更新物种右尾和概率

物种数	2018 年				2019 年				2020 年			
	CK	WT	LT	MT	CK	WT	LT	MT	CK	WT	LT	MT
0	1.000	1.000	1.000	1.000	1.000	1.000	1.000	1.000	1.000	1.000	1.000	1.000
1	0.750	0.698	0.673	0.677	0.636	0.769	0.737	0.744	0.556	0.745	0.724	0.722
2	0.563	0.496	0.440	0.510	0.455	0.538	0.539	0.493	0.333	0.553	0.476	0.520
3	0.375	0.333	0.345	0.419	0.273	0.341	0.395	0.357	0.222	0.404	0.290	0.351
4	0.250	0.264	0.280	0.348	0.182	0.275	0.299	0.275	0.111	0.262	0.172	0.215
5	0.188	0.202	0.232	0.297	0.091	0.231	0.240	0.222	—	0.163	0.124	0.139
6	0.125	0.155	0.196	0.252	—	0.187	0.192	0.174	—	0.113	0.097	0.106
7	0.063	0.116	0.167	0.206	—	0.143	0.144	0.130	—	0.085	0.076	0.086
8	—	0.093	0.137	0.168	—	0.110	0.102	0.092	—	0.057	0.055	0.070
9	—	0.078	0.113	0.142	—	0.077	0.084	0.072	—	0.043	0.034	0.056
10	—	0.062	0.089	0.116	—	0.055	0.066	0.058	—	0.028	0.021	0.043
11	—	0.047	0.065	0.090	—	0.044	0.054	0.043	—	0.014	0.014	0.030
12	—	0.031	0.048	0.071	—	0.033	0.042	0.034	—	0.007	0.007	0.020
13	—	0.023	0.036	0.052	—	0.022	0.030	0.029	—	—	—	0.017
14	—	0.016	0.030	0.039	—	0.011	0.024	0.024	—	—	—	0.013
15	—	0.008	0.024	0.026	—	—	0.018	0.019	—	—	—	0.010
16	—	—	0.018	0.019	—	—	0.012	0.014	—	—	—	0.007
17	—	—	0.012	0.013	—	—	0.006	0.010	—	—	—	0.003
18	—	—	0.006	0.006	—	—	—	0.005	—	—	—	—

（3）间伐对更新密度与更新频度的影响

不同间伐强度下物种天然更新密度存在差异（图 9–1）。2018 年在 MT、LT 与对照间更新密度存在显著差异（$P < 0.05$）。2019 年天然更新密度在 MT 与 WT 间存在显著差异（$P < 0.05$），MT 与对照间存在极显著差异（$P < 0.01$）。2020 年天然更新密度在 MT 与对照间差异极显著（$P < 0.01$），其他间伐强度间差异不显著。提高间伐强度促进了天然更新密度。

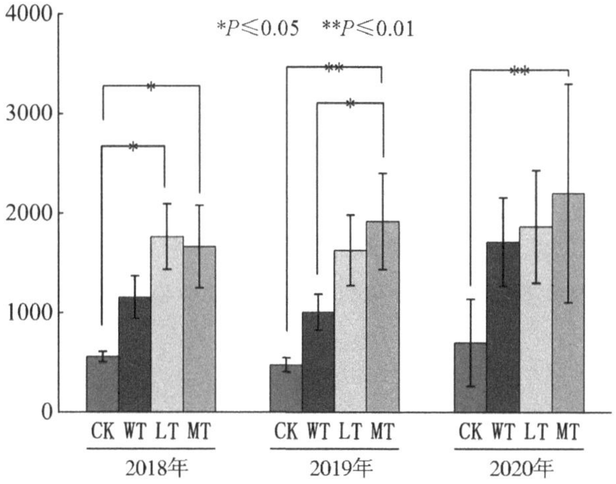

图 9-1 间伐强度对更新密度的影响

2018—2020 年天然更新频度见表 9-6。不同间伐强度下更新频度均值均高于对照组。2018 年，物种更新频度均值为：LT=WT > MT；2019 年，更新频度均值为：WT > LT > MT；2020 年，更新频度的均值为：LT > MT > WT，表明较高经营强度对天然更新的促进作用逐渐增强，且阔叶树种，如栓皮栎、冬青等分布最广，为天然更新的优势种。

表 9-6 不同年份主要树种更新频度

树种	2018 年				2019 年				2020 年			
	CK	WT	LT	MT	CK	WT	LT	MT	CK	WT	LT	MT
山胡椒	67	100	100	86	33.3	100	100.0	57.1	33.3	40.0	100.0	71.4
栓皮栎	67	100	100	100	66.7	100	60.0	85.7	0.0	80.0	75.0	85.7
冬青	0	50	60	86	33.3	50	75.0	42.9	66.7	100.0	80.0	100.0
柏木	33	50	40	57	66.7	75	60.0	57.1	33.3	60.0	40.0	57.1
构树	0	25	60	71	0.0	20	25.0	85.7	0.0	0.0	20.0	42.9
马尾松	0	20	40	29	0.0	25	40.0	28.6	0.0	20.0	40.0	71.4
山矾	0	20	40	57	33.3	20	25.0	14.3	0.0	20.0	25.0	28.6
盐麸木	33	75	50	43	0.0	50	40.0	57.1	0.0	25.0	25.0	28.6
崖花子	67	50	40	43	0.0	25	25.0	0.0	0.0	25.0	0.0	28.6
白背叶	33	40	40	0	33.3	25	25.0	14.3	33.3	20.0	20.0	14.3
黄连木	0	25	40	29	0.0	40	0.0	28.6	0.0	50.0	25.0	28.6
其余物种均值	5	15	15	11	0.0	6.1	18.2	7.1	3.3	6.0	8.0	7.1

（4）间伐强度对天然更新苗高的影响

统计不同间伐强度天然更新林木的高生长，以 5cm 为高阶距拟合苗高分布并绘图（图 9-2）。2018 年不同间伐的苗高阶均为单峰分布，WT、LT、MT 和对照分别有 9、11、9 和

6个苗高级，其中WT对应42.5cm分布数量最多（28株），LT对应47.5cm分布数量最多（41株），MT对应55.0cm分布数量最多（44株）。2019年林木苗高在WT、LT、MT和对照分别有9、8、12和4个苗高级，其中WT对应22.5cm分布数量最多（34株），LT对应22.5cm分布数量最多（58株），MT对应17.5cm分布数量最多（53株），27.5cm和32.5cm各有31株。2020年林木苗高在WT、LT、MT和对照分别有5、5、9和3个苗高级，其中WT对应的7.5cm和12.5cm分布数量之和为120株；LT对应7.5cm和12.5cm分布数量之和为118株；MT对应7.5cm和12.5cm分布数量之和为236株。增大间伐强度整体上更有利于更新林木的高生长。

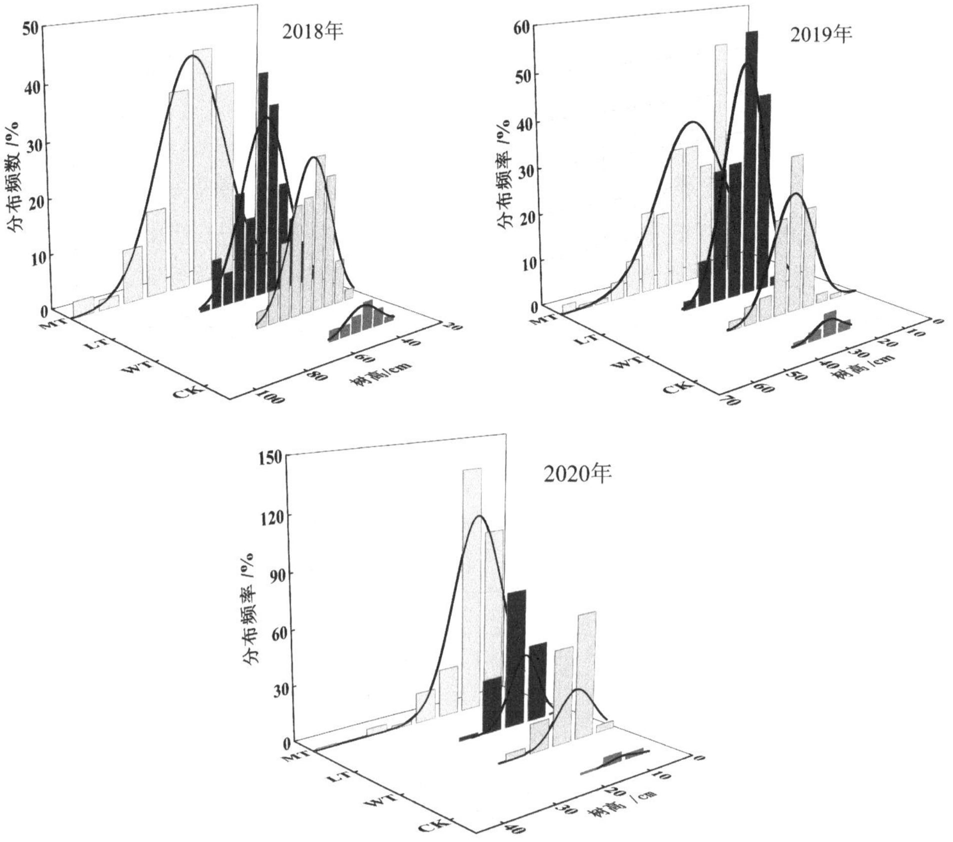

图 9–2 天然更新苗高分布

（5）天然更新影响因子典型相关分析

天然更新密度和丰富度受地形、间伐强度和林分密度等多个因子的影响。单个指标无法概括不同年份更新密度和物种丰富度特征，且不同指标间的简单相关也不能全面分析更新密度、丰富度与间伐强度、林分密度以及环境因子间的关系。因此，对间伐后反映不同年份的天然更新密度和物种丰富度等两个方面的4项指标（更新组 U），以及反映间伐强度、林分密度与地形3个方面的5项指标（环境组 V）进行典型相关性分析。典型相关共得到4组变量，由表9–7可知，前2对典型变量相关系数λ分别为0.928（$P<0.01$）和0.717（$P<0.05$），具有统计意义。

表 9–7 典型相关系数显著性检验

编号	相关性（λ）	Wilk’s	χ^2	*df*	*P*
1	0.928**	0.039	69.839	24.000	0.000
2	0.717**	0.278	27.500	15.000	0.025
3	0.564	0.572	11.994	8.000	0.151
4	0.401	0.840	3.761	3.000	0.288

注：**$P<0.01$

不同年份更新组各因子与环境组各因子间 2 对典型变量见图 9–3。第 1、2 组典型变量组间极显著相关，相关系数分别为 0.928 和 0.717。2018 年更新密度 F_Y（–0.544）、2019 年更新密度 S_Y（–0.244）、物种丰富度 *R*（–0.417）在更新组内典型相关程度较高，主导组内各因子。间伐强度 T_i（–0.713）、坡度 S_l（0.404）主导环境组各因子的变化。第二组典型变量关系表明：2019 年更新密度 S_Y（1.152）、物种丰富度 *R*（–0.733）主导着更新组各因子；林分密度 S_d（–0.655）和间伐强度 T_i（–0.412）主导着环境组各因子。

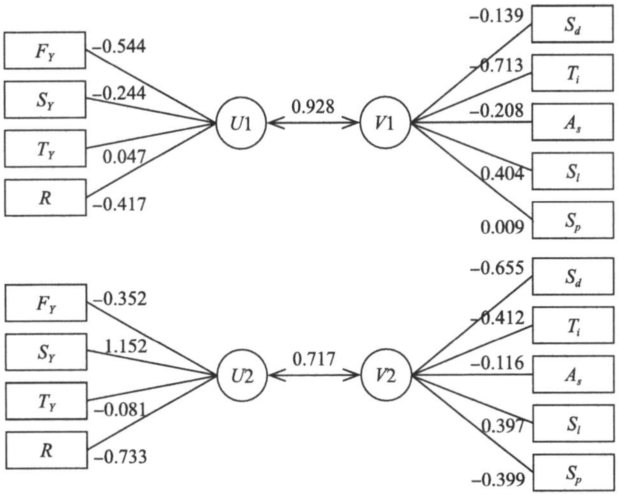

图 9–3 典型变量结构图

F_Y 为 2018 年更新密度，S_Y 为 2019 年更新密度，T_Y 为 2020 年更新密度，*R* 为物种丰富度，S_d 为林分密度，T_i 间伐强度，A_s 坡向，S_l 坡度，S_p 坡位

冗余分析结果表明：更新组内 4 对典型变量解释了自身变异 99.99% 的信息，环境组 4 对典型变量仅解释自身变量 86.9% 的信息（表 9–8）。因此，第一组典型变量可充分解释天然更新和物种丰富度与间伐强度和环境因子的关系：即间伐强度越大，坡度越小，天然更新密度越大且物种丰富度越高。

表 9-8 不同分组典型冗余分析结果

典型变量编号	更新组		环境组	
	组内	组间	组内	组间
1	0.603	0.519	0.381	0.328
2	0.162	0.083	0.333	0.171
3	0.121	0.039	0.117	0.037
4	0.113	0.018	0.038	0.006

9.2.4 研究结论与探讨

（1）间伐强度对更新物种丰富度和多样性的影响

目标树经营降低了林分郁闭度，形成不同尺度的林窗，林下光照条件会随之改变，影响林下植被物种的构成（李志明，2020）。本研究不同间伐强度天然更新数量均高于对照，说明间伐强度增大可以增加木本植物的物种丰富度。增大间伐强度促进了林地环境异质性，提高了林下植物种类出现的不确定性，加速新物种入侵与定植（汪娅琴，2021），使得 MT 和 LT 更新物种数量最多，且优化了林分物种组成。对照中未出现的乔木树种如马尾松、黄连木、构树等，未出现的大灌木或小乔木如牡荆、牛筋条等，均出现在经营过的样方内，以 MT 时出现的相对概率最高，并具有一定的优势，说明增大目标树经营强度有效提高了天然更新物种丰富度，有助于优势种的形成，对林分的结构优化以及森林的可持续发展至关重要（魏玉龙 等，2020）。

物种多样性是林分结构和质量的重要反映，物种的多样性可以提高森林生态系统的稳定性（闫东锋 等，2019）。随间伐强度的增大，伐后不同年份天然更新物种本质多样性和物种丰富度均表现出不同程度的增加，这与其他学者的研究结果相似（马履一 等，2007；张小鹏 等，2017），说明较高间伐强度对促进更新物种的多样性有良好的后续效应（王宇超，2022）。

（2）间伐强度对天然更新质量和生长的影响

更新密度是评价林分天然更新的重要指标，更新频度可说明林下更新幼苗生长与分布的均匀程度和更新能力（闫东锋 等，2019）。一般情况下，天然更新密度随间伐强度增大而升高（郭丽玲 等，2019）。本研究中，间伐强度增大促进了天然更新密度，说明间伐强度整体上提升了林分的活力，使得更新林木尤其是喜光树种的生长势更强。林下更新优势物种如栓皮栎、柏木、冬青、黄连木和马尾松等在经营后不同年份，以 LT 和 MT 的更新频度相对更高，说明增大间伐强度可提高马尾松栓皮栎混交林天然更新频度，优化林分树种组成并极可能影响未来林分针阔混交比例。

（3）环境因子对天然更新的影响

林分结构和林下光照差异是林下环境异质性、物种多样性的主要成因，对森林生态系统的结构、过程与格局具有重要促进作用（石君杰 等，2019）。目标树经营通过调整林分密度，加大了环境异质性，如林下光照、温度和空气湿度，促进林下土壤温度、养分、水分以及土壤微生物群落的变化（李春义 等，2006），促进林木生长。此外，更新密度和物种丰富度还受多个因子的共同影响。根据典型相关分析，影响更新密度和物种丰富度的人为和环境因子分别为：间伐强度 T_i > 林分密度 S_d > 坡度 S_l > 坡向 A_s > 坡位 S_p，这与姜小蕾等（2021）对黑松（*Pinus thunbergii*）林下天然更新与坡向关系的研究结果一致。本研究中 MT 各样方平均坡度最大，为 10.3°，且林分以北向为主。虽然 MT 间伐后的郁闭度最小，但由于坡向和坡度效应，影响太阳入射角度，林内光、热、水、气条件并未根本改善，林下松针等凋落物层未完全分解，林下植被也对更新幼树幼苗的生成、定居及生长产生竞争压力。另一方面，相对阴湿环境下土壤的理化性质和肥力状况间接影响群落物种的组成、结构和更新。坡度和坡向的协同负效应会在一定程度上抵消由较高间伐强度给天然更新带来的正效应，造成 MT 强度下相应更新密度、更新频度、物种丰富度、本质多样性效应的弱化，这与 Maciel-Nájera 等（2020）提出的墨西哥西马德雷山脉（Sierra Madre Occidental）松栎混交林坡向和坡度对天然更新的协同影响的效应一致。

目标树经营促进了马尾松栓皮栎混交林天然更新。增大间伐强度可提高林地环境异质性、更新物种丰富度和物种多样性，有助于优势种的形成。增大间伐强度可提高天然更新密度、阔叶树种的更新频度和林分活力，优化松栎混交林的阔叶树比例，MT 强度更新质量最优。坡度和坡向的协同负效应会在一定程度上抵消由较大间伐强度给天然更新带来的正效应，其相应的经营对策应在实践中进一步加以探究。受湖北省相关森林采伐强度政策限制，本研究最高经营强度限定在 25% 内，促进马尾松栓皮栎混交林天然更新的最佳经营强度将有待进一步验证。

9.3 目标树经营对杉檫混交林天然更新的影响

9.3.1 天然更新物种重要值

大幕山杉檫混交林目标树经营 3a 后，林下天然更新乔木共调查到 16 种，隶属 12 科 14 属。壳斗科（3 属）、漆树科（2 属）和桑科（2 属）为相对优势科；栎属（*Quercus*）为相对优势的属，属下 3 种。试验地天然更新的优势种有杉木、南酸枣和黄檀等。不同经营处理杉檫人工林天然更新优势种及重要值见表 9–9。大幕山样地情况见第 7 章和第 8 章。

表 9–9 不同经营处理杉檫人工林天然更新优势种及重要值

处理	样方号	天然更新优势种	重要值
CK	1	黄檀，麻栎，杉木	0.455+0.250+0.176
	7	枫香树，南酸枣，杉木	0.166+0.444+0.389
	13	南酸枣	1.000
	19	白背叶，构树，南酸枣	0.537+0.273+0.112
	25	枫香树，构树	0.205+0.795

（续）

处理	样方号	天然更新优势种	重要值
WT	2	黄檀，麻栎，南酸枣	0.405+0.241+0.174
	8	大叶栎，构树，黄檀	0.217+0.204+0.199
	14	构树	1.000
	20	构树	1.000
	21	杉木	1.000
MT	3	构树，杉木	0.360+0.640
	9	杉木，盐麸木，棕榈	0.558+0.251+0.190
	15	构树	1.000
	16	南酸枣，杉木，异叶榕	0.136+0.599+0.265
	22	白背叶，构树，南酸枣	0.409+0.265+0.227
HT	4	八角枫，灯台树，南酸枣	0.456+0.233+0.193
	10	白背叶，杉木，柿	0.241+0.325+0.434
	11	异叶榕	1.000
	17	构树，南酸枣，杉木	0.335+0.240+0.425
	23	白背叶，构树，杉木	0.156+0.382+0.462
ST	5	枫香树，构树，黄檀	0.434+0.325+0.241
	6	赤杨叶，南酸枣，杉木	0.428+0.217+0.355
	12	灯台树，构树，南酸枣	0.313+0.264+0.252
	18	白背叶，灯台树，南酸枣	0.521+0.168+0.16
	24	构树	1.000

9.3.2 天然更新物种数量分布

更新优树幼苗物种及比例见图 9–4。杉木天然更新幼树占试验地全部天然更新物种的 40.76%；其次是南酸枣和构树，分别占 17.92% 和 13.04%。其他占比较大的种类有黄檀，占 7.07%，麻栎，占 4.89%。天然更新的其他种类的幼树数量仅占总数的 16.3%，主要有白背叶 3.26%，灯台树 2.72% 和比例低于 2.00% 的其他 6 个树种。

9.3.3 天然更新质量

经营 3a 后，25 个样方不同处理天然更新的林木全部为Ⅲ级幼树，更新密度在 200 ～ 3600 株 /hm^2（表 9–10 第 3 列，图 9–5）。依据国家林业局 2014 年颁布的《森林资源连续清查技术规程》中的天然更新质量标准判断，更新质量为中等级（Ⅲ级幼树，$H \geqslant 0.50$ 且 DBH ＜ 2.5）的林木平均数量为 1472 株 /hm^2（$H \geqslant 0.50$m），试验地天然更新等级整体为中等。其中，6 个样方内天然更新不良，占试验地样方总数的 24.0%；15 个样方内天然更新等级为中等，占 60.0%；4 个样方天然更新良好，占 16.0%。不同处理天然更新均值呈 ST（2000 株 /hm^2）＞ CK（1840 株 /hm^2）≥ HT（1240 株 /hm^2）＞ MT（1200 株 /hm^2）＞ WT（1080 株 /hm^2）排序。除对照外，间伐强度越大，天然更新株数密度越高。经营 3a 后，25 个样方不同处理天然更新的林木更新频度在 4% ～ 36%，平均为 12%（表 9-10 第 5 列，图 9-5）。各处理间更新频度差异不显著，更新频度的排序呈现 ST（16.0%）＞ HT（11.2%）= WT（11.2%）=CK（11.2%）＞ MT（10.4%）排序。ST 经营强度对天然更新的频度具有较高促进作用。

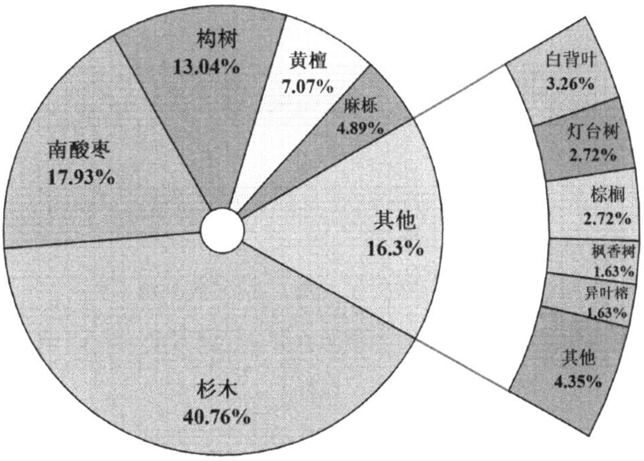

图 9-4 天然更新幼树种类比例分布

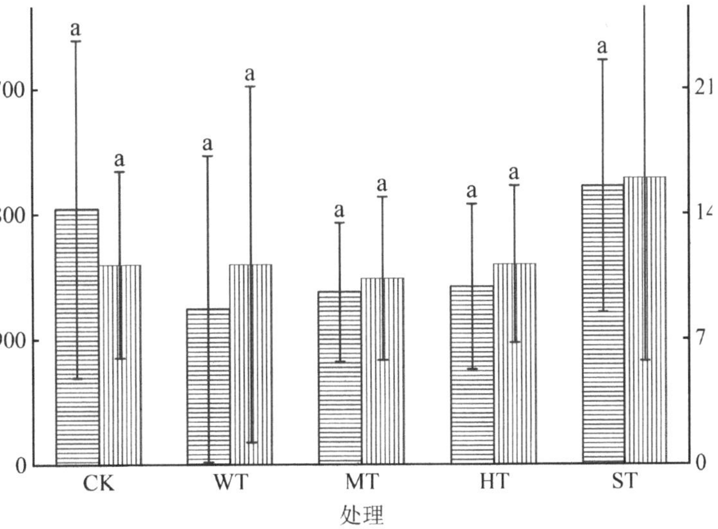

图 9-5 间伐 3a 后不同处理天然更新密度和频度

不同字母表示差异显著（$P < 0.05$），下同

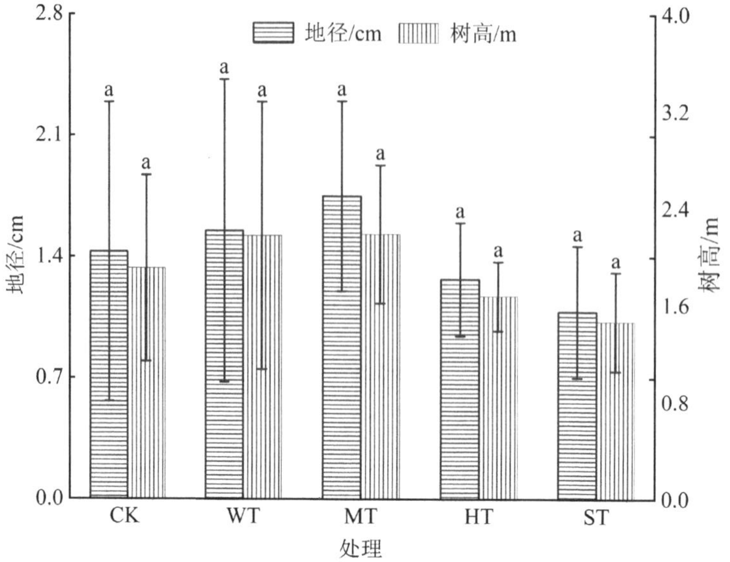

图 9-6 间伐 3a 后不同处理天然更新幼树地径和树高

表 9-10 天然更新密度、频度与质量评价

处理	样方	更新密度（株/hm²）	更新质量	更新频度（%）	地径（cm）	树高（m）
CK	1	3600.0	良好	16.0	1.92	2.42
	7	1400.0	中等	12.0	0.71	1.21
	13	400.0	不良	4.0	2.70	3.00
	19	2400.0	中等	16.0	1.09	1.47
	25	1400.0	中等	8.0	0.73	1.43
WT	2	2600.0	良好	20.0	1.42	1.86
	8	2000.0	中等	24.0	0.94	1.62
	14	200.0	不良	4.0	0.60	1.00
	20	200.0	不良	4.0	2.00	2.50
	21	400.0	不良	4.0	2.80	3.90
MT	3	1400.0	中等	8.0	2.49	3.14
	9	1600.0	中等	12.0	1.73	2.03
	15	200.0	不良	4.0	2.00	2.10
	16	1600.0	中等	12.0	1.01	1.60
	22	1200.0	中等	16.0	1.53	2.07
HT	4	1200.0	中等	16.0	1.02	1.63
	10	1200.0	中等	12.0	1.48	1.88
	11	200.0	不良	4.0	1.50	1.60
	17	1600.0	中等	12.0	1.53	2.00
	23	2000.0	中等	12.0	0.82	1.26

（续）

处理	样方	更新密度（株 /hm^2）	更新质量	更新频度（%）	地径（cm）	树高（m）
ST	5	2800.0	良好	32.0	0.96	1.08
	6	2600.0	良好	12.0	1.37	2.00
	12	2400.0	中等	16.0	1.59	1.80
	18	1600.0	中等	16.0	0.80	1.25
	24	600.0	中等	4.0	0.70	1.20

9.3.4 天然更新林木生长

经营 3a 后，25 个样方不同经营强度下天然更新的林木平均地径在 0.60 ～ 2.80cm，平均为 1.42cm（表 9–10 第 6 列，图 9–6）；各处理间平均地径的差异不显著，地径大小呈现 MT（1.75cm）＞ WT（1.55cm）＞ CK（1.43cm）＞ HT（1.27cm）＞ ST（1.08cm）排序；MT 经营强度对天然更新林木地径生长具有较高促进作用。25 个样方不同处理天然更新的林木平均高在 1.00 ～ 3.90m，平均为 1.88m（表 9–10 第 7 列，图 9–5）；各处理间树高的差异不显著，树高呈现 MT（2.19m）＞ WT（2.18m）＞ CK（1.91cm）＞ HT（1.68m）＞ ST（1.47m）排序。综合地径和树高生长数据，在经营 3a 后短时期内没有因为林分密度的改变而产生显著差异，MT 经营强度最有利于天然更新林木的生长。

研究结果表明，在经营 3a 后，25 个样方的天然更新质量整体为中等，不同处理下天然更新呈现不同程度的提升。除对照外，间伐强度越大，天然更新株数密度越高。此外，不同处理的天然更新频度在 12% 左右，ST 经营强度对天然更新的频度具有较高促进作用。

根据研究结果，经营 3a 后，不同处理的天然更新林木平均地径和平均高之间的差异不显著，但 MT 处理的林木生长表现最好。MT 经营强度对天然更新林木地径生长具有较高促进作用。在经营 3a 后短时期内，林分密度的改变没有对林木生长产生显著差异。因此，该研究表明 MT 经营强度最有利于杉檫混交林天然更新林木的生长。

9.3.5 经营强度对天然更新多样性的影响

25 个样方不同处理天然更新的林木的丰富度 *S* 在 1.0 ～ 8.0，均值为 3.0（表 9–11 第 3 列）；各处理间更新林木的差异不显著，其排序呈现 ST（4.0）＞ HT（2.8）=WT（2.8）= CK（2.8）＞ MT（2.6）排序。Simpson 多样性指数（*DR*）在 0.000 ～ 0.827，平均为 0.416（表 9–11 第 4 列，图 9–7）；各处理间林木 Simpson 指数（*DR*）的差异不显著，其排序呈现 ST（0.527）＞ HT（0.470）＞ CK（0.420）＞ MT（0.356）＞ WT（0.309）排序。Shannon–Wiener 多样性指数（*HR*）在 0.000 ～ 1.909，平均为 0.771（表 9–11 第 5 列，图 9–7）；各处理间林木 Shannon–Wiener 指数（*HR*）的差异不显著，其指数高低呈现 ST（1.033）＞ HT（0.810）＞ CK（0.736）＞ MT（0.642）＞ WT（0.635）排序。Pielou 均匀度指数（*JR*）在

0.592～1.000，平均为0.872（表9–11第6列，图9–7）；Pielou均匀度指数（*JR*）在WT（0.973）与MT（0.778）之间差异显著，Pielou均匀度指数（*JR*）排序呈现WT（0.973）＞ST（0.891）=HT（0.891）＞CK（0.826）＞MT（0.778）排序。Simpson指数（*DR*）与Shannon–Wiener指数（*HR*）的变化规律一致；由于WT强度有3个样方内天然更新物种丰富度仅为1.000，其Simpson指数（*DR*）和Shannon–Wiener指数（*HR*）均为0，物种的Pielou均匀度（*JR*）为1，造成WT强度的Pielou均匀度（*JR*）平均指数偏高。整体而言，ST和HT强度下，天然更新物种具有更高多样性。

表9–11　不同经营强度天然更新特征及更新物种多样性

处理	样方	丰富度*S*	Simpson指数（*DR*）	Shannon–Wiener指数（*HR*）	Pielou均匀度（*JR*）
CK	1	4.0	0.660	1.186	0.855
	7	3.0	0.571	0.956	0.870
	13	1.0	0.000	0.000	1.000
	19	4.0	0.625	1.127	0.813
	25	2.0	0.245	0.410	0.592
WT	2	5.0	0.746	1.479	0.919
	8	6.0	0.800	1.696	0.946
	14	1.0	0.000	0.000	1.000
	20	1.0	0.000	0.000	1.000
	21	1.0	0.000	0.000	1.000
MT	3	2.0	0.245	0.410	0.592
	9	3.0	0.406	0.736	0.670
	15	1.0	0.000	0.000	1.000
	16	3.0	0.406	0.736	0.670
	22	4.0	0.722	1.330	0.959
HT	4	4.0	0.667	1.242	0.896
	10	3.0	0.611	1.011	0.921
	11	1.0	0.000	0.000	1.000
	17	3.0	0.531	0.900	0.819
	23	3.0	0.540	0.898	0.817
ST	5	8.0	0.827	1.909	0.918
	6	3.0	0.592	0.984	0.896
	12	4.0	0.653	1.199	0.865
	18	4.0	0.563	1.074	0.774
	24	1.0	0.000	0.000	1.000

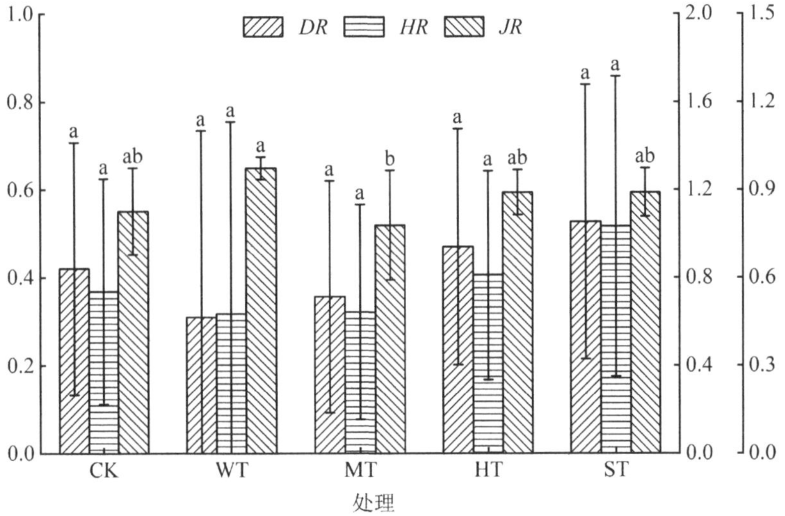

图 9–7 间伐 3a 后不同处理天然更新幼树多样性

DR：天然更新林木 Simpson 指数；*HR*：天然更新林木 Shannon-Wiener 指数；*JR*：天然更新林木均匀度指数

9.3.6 天然更新关联分析

（1）天然更新与林分因子灰色关联

经营间伐 3a 后，不同林分因子与林分天然更新特征指标的关联度存在差异（表 9–12）。天然更新密度与林分株数密度的关联程度最大（0.7059），其次为林分密度（0.6695）；株数密度和林分密度是影响天然更新幼树更新密度的主要林分因子。天然更新频度与林分平均冠幅（0.8049）和平均树高（0.7933）的关联程度最大；说明平均冠幅和平均林木高度是影响天然更新频度的主要林分因子。天然更新林木的平均地径与林分密度（0.7267）和平均树高（0.7261）关联程度最大；影响更新林木高生长的主要关联林分因子为平均冠幅（0.7268）和平均树高（0.7263）。横向比较不同林分因子与天然更新特征的平均关联程度，各林分因子关联度的排序为：林分密度（0.7256）>平均树高（0.7066）>平均冠幅（0.6910）>平均胸径（0.6891）>株树密度（0.6011）；纵向比较不同天然更新特征与不同林分因子的平均关联程度，各天然更新特征关联度排序为：更新频度（0.7611）>平均树高（0.6781）>平均地径（0.6765）>更新密度（0.6149）。综合分析，林分密度和平均树高是天然更新频度和更新林木生长的主要关联因子。

表 9–12 林分因子与天然更新特征的灰色关联度及其排序

林分因子	更新密度		更新频度		平均地径		平均树高	
	关联度	排序	关联度	排序	关联度	排序	关联度	排序
平均冠幅	0.5616	4	0.8049	1	0.6707	4	0.7268	1
平均胸径	0.5571	5	0.7797	4	0.7216	3	0.6981	4

（续）

林分因子	更新密度		更新频度		平均地径		平均树高	
	关联度	排序	关联度	排序	关联度	排序	关联度	排序
平均树高	0.5805	3	0.7933	2	0.7261	2	0.7263	2
林分密度	0.6695	2	0.7920	3	0.7267	1	0.7140	3
株数密度	0.7059	1	0.6356	5	0.5375	5	0.5255	5

（2）天然更新多样性与林分因子灰色关联

经营间伐 3a 后，不同林分因子与林分天然更新物种多样性之间的关联度存在差异（表 9–13）。天然更新物种丰富度与林分平均冠幅的关联程度最大（0.8049），其次为平均树高（0.7933）；平均冠幅和平均树高是影响天然更新幼树丰富度的主要林分因子。Simpson 指数（*DR*）与林分平均树高（0.7859）和平均冠幅（0.7438）的关联程度最大；说明林木平均高度和平均冠幅是影响天然更新多样性的主要林分因子。Shannon–Wiener 多样性指数（*HR*）与林木平均树高（0.7799）和平均冠幅（0.7890）的关联程度最大；而 Pielou 均匀度指数最大关联度的林分因子也为林木平均高度（0.7657）和平均冠幅（0.7537）。平均冠幅和平均树高是影响天然更新幼树物种多样性的主要林分因子。

表 9–13　林分因子与天然更新物种多样性灰色关联度及其排序

林分因子	更新物种丰富度 *S*		Simpson 指数（*DR*）		Shannon–Wiener 指数（*HR*）		Pielou 均匀度（*JR*）	
	关联度	排序	关联度	排序	关联度	排序	关联度	排序
平均冠幅	0.8049	1	0.7438	2	0.7890	1	0.7537	2
平均胸径	0.7797	4	0.7343	3	0.7629	4	0.7272	3
平均树高	0.7933	2	0.7859	1	0.7799	2	0.7657	1
林分密度	0.7920	3	0.7140	4	0.7693	3	0.6933	4
株数密度	0.6356	5	0.6643	5	0.6652	5	0.5396	5

横向比较不同林分因子与天然更新物种多样性平均关联程度，各林分因子关联度的排序为平均树高（0.7812）＞平均冠幅（0.7729）＞平均胸径（0.7510）＞林分密度（0.7422）＞株树密度（0.6262）；纵向比较不同多样性指数与不同林分因子的平均关联程度，各多样性指数的关联度排序为丰富度（0.7611）＞ Shannon–Wiener 指数（*HR*）（0.7533）＞ Simpson 指数（*DR*）（0.7285）＞ Pielou 指数（*JR*）（0.6959）。综合分析，平均冠幅和平均树高是影响天然更新物种多样性的主要因子。

研究表明，经营间伐 3a 后，林分密度和平均树高是天然更新频度和更新林木生长的主要关联因素，而林分平均冠幅和平均树高是影响天然更新物种多样性的主要因素。此外，天然更新物种丰富度与林分平均冠幅和平均树高的关联程度最大，是影响天然更新幼树丰富度的主要林分因素。

9.3.7 影响天然更新的关联因子分析

天然更新受到多种因素的影响，包括种子源、立地条件、自然灾害、林分结构、动植物群落和人类干预等。天然更新和草灌多样性之间存在一定的关系，灌草植物通过对水分和营养的竞争，从而降低了天然更新植物的生存能力；灌草植物与天然更新之间存在互利共生的关系，草灌植被可以帮助促进天然更新的过程，并使森林生态系统更加稳定和健康。

从表 9–14 可以看出，胸径与树高（0.937）间极显著正相关（$P < 0.01$），胸径与株树密度（–0.550）、林分密度（–0.857）呈极显著负相关，表明经营后林木生长健康，树形正常；林木株树密度越小，林分的生长空间越大，林木胸径更大，林分胸高断面积所表达的林分密度与胸径的负相关显著性更大，树高与冠幅（0.466）间显著正相关（$P < 0.05$），与林分密度（–0.752）间呈极显著负相关，表明林木树形比例的稳定性较好；林木高度值越大，冠幅越大，林分的密度随之降低。胸径和树高与天然更新密度呈负相关，但相关性很低，表明经过间伐后，林分因子对天然更新的副作用减少，对天然更新有利。

天然更新密度与更新频度间极显著正相关（0.772），与天然更新林木丰富度（0.772）、Simpson 指数（0.823）和 Shannon–Wiener 指数（0.809）间及显著正相关，与 Pielou 均匀度指数（–0.368）间不显著负相关。天然更新频度与林木丰富度极显著正相关（1.000），与更新 Simpson 指数（0.905）和 Shannon–Wiener 指数（0.962）间均呈现极显著正相关。

天然更新密度与灌木丰富度（0.521）间呈极显著正相关，与灌林 Shannon–Wiener 指数呈显著正相关（0.452），但与灌木 Pielou 指数均匀度呈不显著负相关（–0.366）；天然更新密度与草本层多样性相关性不显著，但草本层的均匀程度越高，表明物种的单一性越高，其高密度效应可能对天然更新起到抑制。与更新密度相似，更新频度同样极大促进了灌木和草本层的物种多样性，但灌草层的高均匀度会显著抑制天然更新频度，因此，适当针对高均匀度的草灌地块采取割灌除草的抚育方式，对天然更新会产生促进作用。

天然更新林木地径与高生长状况在一定程度上与其自身的多样性水平相关性较高，但呈不显著负相关，说明天然更新林木长势越好，自身的多样性水平会降低。天然更新林木 Simpson 指数和 Shannon–Wiener 指数与灌木 Simpson 指数和 Shannon–Wiener 指数极显著正相关，但与草本 Simpson 指数和 Shannon–Wiener 指数相关性不显著；灌草层的均匀度指数越高，表明物种越单一，会抑制天然更新多样性；同时灌草层的 Pielou 均匀度越高，其物种多样性会受到一定影响。

综合来看，适当的森林经营强度可以提高林分的生长状况，降低密度，促进森林生态系统的稳定和健康发展。天然更新可以促进灌木和草本层的物种多样性，但需要注意的是，高均匀度的草灌会抑制天然更新，因此割除灌草应注意对象和方式，避免灌草层物种多样性的过度损失。同时，天然更新林木的生长状况与其自身的多样性水平呈负相关，这表明在保护天然更新的同时也需要关注生态系统中的物种多样性，协调更新层与灌草物种多样性水平。总之，科学的森林经营方式可以通过天然更新持久发挥森林生态系统的生态功能和多样性。

表 9–14　林分因子与天然更新、灌木和草本多样性相关分析

因子	DBH	TH	CB	StemD	StanD	RD	RF	BD	SH	RR	DR	HR	JR	RS	DS	HS	JS	RH	DH	HH
TH	0.937**																			
CB	0.394	0.466*																		
StemD	–0.550**	–0.393	–0.253																	
StanD	–0.857**	–0.752**	–0.424*	0.840**																
RD	–0.177	–0.127	–0.062	0.008	0.223															
RF	0.068	0.092	–0.083	–0.059	–0.016	0.772**														
BD	–0.070	–0.166	–0.217	–0.001	0.111	–0.217	–0.354													
SH	–0.129	–0.189	–0.099	0.033	0.135	–0.204	–0.362	0.950**												
RR	0.068	0.092	–0.083	–0.059	–0.016	0.772**	1.000**	–0.354	–0.362											
DR	0.065	0.088	–0.041	–0.073	–0.008	0.823**	0.905**	–0.364	–0.337	0.905**										
HR	0.065	0.087	–0.062	–0.074	–0.015	0.809**	0.962**	–0.365	–0.349	0.962**	0.985**									
JR	0.104	–0.012	–0.174	–0.110	–0.115	–0.368	–0.140	0.134	0.064	–0.140	–0.228	–0.176								
RS	–0.250	–0.152	–0.092	0.330	0.296	0.521**	0.745**	–0.288	–0.243	0.745**	0.690**	0.731**	–0.140							
DS	–0.276	–0.107	0.087	0.387	0.330	0.339	0.410*	–0.171	–0.109	0.410*	0.392	0.412*	0.013	0.813**						
HS	–0.275	–0.131	0.022	0.387	0.331	0.452*	0.591**	–0.246	–0.188	0.591**	0.567**	0.593**	–0.102	0.951**	0.949**					
JS	–0.052	0.037	0.179	0.087	0.027	–0.366	–0.435*	0.119	0.156	–0.435*	–0.452*	–0.449*	0.324	–0.123	0.396	0.135				
RH	–0.184	–0.088	0.242	0.017	0.039	0.215	0.126	0.071	0.172	0.126	0.082	0.099	–0.088	0.451*	0.672**	0.592**	0.429*			
DH	–0.281	–0.166	0.395	0.151	0.170	0.184	0.138	–0.084	0.041	0.138	0.085	0.110	0.040	0.508**	0.764**	0.672**	0.459*	0.885**		
HH	–0.227	–0.122	0.336	0.078	0.095	0.200	0.135	–0.012	0.104	0.135	0.086	0.107	–0.008	0.492*	0.741**	0.650**	0.463*	0.969**	0.972**	
JH	0.329	0.312	0.028	–0.110	–0.331	–0.545**	–0.444*	0.225	0.176	–0.444*	–0.481*	–0.471*	0.421*	–0.376	–0.066	–0.256	0.445*	0.009	–0.088	–0.029

注：* 表示相关性显著（$P < 0.05$），** 表示相关性极显著（$P < 0.01$）。DBH 表示胸径；TH 表示树高；CB 表示冠幅；StemD 表示株数密度；StanD 表示林分密度；RD 表示天然更新密度；RF 表示天然更新频度；BD 表示天然更新林木地径；SH 表示天然更新林木高度；RR 表示天然更新林木丰富度；DR 表示天然更新林木 Simpson 指数；HR 表示天然更新林木 Shannon–Wiener 指数；JR 表示天然更新林木 Pielou 均匀度；RS 表示灌木丰富度；DS 表示灌木 Simpson 指数；HS 表示灌木 Shannon–Wiener 指数；JS 表示灌木 Pielou 均匀度；RH 表示草本丰富度；DH 表示草本 Simpson 指数；HH 表示草本 Shannon–Wiener 指数；JH 表示草本 Pielou 均匀度。

参考文献

白冬艳, 张德成, 翟印礼, 等. 恒续林经营研究的3个关键问题[J]. 世界林业研究, 2013, 26(4): 18–24.

蔡庆焰. 马尾松人工林间伐套种凹叶厚朴生长分析[J]. 福建林业科技, 2010, 37(3): 16–20.

曹小玉, 李际平, 周永奇, 等. 杉木林林层指数及其与林下灌木物种多样性的关系[J]. 生态学杂志, 2015, 34(3): 589–595.

曹小玉, 李际平, 封尧, 等. 杉木生态公益林林分空间结构分析及评价[J]. 林业科学, 2015, 51(7): 37–48.

陈幸良, 巨茜, 林昆仑. 中国人工林发展现状、问题与对策[J]. 世界林业研究, 2014, 27(6): 54–59.

董希斌, 王立海. 采伐强度对林分蓄积生长量与更新影响的研究[J]. 林业科学, 2003, 39(6): 122–125.

段劼, 马履一, 贾黎明, 等. 抚育间伐对侧柏人工林及林下植被生长的影响[J]. 生态学报, 2010, 30(6): 1431–1441.

冯琦雅, 陈超凡, 覃林, 等. 不同经营模式对蒙古栎天然次生林林分结构和植物多样性的影响[J]. 林业科学, 2018, 54(1): 12–21.

高彦明, 王兰, 高艳梅, 等. 德国巴伐利亚的近自然林业实践[J]. 世界林业研究, 2009, 22(1): 68–72.

国家市场监督管理总局, 国家标准化管理委员会. 森林资源连续清查技术规程: GB/T38590–2020[S]. 中国标准出版社, 2020.

郭丽玲, 潘萍, 欧阳勋志, 等. 间伐补植对马尾松低效林生长及林分碳密度的短期影响[J]. 西南林业大学学报(自然科学版), 2019, 39(3): 48–54.

郭秋菊, 王得祥, 保积存. 秦岭火地塘林区锐齿栎林健康状况评价与重要影响指标分析[J]. 西北林学院学报, 2013, 28(1): 19–25.

郭诗宇, 胡伯特·福斯特, 陈幸良. 目标树经营: 德国经验与湖北实践[J]. 世界林业研究, 2021a, 34(2): 14–20.

郭诗宇, 周新玲, 石林墨. 德国巴伐利亚州近自然森林经营成效研究[J]. 林业调查规划, 2021b, 46(1): 129–134.

国家林业和草原局. 中国森林资源报告(2014–2018)[M]. 北京: 中国林业出版社, 2019: 295.

何友均, 梁星云, 覃林, 等. 南亚热带人工针叶纯林近自然改造早期对群落特征和土壤性质的影响[J]. 生态学报, 2013, 33(8): 2484–2495.

侯元兆, 陈幸良, 孙国吉. 栎类经营[M]. 北京: 中国林业出版社, 2017.

侯元兆, 邬可义, 吴水荣, 等. 关于中国东北地区森林经营的对话[J]. 世界林业研究, 2009, 22(6): 1–13.

胡雪凡. 蒙古栎次生林抚育间伐效果及生长模型研究[D]. 北京: 中国林业科学研究院, 2020.

惠刚盈, GADOW K V, ALBERT M. 一个新的林分空间结构参数: 大小比数[J]. 林业科学研究, 1999, 12(1): 1–6.

惠刚盈, GADOW K V, 胡艳波, 等. 结构化森林经营[M]. 北京: 中国林业出版社, 2007.

惠刚盈, GADOW K V, 赵中华, 等. 结构化森林经营原理[M]. 北京: 中国林业出版社, 2016.

惠刚盈, 赵中华, 陈明辉. 描述森林结构的重要变量[J]. 温带林业研究, 2020, 3(1): 14–20.

惠刚盈, 赵中华, 胡艳波. 结构化森林经营技术指南[M]. 北京: 中国林业出版社, 2010.

惠刚盈, 胡艳波, 赵中华, 等. 基于交角的林木竞争指数[J]. 林业科学, 2013, 49(6): 68–73.

惠刚盈, 胡艳波. 混交林树种空间隔离程度表达方式的研究[J]. 林业科学研究, 2001, 14(1): 23–27.

惠刚盈, 张弓乔, 赵中华, 等. 天然混交林最优林分状态的 π 值法则[J]. 林业科学, 2016, 52(5): 1–8.

姜小蕾, 刘傲, 卢慧翠. 环境因子和林分结构对青岛黑松更新幼苗密度的影响[J]. 山东农业大学学报(自然科学版), 2021, 52(4): 552–558.
亢新刚. 森林经理学(第4版)[M]. 北京: 中国林业出版社, 2011.
雷相东, 唐守正. 群落本质多样性排序及应用[J]. 林业科学研究, 2002, 15(3): 285–290.
李春义, 马履一, 徐昕. 抚育间伐对森林生物多样性影响研究进展[J]. 世界林业研究, 2006, 19(6): 27–32.
李建, 李晓宇, 曹静, 等. 长白山次生针阔混交林群落结构特征及群落动态[J]. 生态学报, 2020, 40(4): 1195–1206.
李萌, 陈永康, 徐浩成, 等. 不同间伐强度对南亚热带杉木人工林林下植物功能群的影响[J]. 生态学报, 2020, 40(14): 4985–4993.
李明辉, 何风华, 潘存德. 天山云杉天然林不同林层的空间格局和空间关联性[J]. 生态学报, 2011, 31(3): 620–628.
李艳茹, 赵鹏, 黄永辉, 等. 目标树经营对华北落叶松人工林生长及物种多样性的影响[J]. 东北林业大学学报, 2022, 50(5): 20–25.
李志明. 林龄对人工促进天然更新林林下层生源要素的影响[J]. 亚热带资源与环境学报, 2020, 15(4): 47–51.
林昌庚. 关于实验形数(二)[J]. 林业勘查设计, 1974, (2): 15–23.
刘进社. 森林经营技术[M]. 北京: 中国林业出版社, 2007: 140–141.
刘帅, 李建军, 李丹, 等. 林木空间分布格局分析方法比较及其适应性[J]. 林业科学, 2019, 55(11): 73–84.
陆元昌, 栾慎强, 张守攻, 等. 从法正林转向近自然林: 德国多功能森林经营在国家、区域和经营单位层面的实践[J]. 世界林业研究, 2010, 23(1): 1–11.
陆元昌. 近自然经营的理论与实践[M]. 北京: 科学出版社, 2006.
罗应华, 孙冬婧, 林建勇, 等. 马尾松人工林近自然化改造对植物自然更新及物种多样性的影响[J]. 生态学报, 2013, 33(19): 6154–6162.
马履一, 李春义, 王希群, 等. 不同强度间伐对北京山区油松生长及其林下植物多样性的影响[J]. 林业科学, 2007, 43(5): 1–9.
孟宪宇. 测树学(第3版)[M]. 北京: 中国林业出版社, 2006: 44–87.
齐静, 董灵波, 刘兆刚. 帽儿山天然软阔叶次生林林分结构动态变化[J/OL]. 西南林业大学学报(自然科学), 2022: 1–13[2022-11-21]. https: //kns. cnki. net/kcms/detail/53. 1218. S. 20221121. 1655. 002. html
邵青还. 对近自然林业理论的诠释和对我国林业建设的几项建议[J]. 世界林业研究, 2003, 16(6): 1–5.
邵青还. 林业和谐论的进展及持续发展战略初析[J]. 自然杂志, 2001, 23(1): 1–10.
沈海龙, 丛健, 张鹏, 等. 开敞度调控对次生林林冠下红松径高生长量和地上生物量的影响[J]. 应用生态学报, 2011, 22(11): 2781–2791.
石君杰, 陈忠震, 王广海, 等. 间伐对杨桦次生林冠层结构及林下光照的影响[J]. 应用生态学报, 2019, 30(6): 1956–1964.
孙培琦, 赵中华, 惠刚盈, 等. 天然林林分经营迫切性评价方法及其应用[J]. 林业科学研究, 2009, 22(3): 343–348.
汤孟平, 陈永刚, 施拥军, 等. 基于Voronoi图的群落优势树种种内种间竞争[J]. 生态学报, 2007, 27(11): 4707–4716.
汤孟平. 森林空间结构分析[M]. 北京: 科学出版社, 2013.
汤孟平. 森林空间经营理论与实践[M]. 北京: 中国林业出版社, 2007: 144–146.
唐继新, 贾宏炎, 曾冀, 等. 采伐方式对米老排人工林天然更新的影响[J]. 北京林业大学学报, 2020, 42(8): 12–21.
唐守正, 郎奎建, 李海奎. 统计和生物数学模型计算[M]. 北京: 科学出版社, 2009.

汪平, 贾黎明, 魏松坡, 等. 基于Voronoi图的侧柏游憩林空间结构分析[J]. 北京林业大学学报, 2013, 35(2): 39–44.
汪娅琴, 王德炉, 吴丽丽. 间伐强度对光皮桦天然次生林天然更新及植物多样性的影响[J]. 东北林业大学学报, 2021, 49(9): 19–24, 32.
王科, 谭伟, 戚玉娇. 近自然经营间伐对黔中马尾松天然次生纯林生长的初期效应[J]. 浙江农林大学学报, 2019, 36(5): 886–893.
王烁, 韩大校, 王千雪, 等. 基于π值法的兴安落叶松天然混交林林分状态研究[J]. 温带林业研究, 2020, 3(2): 43–48, 59.
王洋. 马尾松目标树经营与传统抚育间伐初期林下植物多样性和功能群特征[D]. 成都: 四川农业大学, 2022.
王懿祥, 张守攻, 陆元昌, 等. 干扰树间伐对马尾松人工林目标树生长的初期效应[J]. 林业科学, 2014, 50(10): 67–73.
王宇超, 陈逸飞, 林晨蕾, 等. 森林抚育间伐对杉木人工林温湿度的影响研究[J]. 森林工程, 2022, 38(1): 9–14.
魏安然, 张雨秋, 谭凌照, 等. 抚育采伐对针阔混交林林分结构及物种多样性的影响[J]. 北京林业大学学报, 2019, 41(5): 148–158
魏玉龙, 张秋良. 兴安落叶松林缘天然更新与立地环境因子的相关分析[J]. 南京林业大学学报(自然科学版), 2020, 44(2): 165–172.
徐小文, 许秀环, 罗治建, 等. 湖北松材线虫病发生概况和防治对策[J]. 湖北林业科技, 2021, 50(2): 54–59.
闫东锋, 贺文, 马瑞婷, 等. 2020, 抚育间伐对栓皮栎种群空间分布格局的影响[J]. 生态环境学报, 29(3): 429–437.
闫东锋, 马瑞婷, 杨庆培, 等. 间伐强度对栎类天然次生林幼苗更新的影响[J]. 河南农业大学学报, 2019, 53(2): 187–192.
杨礼旦. 贵州雷公山闽楠群落调查分析[J]. 湖南生态科学学报, 2021, 8(1): 49–53.
尹茜, 罗海兵, 汪洋, 等. 马尾松人工林空间结构分析与评价[J]. 广西林业科学, 2022, 51(4): 503–509.
张金屯. 数量生态学[M]. 北京: 科学出版社, 2004.
张连金, 孙长忠, 赖光辉. 北京九龙山侧柏生态公益林空间结构分析与评价[J]. 林业科学研究, 2018, 31(4): 75–82.
张喜. 黔中山地喀斯特和非喀斯特岩组退化森林结构与功能规律研究[D]. 南京: 南京林业大学, 2007.
张小鹏, 王得祥, 张鹏, 等. 抚育间伐对小陇山林区华山松林下植物多样性的影响[J]. 西北林学院学报, 2017, 32(2): 7–42.
张晓红, 张会儒, 卢军, 等. 目标树抚育间伐对蒙古栎天然次生林生长的初期影响[J]. 林业科学, 2020, 56(10): 83–92.
张晓娜. 我国服务业与城镇化的灰色关联度实证考察[J]. 统计与决策, 2020, 36(19): 97–101.
赵文菲, 曹小玉, 谢政锠, 等. 基于结构方程模型的杉木公益林林分空间结构评价[J]. 林业科学, 2022, 58(8): 76–88.
赵中华, 惠刚盈, 胡艳波, 等. 结构化森林经营方法在阔叶红松林中的应用[J]. 林业科学研究, 2013, 26(4): 467–472.
赵中华, 惠刚盈, 胡艳波, 等. 基于大小比数的林分空间优势度表达方法及其应用[J]. 北京林业大学学报, 2014, 36(1): 78–82.
郑江坤, 魏天兴, 郑路坤, 等. 坡面尺度上地貌对α生物多样性的影响[J]. 生态环境学报, 2009, 18(6): 2254–2259.
周红敏, 惠刚盈, 赵中华, 等. 林分空间结构分析中样地边界木的处理方法[J]. 林业科学, 2009, 45(2): 1–5.

ABETZ P, KLÄDTKE J . Die Z–Baum–Kontrollmethode[J]. Forstwissenschaftliches Centralblatt, 2002, 121(2): 73–82.

ABETZ P, KLÄDTKE J. Durchforstungshilfe 2010: Heft 53/2010[S]. Freiburg: Forstliche Versuchs– und Forschungsanstalt Baden–Württemberg, 2010: 1–12.

ABETZ P. Zum Konzept einer Z–Baum–orientierten Kontrollmethode, Allg: Forst–u. J. –Ztg[R]. Freiburg: Universität Freiburg, 1980: 1–10.

ANDERSON M L. A new system of planting[J]. Scot. For. J, 1930, 44(2): 78–89.

ANDERSON M L. Spaced Group–Planting and Irregularity of Stand–structure[J]. Empire Forestry Review, 1951, 30(4): 328–341.

BANKOVIC S, MEDAREVIC M, PANTIC D, et al. National Forest inventory of the Republic of Serbia[J]. Forestry, 2008, 3: 1–16.

UNKNOWN. Bayerische Landesanstalt für Wald und Forstwirtchaft. Nachhaltig und naturnah[G]. Bavaria: LWF, 2014: 1–13.

UNKNOWN. Bayerische Sttatsforsten Bewirtschaftung. Von Fichten–und Fichtenmischbeständen im Bayerischen Sttaswald[S]. München: Bayerische Sttatsforsten, 2009: 1–83.

BIRKEDAL M, LÖF M, OLSSON G E, et al. Effects of granivorous rodents on direct seeding of oak and beech in relation to site preparation and sowing date[J]. Forest Ecology and Management, 2010, 259(12): 2382–2389.

BRANG P, BÜRGI A. Truppflanzung im Test[J]. Zürcher Wald, 2004, 36(5): 13–16.

UNKNOWN. Bundesministerium für Ernährung und Landwirtschaft. Terminology [ER/OL]. (2011–06–27) [2020–09–26]. https: //www. bundeswaldinventur. de/en/service/terminology/.

CHAZDON R L, GUARIGUATA M R. Natural regeneration as a tool for large–scale forest restoration in the tropics: Prospects and challenges[J]. Biotropica, 2016, 48(6): 716–730.

CIANCIO O, CORONA P, LAMONACA A, et al. Conversion of clearcut beech coppices into high forests with continuous cover: A case study in central Italy[J]. Forest Ecology and Management, 2005, 224(3): 235–240.

DEMOLIS C, FRANCOIS D, DELANNOY L. Que sont devenues les plantations de feuillus par points d'appui National des Forêts[J]. BULLETIN Technique, 1997, 32: 27–37.

DRAKE P, MENDHAM D S, OGDEN G N. Plant carbon pools and fluxes in coppice regrowth of Eucalyptus globulus[J]. Forest Ecology and Management, 2013, 306: 161–170.

EBERT H. Die Lenkung Forstlicher Produktion orientiert am einzelnen Baum[J]. Allgemeine Forst Zeitschrift, Der Wald Berlin, 1999, 54(8): 402–405.

EBERT H. Die Zielbaum–Durchforstung–ein Weg zur Erziehung starken Wertholzes[J/OL]. 2009. www. waldwissen. net.

EHRING A, Keller O. Eichen–Trupp–Pflanzung in Buden–Württemberg[J]. AFZ/Der Wald, 2006, 61: 491–494.

ERICKSON M D, REED D D, MORZ G D. Stand development and economic analysis of alternative cutting methods in northern hardwoods: 32–year results[J]. North Journal of Applied Forestry, 1990, 7(4): 153–158.

FISCHER H, HUTH F, HAGEMANN U, et al. Developing restoration strategies for temperate forests using natural regeneration processes. In: Stanturf, J. A. (Ed.), Restoration of Boreal and Temperate Forests, second ed [M]. CRC Press, Boca Raton, 2016: 103–164.

GADOW K V, ZHANG C Y, WEHENKEL C, et al. Forest structure and diversity//Pukkala T, Gadow KV, eds. Continuous Cover Forestry (2nd ed.)[M]. Dordrecht: Springer, 2012: 29–83.

GAYER K. Der gemischte Wald. Seine Begründung und Pflege, insbesondere durch Horst- und Gruppenwirtschaft [M] . Verlag von Paul Parey, Berlin. 1886: 168.

GAYER K. Der Waldbau [M]. Wiegandt: Hempel & Parey, 1880: 625–626.

GHALANDARAYESHI S, NORD-LARSEN T, JOHANNSEN V K, et al. Spatialpatterns of tree species in Suserup Skov–a semi–natural forest in Denmark. Forest Ecology and Management, 2017, 406: 391–401.

GOCKEL H, ROCK J, SCHULTE A. Aufforsten mit Eichen–Truppflanzungen[J]. AFZ/Der Wald, 2001, 56: 223–226.

GOCKEL H. Die Trupp–Pflanzung, Ein neues Pflanzschema zur Begrundung von Eichenbeständen[J]. Forst und Holz, 1995, 50: 570–575.

GRAZ F P. The behaviour of the measure of surround in relation to the diameter and spatial structure of a forest stand[J]. European Journal of Forest Research, 2008, 127(2): 165–171.

GUERICKE M, PETERSEN R, BLANKE S. Wachstum und Qualität von Eichennestern in Nordwest Deutschland[J]. Forst und Holz, 2008, 63(6): 28–63.

HELLIWELl D R. Dauerwald[J]. Forestry, 1997, 70(4): 375–379.

HÖFLE H H. Waldbau, naturschutz und betriebswirtschaft am beispiel des Niedersächsischen Forstamts Bovenden[J]. Forst und Holz, 2000, 55, 218–220.

HUSS J. Die Entwicklung des Dauerwaldgedankens bis zum Dritten Reich[J]. Forst und Holz. 1990, 45(7): 163–171.

KLÄDTKE J. Konstruktion einer Z–Baum–Ertragstafel am beispiel der Fichte[M]. Freiburg: Forstliche Versuchs- und Forschungsanstalt Baden–Wuerttemberg. 1993: 2–5.

KLÄDTKE J. Wachstum gro β kroniger Buchen und waldbaulich Konsequenzen[J]. Forstarchiv, 2002, 73(6):211–217.

KÖSTLER J K. Gemischte Wälder[J]. Forstwissenschaftliches Centralblatt, 1952, 71(1–2): 1–17.

KUEHNE C, KUBLIN E, PYTTEL P, et al. Growth and form of Quercus robur and Fraxinus excelsior respond distinctly different to initial growing space: results from 24–year–old Nelder experiments[J]. Journal of Forestry Research, 2013, 24(1): 1–14.

LAMSON N I. Precommercial thinning increases diameter growth of Appalachian hardwood stump sprouts. Southern Journal of Applied Forestry, 1983, 7(2) : 93–97.

LIU Y Y, LI F R, JIN G Z. Spatial patterns and associations of four species in an old–growth temperate forest[J]. Journal of PlantInteractions, 2014, 9(1): 745–753.

MACHAR I. Coppice–with–standards in floodplain forests–a new subject for nature protection[J]. Journal of Forest Science. 2009, 55: 306–311.

MACIEL-NÁJERA J F, Hernández–Velasco J, González–Elizondo M S, et al. Unexpected spatial patterns of natural regeneration in typical uneven–aged mixed pine–oak forests in the Sierra Madre Occidental, Mexico [J]. Global Ecology and Conservation, 2020, 23: e01074.

MACOLM D C, MASON W L, CLARKE G C. The transformation of conifer forests in Britain–regeneration, gap size and silvicultural systems [J]. Forest Ecology and Management, 2001, 151(1/3): 7–23.

MATTHECK C. 2002. A new failure criterion for non–decayed solitary trees. Arboricultural Journal 26: 43–54.

MAYER H. Naturnaber Waldbau in fichtenreichen Bestanden[J]. Allgemeine Forstzeitung, 1984, 94: 337–339.

MEYER P. Network of strict forest reserves as reference system for close to nature forestry in Lower Saxony,

Germany [J]. Forest Snow and Landscape Research, 2005, 79(1/2): 33–44.
MÖLLER A. Der Dauerwaldgedanke: Sein Sinn und seine Bedeutung[M]. Berlin: Verlag von Julius Springer, 1922.
NEFT R. Naturnaher Waldbau bei den Bayerischen Staatsforsten[J]. LWF Wissen, 2007, 58: 55–58.
NOTARANGELO M, MARCA O L, MORETTI N. Long–term effects of experimental cutting to convert an abandoned oak coppice into transitional high forest in a protected area of the Italian Mediterranean region[J]. Forest Ecology and Management, 2018, 430: 241–249.
O'HARA K L, HASENAUER H, KINDERMANN G. Sustainability in multi–aged stands: on analysis of long–term plenter systems[J]. An International Journal of Forest Research, 2007, 80(2): 163–181.
OHSAWA M. Differentiation of vegetation zones and species strategies in the subalpine region of Mt. Fuji[J]. Vegetatio, 1984, 57(1): 15–52.
OTTO H J. Long–range ecological planning of silviculture for the state forest administration of Lower Saxony[R]. Hannover: Niedersaechsisches Ministerium für Eranehnung. Landw irtschaft und Forsten, 1991: 527.
PANDEY H P. Implications of anthropogenic disturbances for species diversity, recruitment and carbon density in the mid–hills forests of Nepal [J]. Journal of Resources and Ecology, 2021, 12(1): 1–10.
PATIL G P, Taillie C. Diversity as a concept and its measurement[J]. Journal of American Statistical Association, 1982, 77(379): 548–561.
PETERSEN R. Eichen–Trupp–Pflanzung–erste Ergebnisse einer Versuchsfläche im NFA Neuhaus[J]. Foyst und Holz, 2007, 62(3): 19–25.
POMMERENING A, MURPHY S T. A review of history, definitions and methods of continuous cover forestry with special attention to afforestation and restocking[J]. Forestry, 2004, 77(1): 27–44.
PRYAKHIN I P, PORTNYKH Y P. Patch methods of raising oak from shelterbelts[J]. Agrobiologija, 1949, 01: 75–84.
PUKKALA T. Plenterwald, Dauerwald, or clearcut? [J]. Forest Policy and Economics, 2016, 62: 125–134.
RADTKE A, AMBRA B , ZERBE S, et al. Traditional coppice forest management drives the invasion of Ailanthus altissima and Robinia pseudoacacia into deciduous forests[J]. Forest Ecology and Management, 2013, 291: 308–317.
ROCK J, GOCKEL H, SCHULTE A. Vegetationsdiversität in Eichen–Jungwuchsen aus unterschiedlichen Pflanzschemata[J]. Beitr. Forstwirtsch. Landsch. Ökol, 2003, 37: 11–17.
RUHM W. Alternative–Kulturbegründung von Eichenmischwald[J]. Österreichische Forstzeitung, 1997, 108(7): 29.
SAHA S, KUEHNE C, BAUHUS J. Lessons learned from oak cluster planting trials in central Europe[J]. Canadian Journal of Forest Research, 2017 47(2): 139–148.
SAHA S, KUEHNE C, BAUHUS J. Tree species richness and stand productivity in low–density cluster plantings with oaks (Quercus robur L. and Q. petraea (Mattuschka) Liebl.)[J]. Forests, 2013, 4(3): 650–665.
SALOMŎN R, VALBUENA–CARABAÑA M, GIL L, et al. Clonal structure influences stem growth in Quercus pyrenaica Willd. coppices: Bigger is less vigorous[J]. Forest Ecology and Management, 2013, 296: 108–118.
SCHABEL H G, PALMER S L. The Dauerwald: its role in the restoration of natural forests[J]. Journal of Forestry–Washington. 1999, 97(11): 20–25.
SCHÜTZ J P. Der Plenterwald und weitere Formen strukturierter und gemischter Wälder[M]. Berlin: Parey Buchverlag 2001: 207–210.

SCHÜTZ J P. The Swiss experience: more than one hundred years of experience with a single-tree selection management system in mountainous mixed forests of spruce, fir and beech[C]//Proceedings of the IUFRO Interdisciplinary Uneven-aged Management Symposium. Corvallis: Oregon State University, 1999: 21-34.

SKIADARESIS G, SAHA S, BAUHUSET J, et al. Oak Group Planting Produces a Higher Number of Future Crop Trees, with Better Spatial Distribution than Row Planting[J]. Forests, 2016, 7(11). https: //doi. 10. 3390/f7110289.

SMITH H C. An evaluation of four uneven-age cutting practices in central Appalachian hardwoods[J]. Southern Journal of Applied Forestry, 1979(2): 193-200.

SPIECKER H, MIELIKÄINEN K, KÖHL M, et al. Growth Trends in European forests: studies from 12 countries[M]. Berlin: Springer-Verlag Berlin Heidelberg, 2012: 99-106, 355-367.

STAJIC B, ZLATANOV T, VELICHKOV I, et al. Past and recent coppice forest management in some regions of south eastern Europe[J]. Silva Balcanica, 2009, 10(1): 9-19.

STIERS M, ANNIGHÖFER P, SEIDEL D, et al. A Quantifying the target state of forest stands managed with the continuous cover approach-revisiting Möller's "Dauerwald" concept after 100 years[J]. Trees, Forests and People, 2020(1): 1-10.

STOJANOVIĆ M, SÁNCHEZ-SALGUERO R, LEVANIČ, et al. Forecasting tree growth in coppiced and high forests in the Czech Republic. The legacy of management drives the coming Quercus petraea climate responses[J]. Forest Ecology and Management, 2017, 405: 56-68.

STRUBELT I, DIEKMANN M, GRIESE D, et al. Data of plant species in permanent plots in a restored coppice-with-standards forest in Northwestern Germany from 1994 to 2013[J]. Data in Brief, 2019, 24: 1-3.

STRUBELT I, DIEKMANN M, GRIESE D, et al. Inter-annual variation in species composition and richness after coppicing in a restored coppice-with-standards forest[J]. Forest Ecology and Management, 2019, 432: 132-139.

SZYMANSKI S. Application of Ogijevski's nest method of artificial regeneration of oak on fertile site[J]. Sylwan, 1977, 121(9): 43-55.

SZYMANSKI S. Die Begründung von Eichenbeständen in "Nest-Kulturen" [J]. Forst und Holz, 1986, 41(1): 3-7.

SZYMANSKI S. Ergebnisse zur Begründung von Eichenbeständen durch die Nestermethode[J]. Beitr Forstwirtsch u Landschökol, 1994, 28(4): 160-164.

UNECE-FAO. Forest products annual market review 2000-2001[EB/OL]. Timber Bulletin, 2000. Vol. LIV, ECE/TIM/BULL/54/3. https://unece.org/fileadmin/DAM/timber/docs/rev-01/rev01.htm.

VACIK H, ZLATANOV T, TRAJKOV P, et al. Role of coppice forests in maintaining forest biodiversity[J]. Silva Balcanica, 2009, 10(1): 35-45.

WEINREICH A, GRULKE M. Vergleich zwischen Nesterpflanzung und konventioneller Begründung von Eichenbeständen[J]. Freiburger Forstliche Forschung, 2001, 25: 41-54.

WULDER M A, NIEMANN K O, NELSON T. Comparison of airborne and satellite high resolution data for the identification of individual treeswith local maxima filtering[J]. International Journal of Remote Sensing, 2004, 25(11): 2225-2232.

ZINGG A. Dauerwald-ein neues altes Thema der Waldwachstumsforschung[J]. Inf. bl. Forschungsbereich Wald. 2003, 15: 42-45.

ZLATANOV T, LEXER M. Coppice forestry in south-eastern Europe: Problems and future prospects[J]. Silva Balcanica, 2009, 10(1): 5-8.

附　录

附录一　马尾松林目标树经营技术指南

1. 范围

本文件规定了马尾松（*Pinus massoniana*）林目标树经营的内容、技术和要求，包括经营目标、适用条件、目标树选择与标记、干扰木选择与采伐、目标树修枝、可持续经营、恒续林构建、森林经营方案编制及档案管理。

本文件适用于湖北省范围内以马尾松为优势树种且主林层马尾松株数比例大于 80% 的林分的目标树经营。

2. 规范性引用文件

下列文件中的内容通过文中的规范性引用而构成本文件必不可少的条款。其中，注日期的引用文件，仅该日期对应的版本适用于本文件；不注日期的引用文件，其最新版本（包括所有的修改单）适用于本文件。

《森林抚育规程》（GB/T 15781）

《造林技术规程》（GB/T 15776）

《森林采伐作业规程》（LY/T 1646）

《森林经营方案编制与实施规范》（LY/T 2007）

《简明森林经营方案编制技术规程》（LY/T 2008）

《湖北省主要造林树种苗木质量分级》（DB42/T 609）

3. 术语和定义

下列术语和定义适用于本文件。

3.1　主林层

复层林中最具有经营价值的林层，一般是蓄积量最大的林层，通常位于森林的最上层。

3.2　目标树

森林中具有高价值、高质量、高活力的树木，达到目标胸径后才进行收获性择伐，一般位于主林层。

3.3　潜在目标树

林分中生长发育良好并有望将来成为目标树的树木。

3.4　干扰木

影响目标树生长的林木，一般位于目标树同林层或其树冠位于目标树的上方。

3.5　一般林木

目标树、干扰木以外的其他林木。

3.6　目标胸径

在经营前设定的目标树采伐时的胸径，一般≥ 30cm。

3.7 目标树经营

通过降低目标树周围林木竞争、增加目标树生长空间和营养空间来提高目标树生长速度和质量的森林经营技术。

3.8 收获性择伐

目标树达到目标胸径后，对目标树开展的采伐活动，一般分批次进行。

3.9 恒续林

一种以多树种混交、多层次结构、实生树、异龄林、可持续的林木更新和木材产出为主要特征，结构和功能较为稳定的森林。

4. 经营目标

短期目标：以马尾松为主的针阔混交林。中期目标：以阔叶树种为主的针阔混交林。长期目标：林分结构合理，单位面积蓄积量高，生物多样性丰富，稳定、健康、优质、高效的森林。

5. 适用条件

（1）以马尾松为优势树种且主林层马尾松的株树比例大于 80% 的林分。

（2）中龄林，主林层平均胸径为 10 ～ 20cm（参见附录表 1–1）。

（3）林分郁闭度≥ 0.8。

6. 目标树选择与标记

6.1 选择标准

（1）林分中具有高价值、高质量、高活力的树木，主干 6m 以下无分杈，且树干通直、无损伤，树冠圆满、生长旺盛、无严重偏冠，无病虫害。

（2）林分中树木满足条件（1）时，优先选择乡土阔叶树种、珍贵树种。

（3）目标树在林分内分布相对均匀。

6.2 目标树密度

目标树密度为 150 ～ 225 株 /hm^2；目标树平均间距为 6 ～ 8m。

6.3 目标树标记

对选定的目标树，在树干离地面 1.6m 处，用红色油漆绕树干一周喷涂。在位于下坡方向的根部离地面 10cm 以内用红色油漆点状标注。

7. 干扰木选择与采伐

7.1 干扰木比例

1 株目标树选择 1 ～ 3 株干扰木。

7.2 选择标准

（1）树冠与目标树相交或相切的林木。

（2）树冠位于目标树冠层上方的林木。

（3）乡土阔叶树种、珍贵树种和马尾松同时满足条件（1）和（2）时，优先选择马尾松。

7.3 干扰木标记

对选定的干扰木，在树干离地面 1.6m 处，用红油漆在便于识别的朝向以“×”或“/”标注，也可绑红塑料绳标记。

7.4 干扰木采伐

7.4.1 采伐强度

（1）每株目标树伐除相邻的 1 ～ 3 株干扰木。

（2）采伐后林分郁闭度≥ 0.6。

（3）总采伐强度按相关政策执行。

7.4.2 采伐时间

11 月至翌年 3 月。

7.4.3 间隔期

一般 5、6a，最多不超过 10a。遵循高频率低强度原则，即经营间隔期尽可能短，每次采伐强度尽可能低，以免破坏林分的稳定性。

7.4.4 采伐作业与验收

（1）伐除干扰木、一般林木中的劣质木、灾害木、霸王树和影响林木生长的藤蔓。

（2）严格控制被伐木倒向，保护目标树、一般林木和天然更新。

（3）保留林缘 1、2 排树木，以减少风灾雪灾。

（4）保留有鸟巢、动物巢穴的树木；适量保留林间枯立木，保留林下枯倒木，为微生物、野生动物提供良好栖息和捕食环境。

（5）降低伐桩，使伐桩尽可能矮，最高不超过 15cm，松材线虫病疫木不超过 5cm。

（6）采伐作业按 LY/T 1646 相关规定执行。

（7）落实验收制度，确保施工运行规范、作业符合要求。采伐作业验收参见附录表 1–3。

8. **目标树修枝**

（1）马尾松目标树只修枯枝，用木棍或刀具敲掉枯枝即可。

（2）阔叶目标树修枝应满足以下要求。

①修枝后保留冠长不低于树高的 1/2。

②修枝后枝桩尽量修平，剪口不能伤害树干的韧皮部和木质部。

修枝适用条件见 GB/T 15781 第 6 章第 7 条相关规定。

9. **可持续经营**

9.1 林下更新

（1）保护天然更新幼苗和幼树。乡土阔叶树种、珍贵树种天然更新受到抑制时，须通过抚育促进幼苗和幼树的生长。

（2）天然更新不良时，须人工补播乡土阔叶树种或珍贵树种的种子。

（3）立地条件特别差无法进行天然更新时，须补植乡土阔叶树种苗木。苗木质量见 DB42/T 609 第 4 章规定的 I 级或 II 级实生苗标准。

（4）苗木补植和抚育应满足以下要求：

①选择能与现有树种互利生长或相容生长，并且其幼树具备从林下生长到主林层的基本耐阴能力，并能与主林层形成复层混交的树种。

②尽量不破坏原有的林下植被，不损害林分中原有的幼苗幼树。

③补植应在林窗、林隙和林中空地进行；操作应符合 GB/T 15776 相关规定。

④确保成活率≥ 85%，3a 保存率应≥ 80%。

苗木补植参照 GB/T 15781 第 7 章第 6 条相关规定执行；更新层苗木抚育参照 GB/T 15781 第 7 章第 8 ～ 11 条相关规定执行。

9.2 培育潜在目标树

在林分中选择符合以下条件的树木作为潜在目标树，并加强抚育。

（1）乡土阔叶树种、珍贵树种。

（2）实生起源的树木。

（3）树干通直、无损伤、无病虫害。

（4）具有较强生活力。

潜在目标树抚育见 GB/T 15781 第 6 章和第 7 章相关规定。

9.3 收获性择伐

第一轮目标树经营结束后，每隔 5、6a，最多不超过 10a，再进行新一轮目标树经营。在经营过程中，注意培育潜在目标树。通过 3、4 轮目标树经营，目标树的胸径达到目标胸径后，开始对目标树进行收获性择伐；收获性择伐一般分批次进行，也可一次性进行。

9.4 恒续林构建

第一次收获性择伐的同时，开始进行新一代目标树选择与标记、干扰木选择与采伐。经过 2、3 代目标树经营，形成以恒续林为培育目标的复层异龄混交林，即近自然的过渡森林类型。目标树经营前后效果参见附录图 1-1。

10. 森林经营方案编制

森林经营方案编制见 LY/T 2007 和 LY/T 2008 的相关规定。森林经营规划及施工表参见附录 B。

11. 档案管理

档案管理见 GB/T 15781 第 11 章的相关规定。

附录表 1-1 马尾松林目标树经营主林层不同胸径经营措施表（资料性）

主林层平均胸径	主要经营措施
平均胸径＜ 10 cm	幼林抚育
10 cm ≤平均胸径≤ 20 cm	目标树经营
20 cm ＜平均胸径＜目标胸径	主林层不开展经营，培育潜在目标树
胸径≥目标胸径	收获性择伐、新一代目标树经营

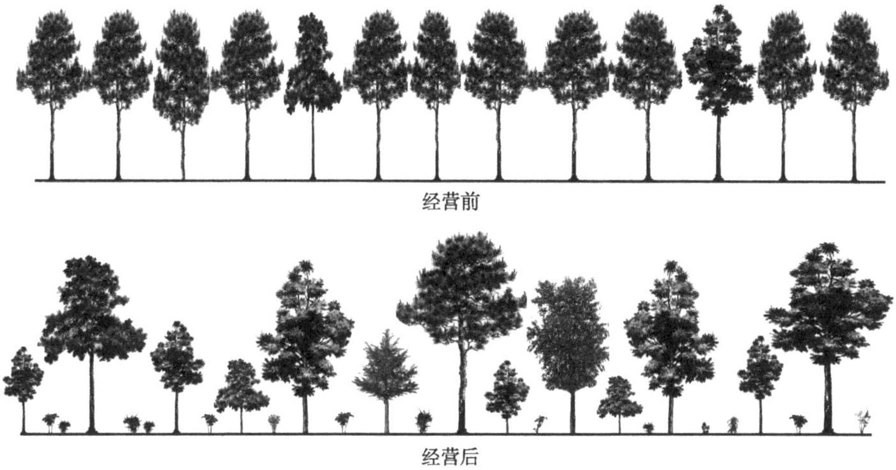

附录图 1-1 马尾松林目标树经营前后效果示意图（资料性）

附录表 1–2 马尾松林目标树经营规划及施工表（资料性）

县（市区）： 乡镇（林场）： 村（分场）：

经营方案编号： 小班号： 小班面积（hm^2）：

经营目标					
林分现状描述					
经度		纬度		海拔（m）	
地类		立地类型		森林类别	
坡向		林种		郁闭度	
坡度（°）		优势树种		平均年龄（a）	
成土母岩		树种组成		公顷株数（株 /hm^2）	
土壤类型		起源		天然更新（%）	
土层厚度（cm）		森林结构		现有经营类型	

林分状况

树种 \ 径级（cm）	林木径级分布（株 /hm^2） 1.0 ～ 4.9	5.0 ～ 9.9	10.0 ～ 14.9	15.0 ～ 19.9	20.0 ～ 24.9	25.0 ～ 29.9	30.0 ～ 34.9	≥ 35.0	平均胸（cm）	平均（m）	蓄积量（m^3/hm^2）

经营规划

年度	经营措施	作业面积（hm^2）	目标树（株 /hm^2）	采伐木（株 /hm^2）	伐后密度（株 /hm^2）	采伐总蓄积量（m^3/ 小班）	备注

施工记录

日期	经营活动	施工面积（hm^2）	目标树（株 /hm^2）	采伐木（株 /hm^2）	采伐强度（m^3/hm^2）	签名	备注

说明：本表可根据内容适当添加行。

附录表 1–3 马尾松林目标树经营小班施工验收表（资料性）

县（市区）： 乡镇（林场）： 村（分场）： 经营方案编号：
小班号： 小班面积（hm^2）： 小班施工面积（hm^2）：

验收指标	分值	评分标准	得分		
			自查	县级验收	省级验收
一、方案编制（小计 20 分）					
1. 林分描述	10 分	树种及其组成、郁闭度、起源等描述正确得 10 分，否则酌情扣分。			
2. 采伐强度	10 分	符合湖北省相关政策规定的得 10 分，否则不得分。			
二、施工作业（小计 60 分）					
1. 目标树质量	10 分	符合主干粗壮、通直、无损伤、树冠圆满且树种价值较高标准的得 10 分，否则酌情扣分。			
2. 目标树数量	10 分	目标树数量在 150 ～ 225 株 /hm^2 范围的得 10 分，否则酌情扣分。			
3. 目标树标注	10 分	标注位置正确、醒目的得 10 分，否则酌情扣分。			
4. 干扰木比例	10 分	干扰木数量是目标树数量 1 ～ 3 倍的得 10 分，否则不得分。			
5. 伐桩高度	10 分	马尾松疫木伐桩高度≤ 5cm，其他伐桩高度≤ 15cm 的得 10 分，否则不得分。			
6. 伐后郁闭度	10 分	伐后郁闭度≥ 0.6 的得 10 分，否则不得分。			
三、生物多样性（小计 20 分）					
1. 幼苗幼树保护	10 分	施工时幼苗幼树得到较好保护的得 10 分，否则酌情扣分。			
2. 采伐合理性	10 分	当目标树为马尾松时，干扰木全部为马尾松的得 10 分，否则不得分。			
验收结论及整改意见：（得分 85 分以上为优秀，得分 70 ～ 85 分为合格，70 分以下为不合格；不符合目标树经营法适用条件，或采伐强度无合理原因超过湖北省相关政策规定的，直接判定小班不合格）					
自查人员签名及日期： 县级验收人员签名及日期： 省级验收人员签名及日期：					

附录二 栎类混乔矮林近自然森林经营技术指南

1. 范围

本文件规定了栎类（*Quercus* spp.）混乔矮林近自然森林经营的术语和定义、适用条件、目标树经营、萌生树经营、经营间隔期、可持续经营、森林经营方案编制及档案管理等内容和技术要求。

本文件适用于湖北省范围内栎类混乔矮林的近自然森林经营。

2. **规范性引用文件**

下列文件中的内容通过文中的规范性引用而构成本文件必不可少的条款。其中，注日期的引用文件，仅该日期对应的版本适用于本文件；不注日期的引用文件，其最新版本（包括所有的修改单）适用于本文件。

《森林抚育规程》(GB/T 15781)

《造林技术规程》(GB/T 15776)

《森林采伐作业规程》(LY/T 1646)

《森林经营方案编制与实施规范》(LY/T2007)

《简明森林经营方案编制技术规程》(LY/T2008)

《湖北省主要造林树种苗木质量分级》(DB42/T 609)

3. **术语和定义**

下列术语和定义适用于本文件。

3.1　栎类

壳斗科栎属乔木树种，主要包括栓皮栎、麻栎、枹栎、锐齿槲栎、槲栎、大叶栎、小叶栎。

3.2　混乔矮林

由实生栎类和萌生栎类共同组成，且以萌生栎类为主的林分，实生栎类比例一般在30%以下。

3.3　主林层

复层林中蓄积量最大的林层，一般位于森林的最上层。

3.4　目标树

达到目标胸径后才进行收获性择伐的树木，一般位于主林层。

3.5　潜在目标树

林分中生长发育良好并有望将来成为目标树的幼树。

3.6　干扰木

影响目标树生长的树木，一般位于目标树同冠层或上冠层。

3.7　一般林木

除了目标树、干扰木以外的其他保留木。

3.8　目标胸径

经营者在栎类混乔矮林经营前设定的目标树采伐时的胸径，一般≥30cm。

3.9　近自然森林经营

一种遵循森林演替规律的森林经营模式，利用森林的自然力，在森林全生命周期内实施以目标树经营为主的人工干预措施，促进森林发育进程，使森林逐步形成稳定、近自然化的异龄、复层、混交林。

3.10 目标树经营

通过降低邻木冠层竞争，增加目标树生长空间来提高单株木质量的营林技术。

3.11 定株

林下幼树密度过大时，保留遗传性强、表现型好、长势强的幼树单株定向培育；按照合理密度伐除质量差、长势弱的树木，为保留木释放适宜生长空间的抚育方式。

3.12 收获性择伐

目标树达到目标胸径后，对目标树开展的采伐活动，一般分批次进行。

3.13 恒续林

恒续林是一种以多树种混交、多层次结构、实生树、异龄林、可持续的林木更新和木材产出为主要特征，结构和功能较为稳定的森林。

4. 适用条件

林分郁闭度≥ 0.8，且胸径≥ 10cm 的实生树的单位面积数量≥ 60 株 /hm^2 的栎类混乔矮林。

5. 目标树经营

5.1 目标树的选择

5.1.1 选择要求

（1）实生树。

（2）胸径≥ 10cm。

（3）主干无分杈，且树干通直无丛生枝，树冠圆满、无损伤，生长旺盛，无病虫害。

（4）林分中树木满足条件（1）～（3）时，可优先选择其他珍贵乡土树种。

（5）目标树在林分内分布相对均匀。

（6）目标树分布不满足条件（5）时，可选择 2 ～ 5 株群团分布且满足条件（1）～（3）的树木作为目标树，每株间距≥ 2m，群团树木外围树冠要舒展。

5.1.2 目标树标记

对选定的目标树，在树干离地面 1.6m 处，用红色油漆绕树干一周喷涂。在下坡根部离地面 10cm 以内用红色油漆点状标注。

5.2 目标树密度

目标树密度为 120 ～ 180 株 /hm^2，平均间距为 8.0 ～ 9.0m。如林分中可供选择作为目标树的实生树较少，应按实际数量选择目标树；如目标树实际密度低于理想密度时，可将胸径≥ 8cm 的优质木列入目标树，选择条件参照 5.1.1（1）、（3）。

5.3 干扰木选择与采伐

5.3.1 选择标准

（1）树冠与目标树有相交或相切，并影响目标树生长的萌生树。

（2）树冠位于目标树冠层上方的萌生树。

（3）凡是实生树，即使靠近目标树，也暂不作为干扰木，待下一经营周期再决定是作为干扰木还是群团目标树。

5.3.2 干扰木数量

1 株目标树通常选择 1 ～ 3 株实生树干扰木，萌生树去除影响目标树生长的萌条。

5.3.3 干扰木标记

对选定的干扰木，在树干离地面1.6m处，用红油漆以“×”或“/”标注，也可绑红塑料绳标记。

5.3.4 干扰木采伐

（1）采伐后林分郁闭度控制在 0.6 ～ 0.7。

（2）考虑到干扰木的利用，采伐在 10 月至翌年 3 月进行。

（3）生态林采伐蓄积量按蓄积量计算的总强度＜ 15% 执行，商品林按蓄积量计算的总强度

＜20% 执行。

5.3.5　采伐作业

（1）严格控制被伐木倒向，保护目标树、一般树木和天然更新。

（2）伐除一般树木中的劣质木、霸王树和影响树木生长的藤蔓。

（3）采伐作业按 LY/T 1646 相关规定执行。

（4）对目标树进行修枝，按 GB/T 15781 相关规定执行。

（5）群团分布的目标树经营以群团为单元进行作业。

（6）保留有鸟巢、动物巢穴的树木；保留林间枯木，为野生动物提供良好栖息和捕食环境。

（7）落实验收制度，确保施工运行规范、作业符合要求。

6. 萌生树经营

（1）萌生树的抚育与经营参见附录 2–1。

（2）避免形成林窗。

（3）如萌生树胸径≥ 5cm，采伐应按 5.3.4（3）控制强度。

7. 经营间隔期

一般 5 ～ 10a。遵循高频率低强度原则，即经营间隔期尽可能短，每次采伐强度尽可能低，以免破坏林分的稳定性。第 1 轮经营后目标树达不到理想密度的，在第 2 轮经营时，按 5.1 的条件选择目标树，直到目标树实际密度达到理想密度。

8. 可持续经营

8.1　林下更新

8.1.1 人工促进天然更新

（1）采伐完成后，清理枯枝落叶，人工促进天然更新。

（2）保护天然更新幼苗和幼树；乡土珍贵树种天然更新受到抑制时，须通过抚育促进幼苗和幼树的生长。

8.1.2 林下播种造林

天然更新不良时，应补播栎类树种或其他乡土珍贵树种种子。

8.1.3 林下植苗造林

立地条件较差而无法进行天然更新时，应补植适应能力强、耐瘠薄、耐阴或至少是幼苗期耐阴的乡土树种或珍贵树种实生苗。苗木质量分级按 DB42/T 609 相关规定执行，优先选择 I 级实生苗；造林树种的选择参照 DB42/T 609 相关内容；植苗作业按 GB/T 15776 相关规定执行。

8.2　林下幼树抚育

（1）伐除影响幼树生长的藤蔓、杂灌、刺丛。

（2）对幼树进行定株，优先保留乡土珍贵树种。

8.3　收获性择伐

第一轮目标树经营结束后，每隔 5 ～ 6a，最多不超过 10a，再进行新一轮目标树经营。在经营过程中，注意培育潜在目标树。通过 3 ～ 4 轮目标树经营，目标树的胸径达到目标胸径后，开始对目标树进行收获性择伐；收获性择伐一般分批次进行，也可一次性进行。

8.4　恒续林构建

第一次收获性择伐的同时，开始进行新一代目标树选择与标记、干扰木选择与采伐。经过 2、

3代目标树经营，形成以恒续林为培育目标的复层、异龄、混交林，即近自然的过渡森林类型。目标树经营前后效果参见附录图 2–1。

9. **森林经营方案编制**

森林经营方案编制按 LY/T 2007 和 LY/T 2008 的相关规定执行。

10. **档案管理**

档案管理按 GB/T 15781 的相关规定执行。

附录表 2–1 栎类混乔矮林实生树和萌生树经营措施表（资料性）

	实生树特征	主要经营措施
实生树	胸径< 10 cm	幼龄抚育、培育潜在目标树
	10 cm ≤胸径≤ 20 cm	目标树经营
	20 cm <胸径<目标胸径	调整次林层密度，培育潜在目标树
	胸径≥目标胸径	收获性择伐，新一代目标树经营
萌生树	萌生树特征	主要经营措施
	胸径< 5 cm	只留 1 根最健壮的萌条，其他全部去除；如 2 根萌条均为优质萌条，则保留 2 根
	5 cm ≤胸径	只留 1 根最健壮的萌条，其他全部去除

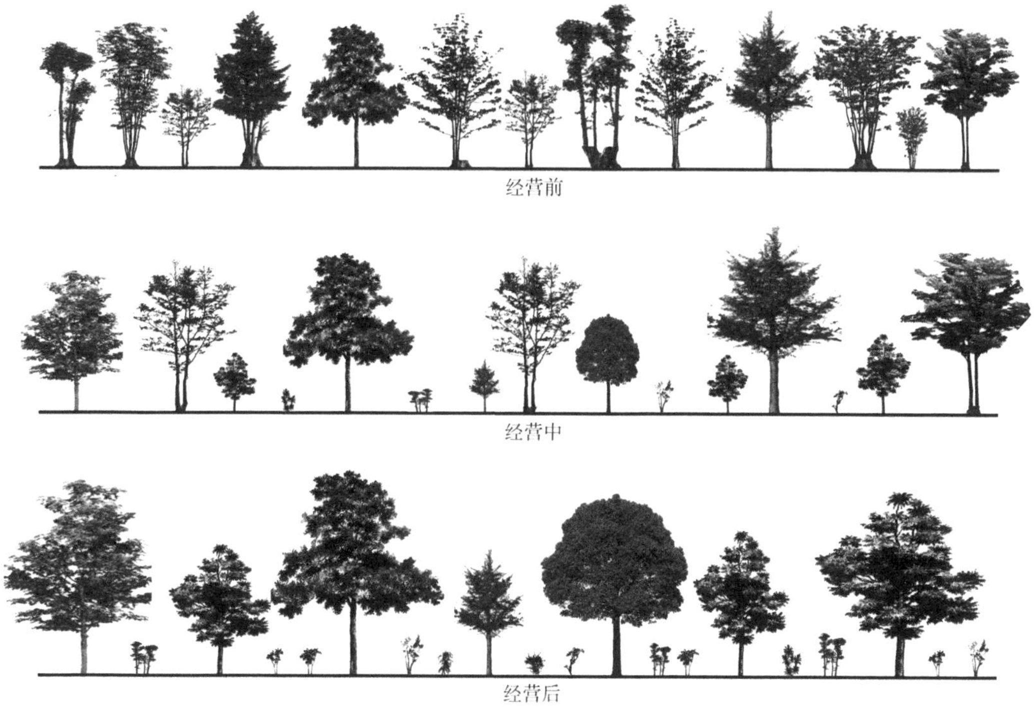

附录图 2–1 栎类混乔矮林近自然森林经营前后效果示意图（资料性）

附录表 2-2　栎类混乔矮林近自然森林经营规划及施工表（资料性）

县（市区）：　　乡镇（林场）：　　村（分场）：

经营方案编号：　　小班号：小班面积（hm²）：

经营目标					
林分现状描述					
经度		纬度		海拔（m）	
地类		立地类型		森林类别	
坡向		林种		郁闭度	
坡度（°）		优势树种		平均年龄（a）	
成土母岩		树种组成		公顷株数（株 /hm²）	
土壤类型		起源		天然更新（%）	
土层厚度（cm）		森林结构		现有经营类型	

林分状况

树种 \ 径级（cm）	林木径级分布（株 /hm²） 1.0 ～ 4.9	5.0 ～ 9.9	10.0 ～ 14.9	15.0 ～ 19.9	20.0 ～ 24.9	25.0 ～ 29.9	30.0 ～ 34.9	≥ 35.0	平均胸径（cm）	平均（m）	蓄积量（m^3/hm^2）

经营规划

年度	经营措施	作业面积（hm²）	目标树（株 /hm²）	采伐木（株 /hm²）	伐后密度（株 /hm²）	采伐总蓄积量（m³/ 小班）	备注

施工记录

日期	经营活动	施工面积（hm²）	目标树（株 /hm²）	采伐木（株 /hm²）	采伐强度（m^3/hm^2）	签名	备注

注：本表可根据内容适当添加行。

附录三 试验地主要植物名录

中文名	拉丁名	科名	科拉丁名	属名	属拉丁名
赤杨叶	*Alniphyllum fortunei*	安息香科	Styracaceae	赤杨叶属	*Alniphyllum*
八角枫	*Alangium chinense*	八角枫科	Alangiaceae	八角枫属	*Alangium*
沿阶草	*Ophiopogon bodinieri*	百合科	Liliaceae	沿阶草属	*Ophiopogon*
算盘子	*Glochidion puberum*	大戟科	Euphorbiaceae	算盘子属	*Glochidion*
乌桕	*Triadica sebifera*	大戟科	Euphorbiaceae	乌桕属	*Triadica*
白背叶	*Mallotus apelta*	大戟科	Euphorbiaceae	野桐属	*Mallotus*
油桐	*Vernicia fordii*	大戟科	Euphorbiaceae	油桐属	*Vernicia*
枸骨	*Ilex cornuta*	冬青科	Aquifoliaceae	冬青属	*Ilex*
刺槐	*Robinia pseudoacacia*	豆科	Fabaceae	刺槐属	*Robinia*
合欢	*Albizia julibrissin*	豆科	Fabaceae	合欢属	*Albizia*
山槐	*Albizia kalkora*	豆科	Fabaceae	合欢属	*Albizia*
黄檀	*Dalbergia hupeana*	豆科	Fabaceae	黄檀属	*Dalbergia*
杜鹃	*Rhododendron simsii*	杜鹃花科	Ericaceae	杜鹃花属	*Rhododendron*
杜仲	*Eucommia ulmoides*	杜仲科	Eucommiaceae	杜仲属	*Eucommia*
淡竹叶	*Lophatherum gracile*	禾本科	Poaceae	淡竹叶属	*Lophatherum*
水竹	*Phyllostachys heteroclada*	禾本科	Poaceae	刚竹属	*Phyllostachys*
芒	*Miscanthus sinensis*	禾本科	Poaceae	芒属	*Miscanthus*
求米草	*Oplismenus undulatifolius*	禾本科	Poaceae	求米草属	*Oplismenus*
化香树	*Platycarya strobilacea*	胡桃科	Juglandaceae	化香树属	*Platycarya*
枫香树	*Liquidambar formosana*	金缕梅科	Hamamelidaceae	枫香树属	*Liquidambar*
中日金星蕨	*Parathelypteris nipponica*	金星蕨科	Thelypteridaceae	金星蕨属	*Parathelypteris*
中国旌节花	*Stachyurus chinensis*	旌节花科	Stachyuraceae	旌节花属	*Stachyurus*
蒌蒿	*Artemisia selengensis*	菊科	Asteraceae	蒿属	*Artemisia*
欧洲蕨	*Pteridium aquilinum*	蕨科	Pteridiaceae	蕨属	*Pteridium*
大叶栎	*Quercus griffithii*	壳斗科	Fagaceae	栎属	*Quercus*
麻栎	*Quercus acutissima*	壳斗科	Fagaceae	栎属	*Quercus*
栓皮栎	*Quercus variabilis*	壳斗科	Fagaceae	栎属	*Quercus*
青冈	*Quercus glauca*	壳斗科	Fagaceae	青冈属	*Quercus*
苦槠	*Castanopsis sclerophylla*	壳斗科	Fagaceae	锥属	*Castanopsis*
苦木	*Picrasma quassioides*	苦木科	Simaroubaceae	苦树属	*Picrasma*
喜树	*Camptotheca acuminata*	蓝果树科	Nyssaceae	喜树属	*Camptotheca*
楝	*Melia azedarach*	楝科	Meliaceae	楝属	*Melia*
阔鳞鳞毛蕨	*Dryopteris championii*	鳞毛蕨科	Dryopteridaceae	鳞毛蕨属	*Dryopteris*
豆腐柴	*Premna microphylla*	马鞭草科	Verbenaceae	豆腐柴属	*Premna*
牡荆	*Vitex negundo*	马鞭草科	Verbenaceae	牡荆属	*Vitex*
鹅掌楸	*Liriodendron chinense*	木兰科	Magnoliaceae	鹅掌楸属	*Liriodendron*
女贞	*Ligustrum lucidum*	木樨科	Oleaceae	女贞属	*Ligustrum*
秋葡萄	*Vitis romanetii*	葡萄科	Vitaceae	葡萄属	*Vitis*
黄栌	*Cotinus coggygria*	漆树科	Anacardiaceae	黄栌属	*Cotinus*
南酸枣	*Choerospondias axillaris*	漆树科	Anacardiaceae	南酸枣属	*Choerospondias*
盐麸木	*Rhus chinensis*	漆树科	Anacardiaceae	盐麸木属	*Rhus*

（续）

中文名	拉丁名	科名	科拉丁名	属名	属拉丁名
钩藤	*Uncaria rhynchophylla*	茜草科	Rubiaceae	钩藤属	*Uncaria*
李	*Prunus salicina*	蔷薇科	Rosaceae	李属	*Prunus*
牛筋条	*Dichotomanthes tristaniaecarpa*	蔷薇科	Rosaceae	牛筋条属	*Dichotomanthes*
野蔷薇	*Rosa multiflora*	蔷薇科	Rosaceae	蔷薇属	*Rosa*
白叶莓	*Rubus innominatus*	蔷薇科	Rosaceae	悬钩子属	*Rubus*
插田藨	*Rubus coreanus*	蔷薇科	Rosaceae	悬钩子属	*Rubus*
高粱藨	*Rubus lambertianus*	蔷薇科	Rosaceae	悬钩子属	*Rubus*
寒莓	*Rubus buergeri*	蔷薇科	Rosaceae	悬钩子属	*Rubus*
鸡爪茶	*Camellia sinensis*	蔷薇科	Rosaceae	悬钩子属	*Camellia*
空心藨	*Rubus rosifolius*	蔷薇科	Rosaceae	悬钩子属	*Rubus*
蓬蘽	*Rubus hirsutus*	蔷薇科	Rosaceae	悬钩子属	*Rubus*
山莓	*Rubus corchorifolius*	蔷薇科	Rosaceae	悬钩子属	*Rubus*
华中樱桃	*Prunus conradinae*	蔷薇科	Rosaceae	樱属	*Prunus*
灯笼果	*Physalis peruviana*	茄科	Solanaceae	灯笼果属	*Physalis*
构树	*Broussonetia papyrifera*	桑科	Moraceae	构属	*Broussonetia*
薜荔	*Ficus pumila*	桑科	Moraceae	榕属	*Ficus*
柃木	*Eurya japonica*	山茶科	Theaceae	柃木属	*Eurya*
茶	*Camellia sinensis*	山茶科	Theaceae	山茶属	*Camellia*
灯台树	*Cornus controversa*	山茱萸科	Cornaceae	灯台树属	*Cornus*
柳杉	*Cryptomeria japonica*	杉科	Taxodiaceae	柳杉属	*Cryptomeria*
杉木	*Cunninghamia lanceolata*	杉科	Taxodiaceae	杉木属	*Cunninghamia*
野鸦椿	*Euscaphis japonica*	省沽油科	Staphyleaceae	野鸦椿属	*Euscaphis*
君迁子	*Diospyros lotus*	柿科	Ebenaceae	柿属	*Diospyros*
柿	*Diospyros kaki*	柿科	Ebenaceae	柿属	*Diospyros*
枣	*Ziziphus jujuba*	鼠李科	Rhamnaceae	枣属	*Ziziphus*
火炬松	*Pinus taeda*	松科	Pinaceae	松属	*Pinus*
马尾松	*Pinus massoniana*	松科	Pinaceae	松属	*Pinus*
双盖蕨	*Diplazium donianum*	蹄盖蕨科	Athyriaceae	双盖蕨属	*Diplazium*
假粗毛鳞盖蕨	*Microlepia sinostrigosa*	碗蕨科	Dennstaedtiaceae	鳞盖蕨属	*Microlepia*
狗脊	*Woodwardia japonica*	乌毛蕨科	Blechnaceae	狗脊属	*Woodwardia*
栾树	*Koelreuteria paniculata*	无患子科	Sapindaceae	栾属	*Koelreuteria*
星毛蕨	*Ampelopteris prolifera*	星毛蕨科	Thelypteridaceae	星毛蕨属	*Ampelopteris*
苎麻	*Boehmeria nivea*	荨麻科	Urticaceae	苎麻属	*Boehmeria*
朴树	*Celtis sinensis*	榆科	Ulmaceae	朴属	*Celtis*
青檀	*Pteroceltis tatarinowii*	榆科	Ulmaceae	青檀属	*Pteroceltis*
榔榆	*Ulmus parvifolia*	榆科	Ulmaceae	榆属	*Ulmus*
簕欓花椒	*Zanthoxylum avicennae*	芸香科	Rutaceae	花椒属	*Zanthoxylum*
檫木	*Sassafras tzumu*	樟科	Lauraceae	檫木属	*Sassafras*
山胡椒	*Lindera glauca*	樟科	Lauraceae	山胡椒属	*Lindera*
山橿	*Lindera reflexa*	樟科	Lauraceae	山胡椒属	*Lindera*
樟	*Cinnamomum camphora*	樟科	Lauraceae	樟属	*Cinnamomum*
梓	*Catalpa ovata*	紫葳科	Bignoniaceae	梓属	*Catalpa*
棕榈	*Trachycarpus fortunei*	棕榈科	Palmae	棕榈属	*Trachycarpus*

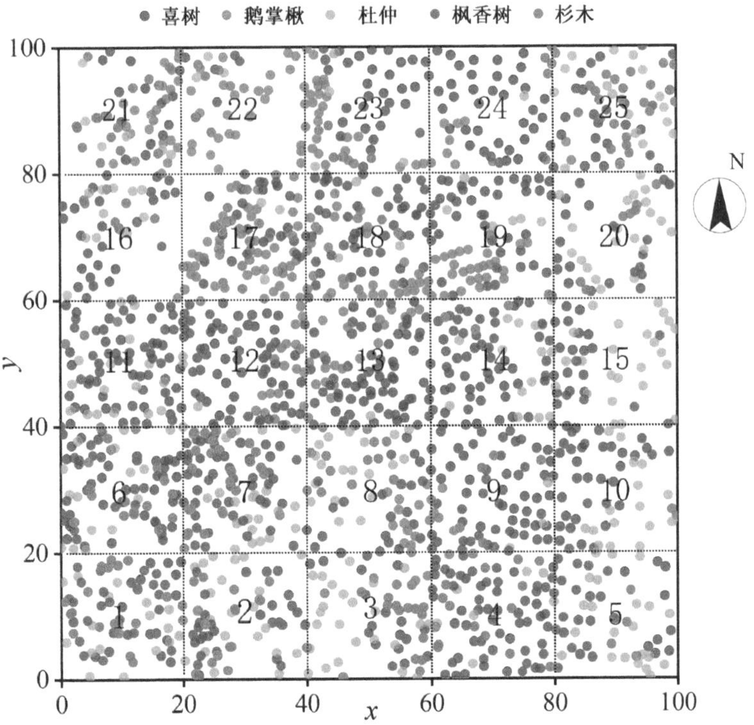

彩图 6-2　北山林场优势树种林木分布图

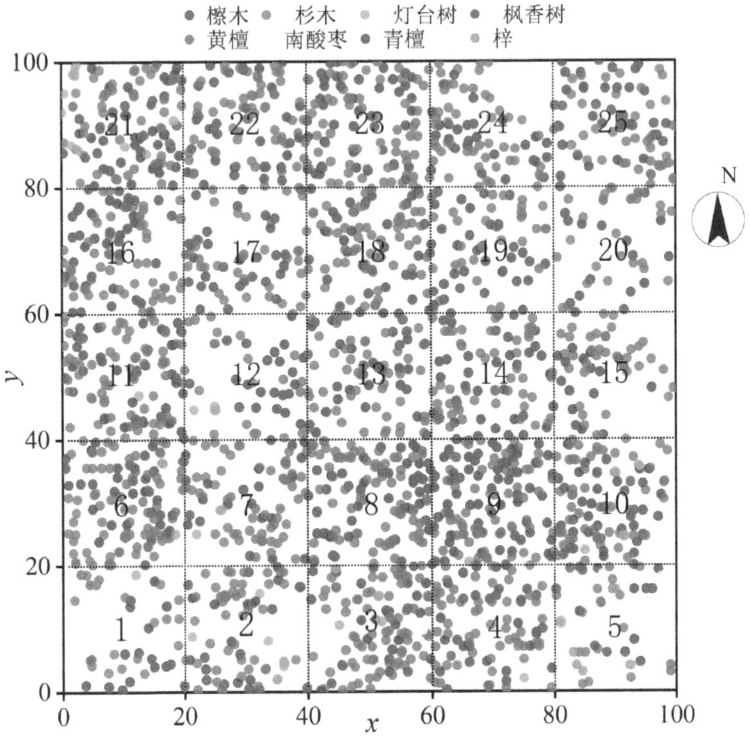

彩图 6-4　大幕山林场优势林木分布图

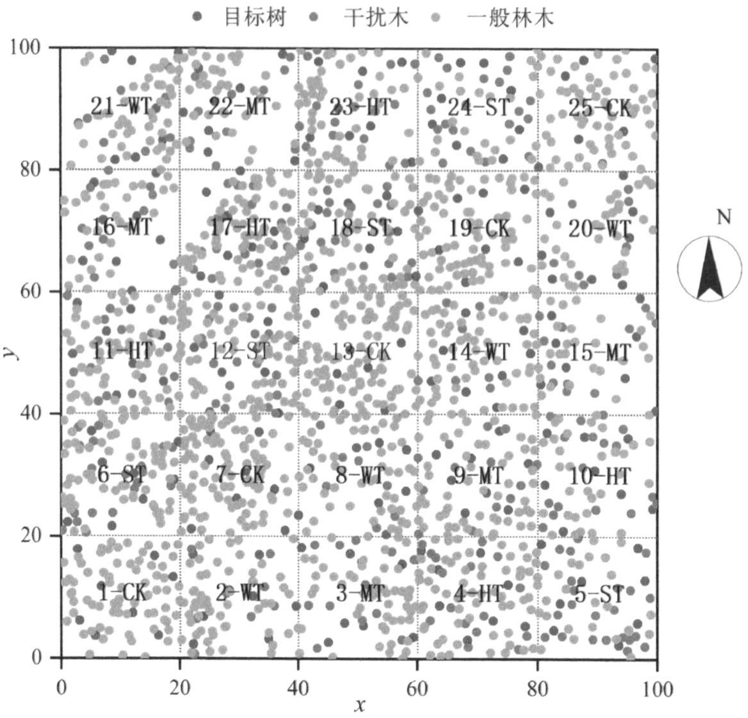

彩图 7-1　北山林场标准地林木分类及经营示意

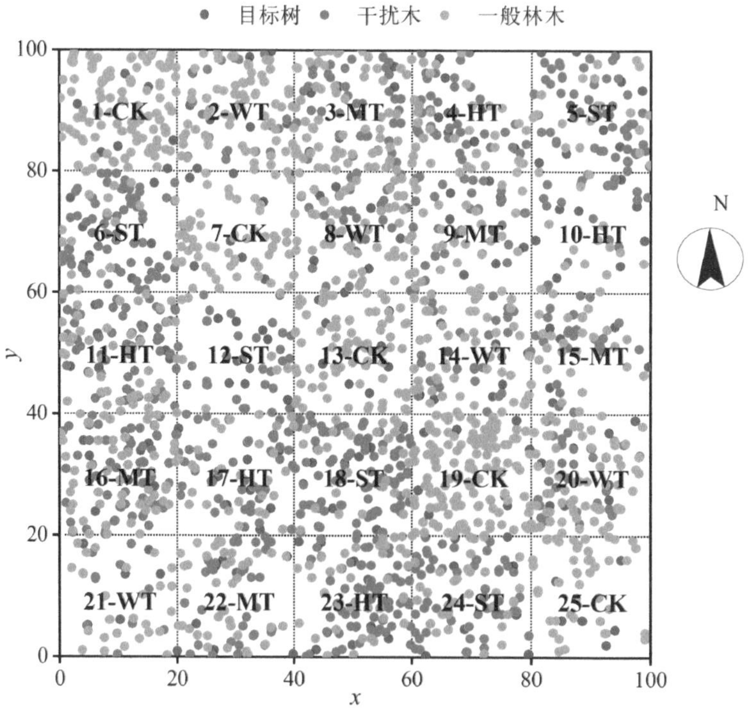

彩图 7-2　大幕山杉檫混交林目标树经营示意图

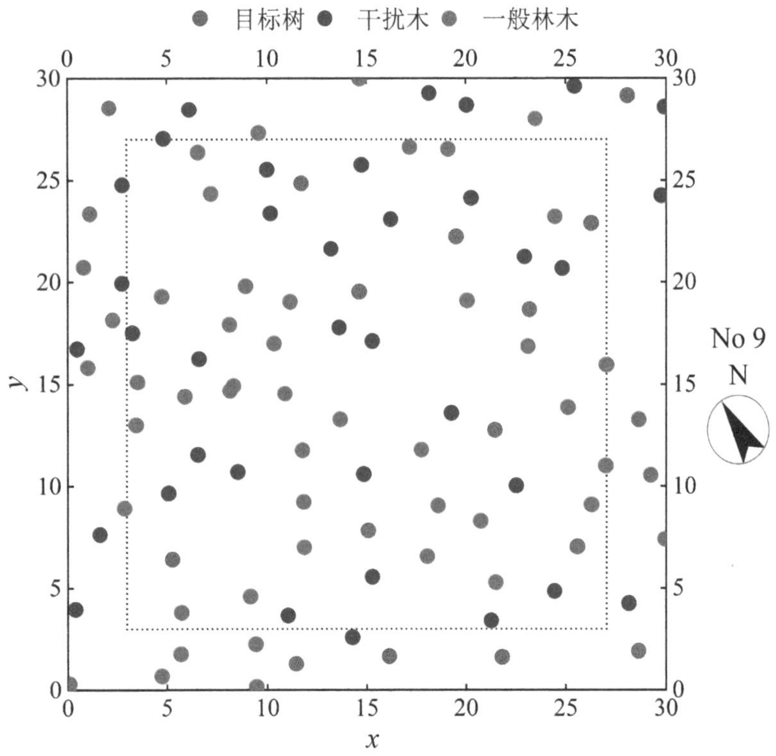

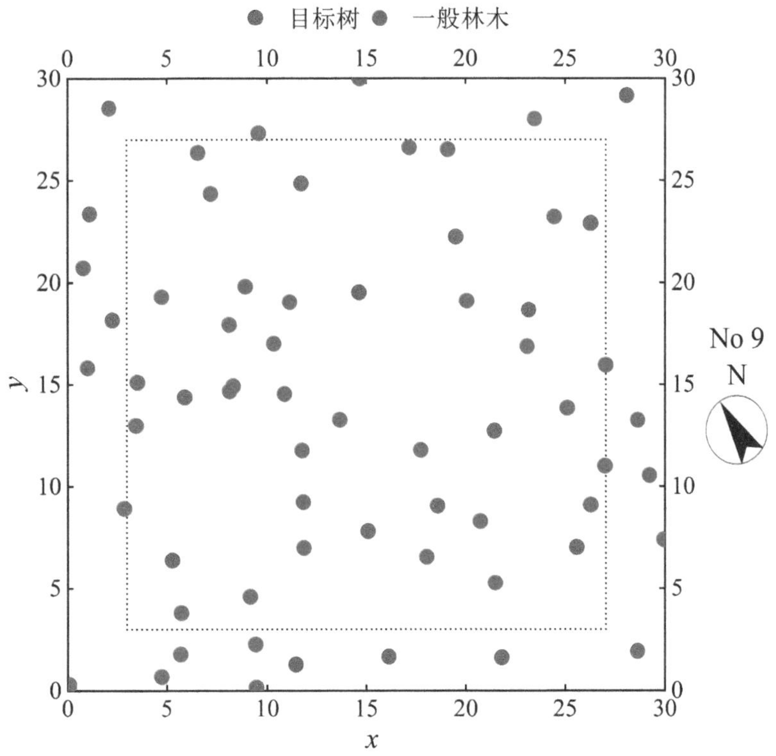

彩图 7–3 盘石岭 9 号样地经营前后林木分布及缓冲区示意图

德方专家胡伯特·福斯特（Hubert Forster）

胡伯特·福斯特（Hubert Forster）现场指导

通山县大幕山林场杉檫混交林经营前建立样地

通山县大幕山林场杉檫混交林经营 3a 后

通山县大幕山林场杉檫混交林分经营结束

通山县北山林场喜树、鹅掌楸阔叶林经营 1a 后

通山县北山林场喜树、鹅掌楸阔叶林经营 2a 后（MT 经营强度）

通山县北山林场喜树、鹅掌楸阔叶林经营 3a 后

钟祥市盘石岭林场火炬松经营前

钟祥市盘石岭林场火炬松经营 1a 后

钟祥市盘石岭林场样地灌木和草本样方
（经营 1a 时）

钟祥市盘石岭林场火炬松林经营 2a 后天然更新